Pflanzen in Aktion

Wolfgang Hensel

Pflanzen in Aktion

Krümmen
Klappen
Schleudern

Mit einem Vorwort von Gottfried Wagner
und Illustrationen von Elisabeth Jansen

Spektrum Akademischer Verlag Heidelberg · Berlin · Oxford

Anschrift des Autors:

Priv.-Doz. Dr. Wolfgang Hensel
Taunusstr. 14
53332 Bornheim-Rösberg

Die Deutsche Bibliothek – CIP-Einheitsaufnahme

Hensel, Wolfgang:
Pflanzen in Aktion : krümmen, klappen, schleudern / Wolfgang Hensel. Mit einem
Vorw. von Gottfried Wagner. – Heidelberg ; Berlin ; Oxford : Spektrum, Akad.
Verl., 1993
  ISBN 3-86025-061-2

Lektorat: Merlet Behncke-Braunbeck
Illustrationen und Grafiken: Elisabeth Jansen, Folke Lindenblatt
Produktion und Buchgestaltung: Karin Kern
Gesamtherstellung: Klambt-Druck, Speyer

Spektrum Akademischer Verlag Heidelberg · Berlin · Oxford

EIN VERLAG DER   SPEKTRUM FACHVERLAGE GMBH

Inhalt

Vorwort   14

Einleitung   17

1. Die Sinne der Pflanzen – wie die Umgebung wahrgenommen wird   23

Die Reiz-Reaktions-Kette   24
Reaktionsformen   30
Die Reizqualität als Gliederungskriterium   35

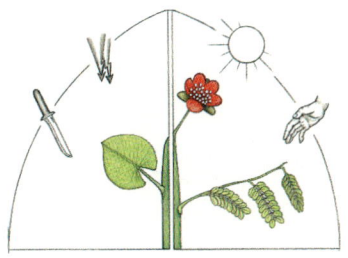

2. Wie die Alge *Euglena* ihr Ziel findet – freie Ortsbewegungen   43

Euglena   43
Chlamydomonas   51
Micrasterias   53
Cyanobakterien   55

3. Nach oben und nach unten – Wachstum entlang der Schwerkraft   57

Das Statolithenproblem   62
Gravitropismus der Wurzel   69
Gravitropismus bei oberirdischen Organen   79
Gravitropismus des Grasknotens   85
Sonderformen des Gravitropismus   87
Einzellige Schweresinnesorgane   89

4. Auch Bäume
können sich noch krümmen 91

5. Pflanzenorgane
auf dem Weg zum Licht –
Phototropismus 97

Die Haferkoleoptile 99
Der Sporangienträger von *Phycomyces* 110
Das Resultantengesetz beim Phototropismus 119

6. Sonnenschutz und Kompaßpflanzen –
Blattstellungen und -bewegungen 121

Blattbewegungen durch Wachstum   124
Klappbewegungen der Blätter mit Hilfe spezieller Gelenke   130
Blattbewegungen unabhängig von der Lichtrichtung   135

7. Blätter als Uhrzeiger –
Schlafbewegungen   139

Das Phytochromsystem als Mittler zwischen
innerer Uhr und 24-Stunden-Rhythmus   143
Der Bewegungsablauf   144
Die Bewegungsmechanik   146
Ungewöhnliche tagesperiodische Blattbewegungen   154

8. Blumenuhr und Bestäubung – Blütenbewegungen   157

Stellung der Blüte am Sproß   159
Tagesperiodik und Blumenuhr   164
Bewegliche Staubblätter   169
Reizbare Narben   177
Besondere Bestäubungsmechanismen bei Orchideen   180

9. Schießen, Schleudern, Spritzen – Samen- und Sporenverbreitung   185

Spritzen und Schleudern – die Turgorbewegungen   188
Hygroskopische oder Quellungsbewegungen   198
Kohäsionsbewegungen   207

10. Auf schraubigem Pfad –
wie Ranken Halt finden 213

Die Suchbewegung – Circumnutation 215
Die Umwindungsreaktion zur Verankerung von Ranken 220
Physiologische Reaktionen in Ranken 224
Die Federung der Ranke durch die Aufrollbewegung 225

11. Die schamhafte Mimose 227

Gelenke bei der Mimose 228
Das Aktionspotential 230
Die Erregungsleitung 233
Warum bewegt sich die Mimose? 235

12. Pflanzen auf Insektenfang   239

Fühlborsten und Reizperzeption   241

Das Schließen der Falle   244

Das Verdauen von Beute   245

Der Beutefang anderer Carnivoren   246

13. Wie Pflanzen „atmen" –
Spaltöffnungsbewegungen   253

Die unterschiedlichen Typen von „Atemöffnungen"   255

Regelkreis der Spaltöffnungsbewegung   258

Der Öffnungs- und Schließmechanismus   262

Spaltöffnungen im Dienste ökologischer Anpassungen   268

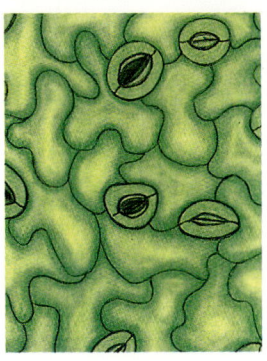

14. Molekülen auf der Spur –
Chemotaxis und Chemotropismus   273

Chemotaxis bei *Escherichia coli*   275
Der Schleimpilz *Dictyostelium*   280
cAMP als Mittler der Bewegung bei *Chlamydomonas*   285
Sexuallockstoffe bei Braunalgen   286
Chemotropismus bei Parasiten   288
Auto-Chemotropismus beim Pilz *Phycomyces*   289
Hydrotropismus als Sonderform des Chemotropismus   289

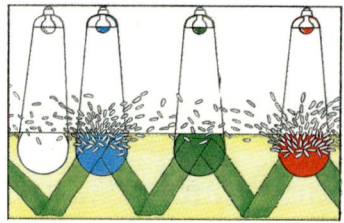

Literatur   291

Index   296

Für Dorothée und Sebastian

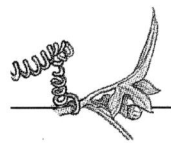

Vorwort

In unserer menschlichen Existenz ist alles im Fluß – im übertragenen wie im wörtlichen Sinn. Fluß und Bewegung sind also selbstverständliche Phänomene im täglichen Leben, sei es als Bewegung der Planeten, als Zug der Wolken, als Strom des Blutes in unseren Adern oder als das Schlagen des Herzens oder unserer Augenlider. Angesichts dieser Vielfalt an Bewegungen wäre es geradezu töricht, sie nicht auch bei Pflanzen zu erwarten. Das vorliegende Buch über Bewegungen im Pflanzenreich schafft ausgezeichnete Gelegenheit, sich über das breite Spektrum pflanzlicher Bewegungserscheinungen zu informieren und sich zum wirklichen Kenner der Materie zu entwickeln.

Ein entscheidender Grund für die Bewegung aller Lebewesen ist zweifellos die tägliche Suche nach Nahrung. Für die zumeist standortfesten, aber photosynthetisch aktiven Pflanzen ist diese Suche mit optimaler Aufnahme von Sonnenlicht verbunden. Dies benötigt Mechanismen, um die lichtabsorbierenden Organellen, die Chloroplasten, in den Zellen in günstige Position zur Lichteinfallsrichtung zu bringen. Bei Landpflanzen gehört hierzu auch die Fähigkeit, sich nach der Schwerkraft zu orientieren, mit optimaler Ausrichtung der Wurzel zur mineralischen Nährstoffversorgung und der Blätter als Sonnensegel. Fleischfressende Pflanzen haben die Mineraliendefizite des Bodens durch Fangbewegungen der Blätter kompensiert.

Latent im Hintergrund der täglichen Nahrungssuche steht das Gebot der Arterhaltung. Auch hier hat die Botanik ihre ganze Phantasie entfaltet, zur Partnererkennung, zum Anlocken geeigneter Transporteure von Pollen oder zur Verbreitung der reifen Sporen und Samen.

Die Wissenschaft von den Bewegungsabläufen ist kurzweilig. Der Autor hat es verstanden, die wissenschaftliche Lebendigkeit in lebendige Lektüre umzumünzen. Geschickt ist die Vielfalt pflanzlicher Schönheit – man denke nur an die Blumenuhr – mit liebenswerten Historien wie etwa der Mimose von Memphis, aber auch mit soliden molekularen Fakten etwa zum Schwimmverhalten von Bakterien verknüpft. Nicht nach dem abgedroschenen Konzept „wer vieles bringt, wird manchem etwas bringen", sondern in einer wohlverstandenen Ganzheit der Sicht durchleuchtet der Autor die Vielschichtigkeit pflanzlicher Bewegungsformen.

Dem Buch ist ein großer Leserinnen- und Leserkreis zu wünschen, zu finden bei engagierten Naturalisten in allen Tätigkeitsfeldern und insbesondere bei jungen und junggebliebenen Botanikern an Grund- und Hauptschulen, Gymnasien und Hochschulen; auch Wissenschaftler werden das Buch gerne in die Hand nehmen. Spektrum Akademischer Verlag hat sicherlich zweifach den Erfolg des Buches vorbereitet: erstens durch die glückliche Entscheidung, in einer facettenreichen Nischenthematik aktiv zu werden, zweitens durch den Entwurf hinreißend schöner Zeichnungen. Das Buch wird mit Sicherheit didaktischen Widerhall in Vorlesungen, Seminaren und im Biologieunterricht finden. Durch Kombination von wissenschaftlichen Fakten mit Ästhetik und manchen Aha-Erlebnissen bietet es eine genußreiche Lektüre.

Prof. Dr. Gottfried Wagner
Giessen, im März 1993

Das typische Erscheinungsbild eines Feldes mit blühenden Sonnenblumen:
Einheitlich recken sich Tausende von Blütenständen der Sonne entgegen. Junge Sonnenblumen (*Helianthus annuus*) folgen dem Tagesgang der Sonne, die älteren Pflanzen behalten schließlich eine feste Position bei — sie schauen alle gen Osten.

16

Einleitung

Pflanzen bewegen sich – bei dieser Aussage denkt man spontan an Gräser, die sich im Wind wiegen, an Wasserhahnenfuß, der in der Strömung treibt, oder an Löwenzahnfrüchte (Achänen), die durch die Luft schweben. In diesem Buch wird es jedoch hauptsächlich um Bewegungen gehen, die Pflanzen aus eigener Kraft bewerkstelligen. Bekanntestes und besonders eindrucksvolles Beispiel hierfür ist das sekundenschnelle Zuschnappen der Venusfliegenfalle. Die meisten aktiven Bewegungsprozesse sind allerdings weit weniger auffällig.

Wenn man ein Sonnenblumenfeld aufmerksam betrachtet, fällt auf, daß alle Blütenköpfe in die gleiche Richtung, nämlich zur Sonne, zeigen. Solche Hinwendung zum Licht ist ein verbreitetes Phänomen und äußert sich auf vielerlei Weise. Bewegung der Blätter (Kapitel 6), des Sprosses (Kapitel 5) und Reaktion vieler Blüten (Kapitel 8) werden beeinflußt – im Prinzip können alle Teile einer Pflanze auf Licht reagieren, selbst die Wurzeln.

Neben Licht kann auch Schwerkraft die Bewegung von Pflanzen auslösen. Die Hauptwurzel wächst in Richtung der Schwerkraft, der Sproß in die entgegengesetzte Richtung (Kapitel 3). Dies läßt sich mit einem sehr einfachen Experiment demonstrieren: Wenn man eine Topfpflanze waagerecht legt, so wird man feststellen, daß ihr Sproß schon nach einigen Tagen wieder senkrecht nach

17

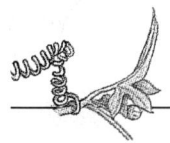

oben zeigt. Selbst Bäume können sich – etwa nach einem Erd-
rutsch im Gebirge – wieder aufrichten (Kapitel 4). Auf diese
Weise entstehen die Knie, die man manchmal bei Bäumen an
steilen Hängen erkennen kann. Dieses eher behäbige Krümmen
der Pflanzen beruht auf Wachstumsvorgängen. Demgegenüber
läuft der Klappfallmechanismus der Venusfliegenfalle blitzschnell
ab (Kapitel 12) – sogar Insekten werden eingeschlossen, bevor
sie fliehen können. Er wird durch plötzliche Druckveränderun-
gen in spezialisierten Pflanzengeweben hervorgerufen. Solche
Turgorbewegungen treten auch bei der Bewegung von Mimosen-
blättern auf (Kapitel 11).

All dies sind Beispiele für Reaktionen auf äußere (exogene) Reize. Im Gegensatz dazu laufen bei den meisten Keimsprossen
kontinuierliche, schraubige Drehbewegungen (Nutationen) der
Sproßspitze „automatisch", das heißt endogen gesteuert, ab. Solche Nutationen weisen auch viele Ranken (Kapitel 10) auf, die
solange kreisend weiterwachsen, bis sie einen Halt gefunden haben, um sich zu verankern.

Derartige aktive Bewegungen verbrauchen Stoffwechselenergie.
Dagegen wird bei den passiven Bewegungen (Kapitel 9) keine
Energie zugeführt.

Es bleibt festzuhalten, daß es so gut wie keine Pflanze gibt, die
sich nicht bewegen kann. Die meisten Organe reagieren auf
Licht oder Schwerkraft. Die Mehrzahl der Pflanzen verfügt sogar
über ein reichhaltiges Repertoire an Bewegungsformen, die zu
bestimmten Zeiten der Entwicklung zum Tragen kommen. Endogene und exogene Auslöser ergänzen einander.

Bewegungen von Pflanzen und Tieren ist gemeinsam, daß Orts-
veränderungen von Körpern auftreten. Die Geschwindigkeit
spielt zumindest bei Pflanzen eine nur untergeordnete Rolle. Et-
liche Bewegungen sind langsame Wachstumsbewegungen, die
Stunden bis Tage, zum Teil sogar Jahre beanspruchen.

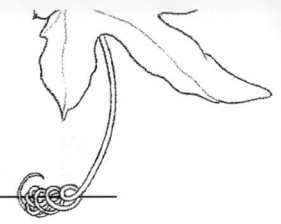

Vielfach wird sich die Darstellung von Pflanzenbewegungen auf
Phänomene beschränken müssen, da bisher nur in seltenen Fällen die Mechanismen in ihrer Gesamtheit geklärt werden konnten. Sicherlich einer der Hauptgründe für die Schwierigkeit einer
umfassenden experimentellen Analyse sind die an einer Bewegungsreaktion beteiligten vielfältigen inneren und äußeren Auslöser. Erst durch moderne Analysemethoden auf dem Gebiet der
Zellbiologie, Physiologie (insbesondere der Elektrophysiologie)
und Biochemie ließen sich Bewegungsphänomene besser ver-
stehen und kausal verknüpfen.

Anhand einzelner Beispiele stellt dieses Buch die reichhaltigen
und faszinierenden Phänomene pflanzlicher Bewegung vor. Wo
immer es sich anbietet, werden dabei auch neueste Forschungsergebnisse erläutert. Intrazellulären Bewegungsvorgängen, etwa
den Chloroplastenbewegungen, wird dabei nur untergeordnete
Rolle beigemessen.

Empedokles aus Agrigent, der zwischen 490 und 430 vor Christus
lebt, schrieb Pflanzen wie Tieren eine Seele zu. Die Bewegung
der Pflanzen zum Sonnenlicht schien in seinen Augen eine „ver-
nünftige" Reaktion zu sein, um diese Theorie zu bestätigen.
Theophrast (372 bis 287), ein Schüler von Aristoteles, konnte an
der ägyptischen *Mimosa asperanta* wahrscheinlich die schnelle
Blattbewegung beobachten. Er beschrieb auch das Öffnen und
Schließen von Blüten und tagesperiodische Blattbewegungen.
Der im 13. Jahrhundert lebende Albertus Magnus behandelte in
seinen Schriften ähnliche Phänomene.

Erste Gedanken über die Ursachen pflanzlicher Bewegungen
machte sich der Engländer J. Ray in seinem 1686 erschienenen
Buch *Historia plantarum*. Für ihn sind Pflanzen ohne Empfin-
dung, er glaubte an rein physikalische Mechanismen wie Wasseraufnahme und -abgabe. Sein Zeitgenosse Robert Hooke (1635
bis 1703), der erste mikroskopische Untersuchungen durchführte,
argumentierte ähnlich. Im Zusammenklappen der Fiedern der

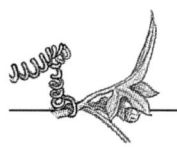

Mimose vermutete er einen gerichteten Wasserstrom. Im 19.
Jahrhundert unternahm A. de Candolle weitere Versuche zur
pflanzlichen Bewegungsphysiologie. Er unterschied das gerichtete
Sproß- und Wurzelwachstum von den „eigentlichen" Bewegungen, den Blatt- und Blütenbewegungen. Er kannte bereits das
merkwürdige, andauernde Kreisen der Blattfedern von *Desmodium motorium* (synonym mit *D. gyrans*). Als Wegbereiter der modernen Bewegungsphysiologie gelten Charles Darwin mit seinem
Werk *The Power of Movements in Plants* (erschienen 1880), Julius Sachs mit den *Vorlesungen zur Pflanzenphysiologie* (1887),
Wilhelm Pfeffer (er lebte von 1845 bis 1920) und Erwin Bünnings *Die Physiologie des Wachstums und der Bewegungen*
(1939). Auch heute sind noch nicht alle Fragen hinsichtlich der
Mechanismen und der Auslöser der verschiedenen Bewegungen
bei Pflanzen geklärt. Das Buch beschreibt alltägliche und ungewöhnliche Phänomene und liefert − soweit bisher bekannt − die
Erklärungen hierfür.

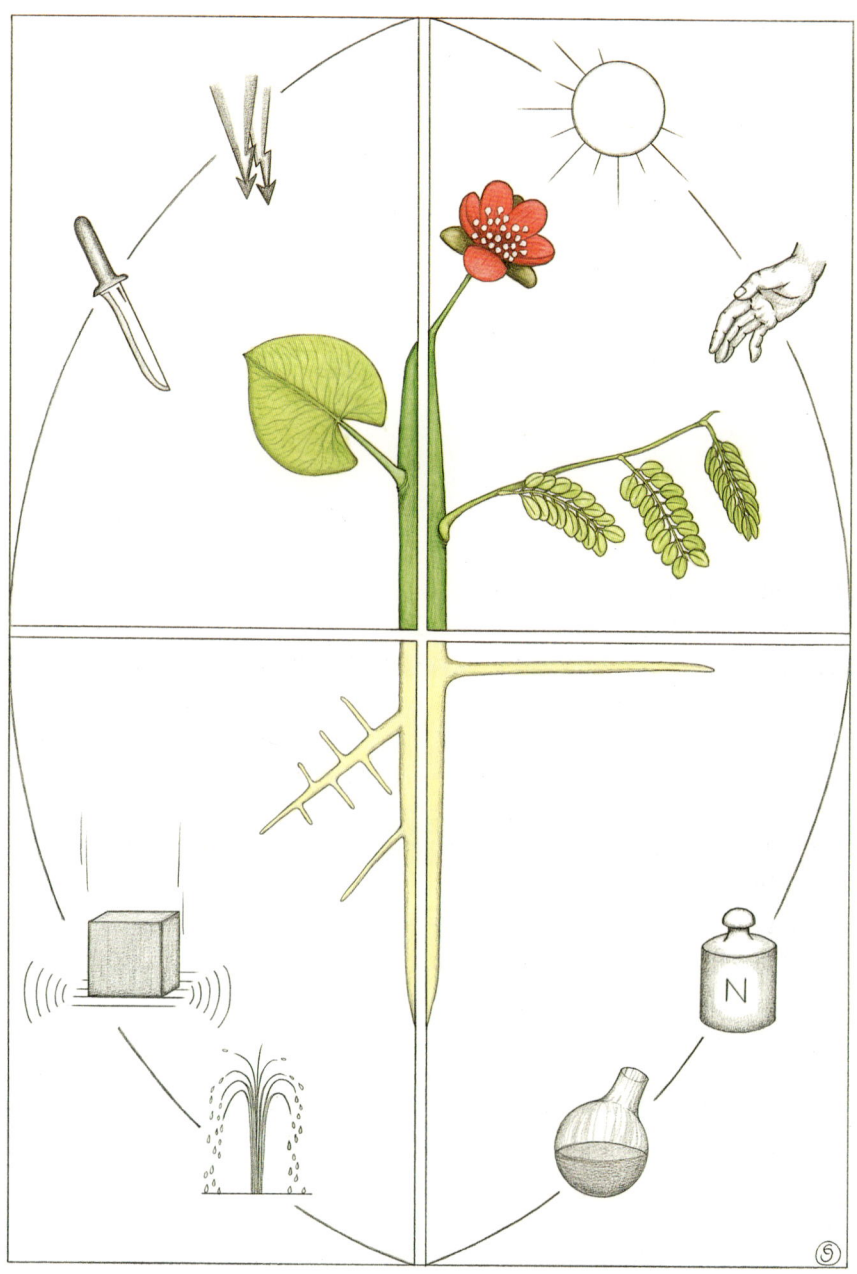

1.1 Pflanzen reagieren auf eine Vielzahl von Umweltreizen mit einer Bewegung ihres gesamten Körpers, ihrer Organe Sproß, Blatt oder Wurzel oder bestimmter Zellbestandteile, zum Beispiel der Chloroplasten. Die wichtigsten Reize sind von oben rechts im Uhrzeigersinn: Licht, Berührung, Schwerkraft, chemische Substanzen, Wasser, Erschütterung, Verletzung und elektrischer Strom.

1. Die Sinne der Pflanzen – wie die Umgebung wahrgenommen wird

Pflanzen sind zu den unterschiedlichsten Bewegungen imstande. Die Sonnenblume, die sich dem Licht zuwendet, und die Wurzel, die in Richtung der Schwerkraft wächst, haben etwas ganz Entscheidendes gemeinsam: Beide reagieren auf einen äußeren Reiz. Bereits im zwölften Jahrhundert wies der Naturforscher Albertus Magnus auf solche Bewegungsphänomene hin. Er beschrieb das tagesperiodische Heben und Senken von Kleeblättern. Die Reizbarkeit von Pflanzen erkannten als erste Treviranus (1838) und Wilhelm Pfeffer (1893) – sie ist ein Grundphänomen allen Lebendigen und besteht aus der Wahrnehmung eines Reizes, seiner Verarbeitung und einer Reaktion darauf.

Pflanzen besitzen im Unterschied zu höheren Tieren keine spezifischen Sinnesorgane, die in der Lage sind, bestimmte Reizqualitäten wahrzunehmen; der Reizaufnahme dienen statt dessen einzelne Zellen oder Gewebe. Außerdem fehlen ihnen spezielle Nervenbahnen, Gewebe zur Erregungsleitung und Strukturen, die vergleichbar mit unserem Gehirn die Informationen zentral verarbeiten. Änderungen des Membranpotentials in Form von Aktionspotentialen, wie sie für tierische Nervenzellen typisch sind, lassen sich bei Pflanzen nur selten ableiten (Kapitel 12). Eventuell ist die Weiterleitung der Erregung bei Pflanzen generell an den Transport von Molekülen, wie Pflanzenhormonen und Ionen, gebunden – diese Hypothese ist allerdings noch nicht belegt.

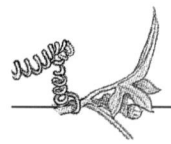

Auch fehlt Pflanzen ein Bewegungsapparat, der bei höheren Tieren aus Muskeln, Sehnen und Knochen aufgebaut ist, und die Erregung in eine gerichtete Bewegung umsetzen könnte. Hier sind es zumeist unspezialisierte Zellen und Gewebe, die durch Änderungen des Innendruckes (Turgors) oder durch Wachstum reagieren können. Diese Zellen und Gewebe sind meist identisch mit jenen, die den Reiz aufnehmen.

Pflanzliche Bewegungsphänomene erfordern somit eine strenge Koordination in Reizaufnahme- und Reaktionsverhalten aller beteiligten Zellen. Um den beteiligten Prozessen auf die Spur zu kommen, genügt es zumeist nicht, nur nach einfachen Kausalketten zu suchen. Hilfreich für ein Verständnis der Zusammenhänge hat sich die Sichtweise von Poul Larsen erwiesen, der die sogenannte Reiz-Reaktions-Kette einführte (Abbildung 1.2). Eine Bewegung läßt sich demnach in mehrere Reaktionen untergliedern, wobei die Übergänge zwischen den einzelnen Gliedern durchweg fließend sind.

Die Reiz-Reaktions-Kette

Voraussetzung für eine Bewegungsreaktion ist ein adäquater Reiz, der von einer Pflanze wahrgenommen werden kann. Reize sind sehr vielgestaltig. Häufig sind sie vektorieller Natur, haben also eine definierte Richtung und Stärke. Schwerkraft und Licht gehören in diese Kategorie. Erschütterungen oder Verletzungen sind Reizqualitäten, die nur den Anlaß für die Reaktion liefern. Deren Richtung ist dann reizunabhängig. Vielfach kann auch die Stärke von Reizen als Gradient wahrgenommen werden, so bei Feuchtigkeitsunterschieden oder unterschiedlichen Konzentrationen chemischer Stoffe. Art, Stärke und Richtung des Reizes bestimmen die jeweilige Reaktion einer Pflanze.

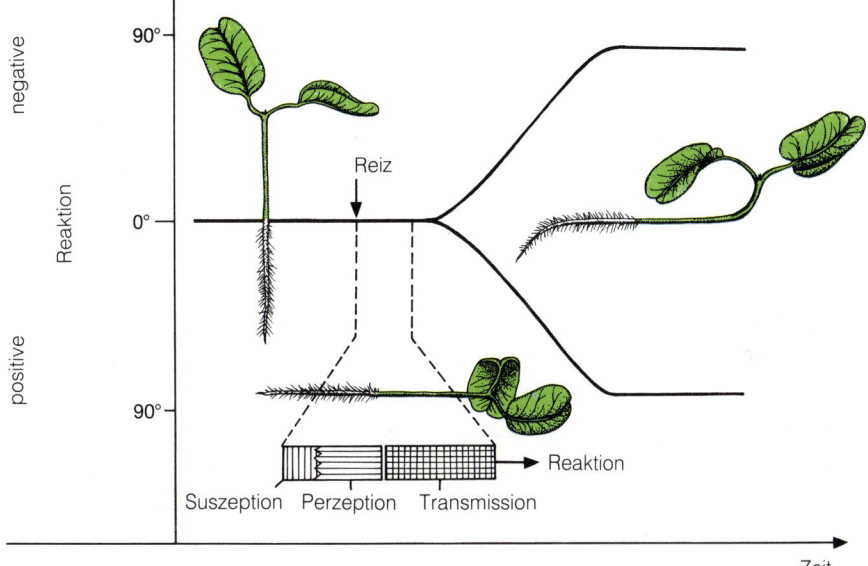

1.2 Die Reiz-Reaktions-Kette, dargestellt am Beispiel der Krümmungsreaktionen von Wurzel und Sproß auf einen Schwerereiz hin. Vertikal wachsende Wurzeln und Sprosse werden horizontal gelegt (Winkel null Grad). In den Phasen der Suszeption und Perzeption wird der Reiz wahrgenommen. In der Phase der Transmission wird die Information zu den reagierenden Pflanzenteilen geleitet und danach in Form einer Krümmungsreaktion beantwortet. Wurzel und Sproß krümmen sich um 90 Grad und wachsen so wieder senkrecht zur Schwerkraft. Der Balken zeigt Anfang und Ende der Bewegung am Beispiel einer Keimpflanze. Auf der Abszisse ist die Zeit eingetragen, auf der Ordinate die Abweichung des Organs von der Horizontalen (in Grad).

Die „Wahrnehmung" spielt sich in zwei Phasen ab. Zunächst verursacht der Reiz eine Veränderung im reizaufnehmenden System, dem Sensor. Das kann die Energieübertragung von einem Photon auf ein Rezeptormolekül wie beim Phototropismus (Kapitel 5) oder die Bewegung von sogenannten Statolithen, schweren Körperchen im Schwerefeld der Erde wie beim Gravitropismus sein. Die physikalische oder chemische Energie eines Reizes oder Stimulus aktiviert den entsprechenden Sensor, der deswegen auch oft als Reizwandler bezeichnet wird. Bei der Wahrnehmung oder Perzeption wird der dem Reiz innewohnende Infor-

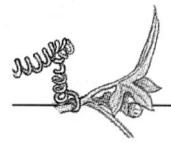

mationsgehalt durch Sensoraktivierung der Pflanze zugänglich gemacht – der Außenreiz wird zum physiologischen Signal. Der weitere Ablauf der Prozesse wird durch den Stoffwechsel der Pflanze gespeist. Der Energiegehalt des Reizes selbst hat also nur induktiven Charakter.

Um eine meßbare Wirkung hervorzurufen, muß die Stärke eines Reizes einen bestimmten Schwellenwert überschreiten. Zudem ist die Reaktion abhängig von der Dauer der Reizeinwirkung; dies bezeichnet man als Präsentationszeit. Eine Pflanze kann durchaus einen Reiz wahrnehmen, doch wenn die Reizdauer zu kurz ist, ruft sie keine direkte Reaktion hervor. Die Reizdauer, die eben noch perzipiert wird, bezeichnet man als Perzeptionszeit. Sie ist experimentell nur indirekt zu bestimmen. Dabei macht man sich den Summationseffekt zunutze: Folgen die Reize in nicht zu großem Abstand aufeinander, dann speichert der Sensor den Informationsgehalt der Einzelreize und reagiert schließlich auf die Reizsumme. Über die Verkürzung der Einzelreize läßt sich so die Perzeptionszeit eines Systems bestimmen.

Der nächste Schritt ist die Erregungsleitung oder Transmission. Das Signal wird vom Ort der Wahrnehmung zum Ort der Reaktion weitergeleitet. Bei einzelligen Organismen finden Perzeption und Reaktion zwangsläufig innerhalb der selben Zelle statt, eventuell aber in unterschiedlichen Kompartimenten. Bei vielen Reaktionen muß jedoch die Erregung über eine relativ große Distanz transferiert werden. Bei der Reaktion der Wurzel auf die Schwerkraft beispielsweise ist die Wahrnehmung des Reizes in der Wurzelspitze lokalisiert, die Erregungsleitung verläuft in Längsrichtung des Organs, und die Krümmungsreaktion findet einige Millimeter davon entfernt statt. Da die Erregungsleitung oder Transmission bisher in nur ganz wenigen Fällen aufgeklärt werden konnte, behelfen sich die Bewegungsphysiologen oft mit dem sogenannten Black-Box-Modell. Nach dieser Sichtweise fließt das Signal als Information in die Black Box ein (Input), wird dort verarbeitet und weitergeleitet und gelangt schließlich in

Form eines weiteren Signals an den Reaktionsort (Output). Die Reiz-Reaktions-Kette findet schließlich ihren Abschluß in der Reaktion. Hierfür wird Stoffwechselenergie benötigt. Voraussetzung ist die Reaktionsfähigkeit des Organs. So können Wachstumsbewegungen nur dann ablaufen, wenn das Organ zu Wachstum in der Lage ist. Die Zellen müssen über elastische Zellwände verfügen, die durch Einlagerung neuen Wandmaterials ihre Fläche vergrößern können. Vielfach sind solche Reaktionen auf bestimmte Entwicklungsstadien beschränkt. Auch nehmen, wie etwa bei den tagesperiodischen Blattbewegungen, endogene Komponenten Einfluß auf den Ablauf der Reaktion. Der anatomisch-physiologische Zustand eines Organs ist ebenfalls von Bedeutung. So kann etwa das Blatt der Venusfliegenfalle nur dann zuklappen, wenn es vor der Reizung offen war. Dann aber schließt es sich, sobald die Reizschwelle überschritten wird (Alles-oder-Nichts-Reaktion, Kapitel 12).

Die gerichtete Reaktion eines Organs ist abhängig von der Richtung und der Intensität eines Reizes. Zur Kennzeichnung dieser Beziehung hat man zwei Gesetzmäßigkeiten formuliert, die als Resultanten- und Reizmengengesetz bezeichnet werden.

Das Resultantengesetz

Dieses Gesetz beschreibt die Abhängigkeit der Reaktionsrichtung von der Reizrichtung (Abbildung 1.3). Bestrahlt man ein auf Licht reagierendes Organ aus verschiedenen Richtungen, erfolgt die Reaktion in einem Winkel, der zwischen den beiden Lichtquellen liegt (Abbildung 1.3). Sind die Reize gleich stark, ist dies die Winkelhalbierende, bei Reizung durch Lichtquellen unterschiedlicher Intensität neigt sich das Organ näher der stärkeren Lichtquelle zu. Wenn zwei Reize gleicher Intensität aus genau entgegengesetzter Richtung angeboten werden, erfolgt gar keine sichtbare Reaktion, da sich die Wirkungen gegenseitig aufheben.

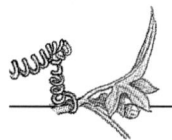

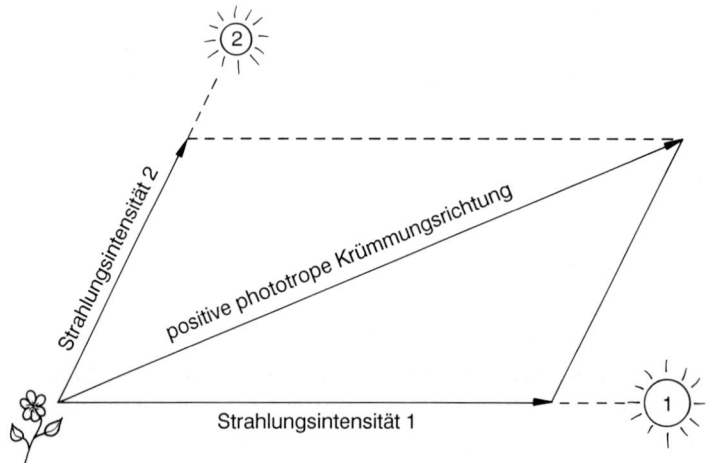

1.3 Das Resultantengesetz am Beispiel der phototropen Krümmung. Wird eine Pflanze gleichzeitig mit Licht unterschiedlicher Intensität bestrahlt („Sonnen" 1 und 2), krümmt sie sich in Richtung der Resultierenden — die Strahlungsintensitäten sind als Pfeile (Vektoren) dargestellt. Nach Mohr und Schopfer 1978.

Das gleiche gilt auch für Wurzeln oder Sprosse, die sich parallel zum Schwerkraftvektor ausrichten. Zu Anfang des 19. Jahrhunderts konnte Knight mit Hilfe eines einfachen, aber sehr sinnreichen Experiments nachweisen, daß die Massenbeschleunigung die adäquate Reizqualität darstellt, die von Pflanzen wahrgenommen wird (Abbildung 1.4 links). Er montierte hierzu Keimpflanzen auf dem Rand einer horizontalen Scheibe, die in schnelle Rotation versetzt wurde. Als Antrieb diente ihm ein kleines Mühlrad. Seine Beobachtungen sind der direkte Nachweis des Resultantengesetzes: Die Wurzeln wuchsen nach außen geneigt, während sich die Sprosse schräg zum Zentrum der rotierenden Scheibe neigten. Die Wachstumsrichtung entsprach damit der Resultanten in einem Kräfteparallelogramm. Die Erdschwerkraft repräsentierte die eine, die Zentrifugalkraft die zweite der beteiligten Kräfte.

Die Gültigkeit des Resultantengesetzes ist nicht beschränkt auf eine einzige Reizqualität. Oberirdische Organe können sowohl auf Schwerkraft wie auch auf Licht reagieren. Der Sproß eines

Keimlings erfährt durch Kippen des Organs aus der Senkrechten einen Schwerereiz, auf den er mit einer Orientierungsbewegung reagiert. Durch geschickt gewählte Beleuchtungsrichtung und -intensität, die für sich genommen ebenfalls eine Reaktion auslösen würde, läßt sich die Wirkung des Schwerereizes kompensieren – das Organ wächst in Schräglage weiter. Dieser Versuch bringt uns wieder zurück zur Reiz-Reaktions-Kette. Schwerkraft und Licht werden getrennt perzipiert und fließen als physiologische Signale in die Black Box ein. Deren Output repräsentiert die Verrechnung der beiden Signale Licht und Schwerkraft. Es ist noch ungeklärt, ob die einzelnen Schritte in der Transmission des Schwerereizes und des Lichtreizes völlig unterschiedlich sind. Es spricht jedoch einiges dafür, daß die Endglieder der Signalverrechnung in beiden Reaktionen identisch sind.

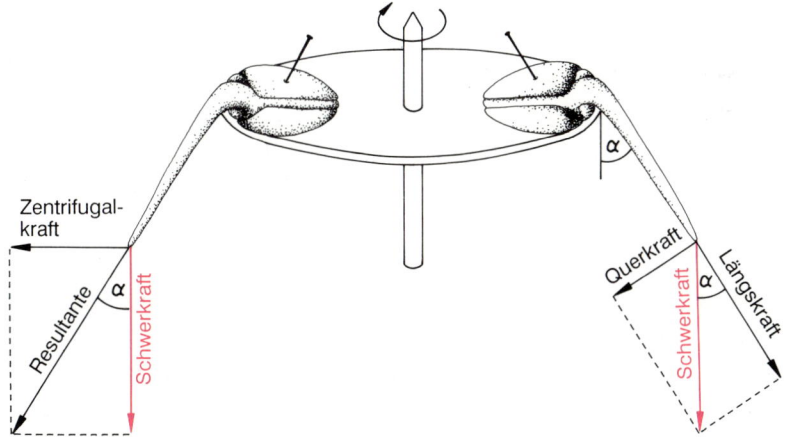

1.4 Die Reaktion einer Keimwurzel auf Schwerkraft und Zentrifugalkraft. Die Pflanzen werden auf einer horizontal rotierenden Scheibe befestigt. Das linke Kräfteparallelogramm verdeutlicht die Verhältnisse während der Rotation. Schwerkraft und Zentrifugalkraft sind als Vektoren eingezeichnet. Die Wurzel wächst in Richtung der Resultanten. Dieser Versuch konnte erstmals die Rolle der Massenbeschleunigung als adäquaten Reiz für die gravitrope Reaktion nachweisen. Das rechte Kräfteparallelogramm gilt, nachdem die Rotation zum Stillstand kommt. Nunmehr ist die Schwerkraft der einzige einwirkende Reiz. Dieser Vektor läßt sich seinerseits als Resultante auffassen und in Querkraft und Längskraft untergliedern. Nach Haupt 1977.

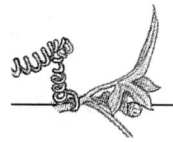

Das Reizmengengesetz

Verantwortlich für das Auslösen einer Reaktion und das Erreichen einer bestimmten Reaktionsstärke ist die Reizmenge. Der Experimentator kann eine bestimmte Reizdosis auf zwei Wegen erreichen: Entweder bestrahlt er eine Pflanze kurz mit sehr intensivem Licht, oder er setzt diese weniger intensivem Licht mit längerer Bestrahlung aus. Entscheidend für die Reaktionsstärke ist also weder die Bestrahlungsdauer noch die Intensität, sondern das Produkt aus beiden. Diese Beziehung gilt auch für schwerkraftbedingte Phänomene. Reizdauer und Massenbeschleunigung sind die beiden Faktoren, deren Produkt die Reizmenge ausmacht. Setzt man Pflanzen Massenbeschleunigungen aus, die von der normalen Beschleunigungskomponente der Erdschwerkraft abweichen, so findet man eine Beziehung, die als Sinusgesetz in die Literatur eingegangen ist (Abbildung 1.4 rechts). Je größer der Reizwinkel war, desto stärker die Reaktion. Die Reaktionsstärke ist proportional zum Sinus des Winkels zwischen der Wachstumsrichtung der Wurzel (zur Zeit der Reizung) und der Richtung des Schwerkraftvektors. Die Reaktion einer Wurzel ist somit abhängig von der senkrecht zur Wurzelachse gerichteten Komponente in einem Kräfteparallelogramm.

Diese Gesetzmäßigkeit gilt in der Regel nur innerhalb bestimmter Grenzwerte.

Reaktionsformen

Die Vielfalt der wahrgenommenen Reize, die bei einzelnen Pflanzengruppen voneinander abweichenden anatomischen und physiologischen Voraussetzungen und die Zahl der Reaktionstypen machen eine Gliederung der Bewegungsphänomene sehr

schwer. Ohne eine gewisse Katalogisierung und Ordnung geht es jedoch nicht. Die Einteilung der Bewegungserscheinungen in bestimmte Kategorien ist nicht nur von didaktischem Wert, sondern stellt darüber hinaus auch für die Wissenschaftler die Basis für eine „gemeinsame Sprache" dar. Das verbreitetste Gliederungskriterium ist die Einteilung nach der Art des auslösenden Reizes. Den einzelnen Kapiteln liegt diese Gliederung zugrunde, doch ich möchte zunächst einige Gegensatzpaare auflisten, mit denen sich die Art einer Pflanzenbewegung ebenfalls charakterisieren läßt.

1. Freie Ortsbewegungen – Organbewegungen

Zu freien Ortsbewegungen sind nur wenige Pflanzen befähigt. Dazu gehören ein- oder wenigzellige Algen, die mit Hilfe ihrer Geißeln durch das Wasser schwimmen, aber auch männliche Geschlechtszellen (Gameten) von niederen Pflanzen. Manche Zieralgen kriegen auf selbsterzeugten Schleimen über das Substrat. Je nach Auslegung des Terminus Pflanzen darf man auch die amöboiden Bewegungen gewisser Pilze hinzurechnen. Alle übrigen Pflanzen, die fest mit ihren Wurzeln im Boden verankert sind, können nur ihre Organe bewegen, nicht aber ihren Standort verlassen. Eine Ausnahme von dieser Regel stellen Rhizome dar. Das sind unterirdische, nahezu waagerecht wachsende Sprosse, aus denen Jahr für Jahr Blütensprosse nach oben auswachsen (zum Beispiel bei der Einbeere, *Paris quadrifolia*). Rhizome wachsen an ihrer Spitze und sterben gleichzeitig an ihrem Ende ab. So kriechen sie langsam durch den Erdboden. Selbstverständlich ist ein Rhizom, das nach einigen Jahren im Boden liegt, nicht mehr aus denselben Zellen aufgebaut, mit denen es seine Reise begann. Erhalten haben sich die teilungsfähigen Zellen der Sproßspitze, die immer neue Rhizomzellen gebildet haben und so die Identität des Individuums garantieren. Die Pflanze hat ihren Standort verlagert, sie hat sich – wenn auch sehr langsam – bewegt.

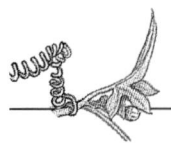

2. Aktive – passive Bewegungen

Aktive Bewegungen benötigen Stoffwechselenergie, passive dagegen nicht. Bei den meisten, in diesem Buch geschilderten Bewegungen handelt es sich um aktive Reaktionen. Bei den passiven Bewegungen machen sich die Pflanzen physikalische Mechanismen der Kohäsion und der Quellung zunutze. Voraussetzung für die Umsetzung dieser Kräfte in eine Bewegung ist jedoch das Vorhandensein speziell gestalteter Zellwandstrukturen, die allerdings nur unter Energieaufwand gebildet werden können. Die präzisere Definition für die passive Bewegung müßte also lauten, daß die Pflanze keine Energie aufwenden muß, um die Bewegung als solche ablaufen zu lassen. Die Verbreitung von Pflanzen und einzelnen Teilen von ihnen durch Wind, Wasser oder Tiere gehört übrigens nicht zu passiven Bewegungen im engeren Sinne.

3. Endogen – exogen

Dieses Gegensatzpaar beschreibt die Auslösung der Reaktion. So können passive Bewegungen nur durch Außenfaktoren, also exogen, induziert werden. Der Schleudermechanismus des Springkrauts (*Impatiens noli-tangere*) wird zum Beispiel durch eine leichte Berührung ausgelöst. Belichtung oder Schwerkraft haben ebenfalls eindeutig induzierenden Charakter, sie sind der Auslöser für den Ablauf einer exogen gesteuerten Bewegungsreaktion. Dagegen sind die Schlafbewegungen von Blättern zwar abhängig vom Tag-Nacht-Wechsel, sie werden jedoch von inneren Faktoren (endogen) gesteuert. Im Experiment zeigt sich hierbei, daß die Pflanzen ihren Rhythmus zumindest für eine gewisse Zeit auch bei Dauerdunkel oder Dauerbelichtung beibehalten. Eine innere Uhr bestimmt den Ablauf einer endogen gesteuerten, autonomen Bewegung.

Natürlich ist jede exogen ausgelöste Bewegung auch von endogenen Faktoren abhängig: Das genetische Programm einer Art

steckt einen Reaktionsrahmen für alle Lebenserscheinungen ab. Äußere Reize können nur dann zu einer Bewegung führen, wenn die entsprechenden Organe zu einer Reaktion fähig sind. Diese Reaktionsbereitschaft kann während der Entwicklung einer Pflanze variieren.

Es bestehen also vielfältige Interaktionen zwischen dem reizaufnehmenden System, das für die Initiierung einer exogen ausgelösten Reaktion verantwortlich ist, und den endogenen Faktoren. Beschränkt man sich auf eine der beiden Faktorengruppen, so ist dies häufig eine vereinfachte Sichtweise.

Auch ist es nicht notwendig, daß Reize angeboten werden, bis die Reaktion tatsächlich ausgelöst wird. Reize haben nämlich vielfach Induktionscharakter. Wichtig ist nur das Überschreiten des Schwellenwertes für eine gewisse Zeit.

4. Wachstum – Turgor

Turgorbewegungen werden durch Veränderungen des Innendruckes ausgelöst. Sie gehören damit zu den reversiblen Bewegungen. Demgegenüber kommt es beim Wachstum zumeist zu Zellteilungen, vor allem aber wird Material in die Zellwände eingebaut. Daher sind Wachstumsbewegungen nicht mehr rückgängig zu machen, und eine einmal erfolgte Reaktion bleibt als Krümmung des Organs sichtbar. Allerdings sind mehrere aufeinanderfolgende Wachstumsreaktionen nichts ungewöhnliches. So kann beispielsweise eine Keimwurzel mehrmals ihre Richtung ändern, wenn sie auf ein Hindernis stößt.

Auf den ersten Blick bietet Reversibilität, wie Turgorbewegungen, eine höhere Flexibilität, weil eine Pflanze immer wieder auf Reize reagieren kann. Doch sind Bewegungsrichtung und -stärke dabei durch den anatomischen Bau der Pflanze fest vorgegeben. Mit Wachstum kann eine Pflanze eher gerichtet reagieren.

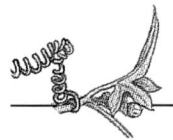

Ein weiterer Unterschied zwischen Turgor und Wachstum liegt in
der Bewegungsgeschwindigkeit. Im Gegensatz zu den meist langsamen Wachstumsbewegungen können Turgorbewegungen sehr
schnell sein. Eine Mimose etwa kann innerhalb von Sekunden
auf eine Erschütterung hin zusammenklappen (Kapitel 11). Die
Fangblätter der Venusfliegenfalle schließen sich sogar in Bruchteilen von Sekunden (Kapitel 12). Beim Wachstum muß Zellma-
terial erst an Ort und Stelle transportiert und dort eingebaut
werden.

5. Positiv – negativ

Reagiert die Pflanze oder ein Teil von ihr, indem sie sich dem
Reiz zuwendet, so wird dies als positive Reaktion bezeichnet; ein
Abwenden von der Reizquelle nennt man negativ. Sproß und
Blätter zeigen meist positive Reaktionen auf Licht, negative auf
die Schwerkraft; Wurzeln reagieren zumeist umgekehrt.

6. Tropismus – Nastie

Der prinzipielle Unterschied zwischen Tropismus und Nastie besteht in der Reaktion auf die Reizrichtung. Beim Tropismus ist
die Bewegungsrichtung abhängig von der Richtung des exogenen
Signals, bei der Nastie ist sie durch die Anatomie des sich bewe-
genden Organs festgelegt. Organe, die Nastien ausführen, funktionieren wie Scharniergelenke. Die Blatthälften der Venusfliegenfalle klappen nach dem Alles-oder-Nichts-Gesetz zusammen.
Auch die Öffnungsbewegungen von Blütenblättern und die
Schlafbewegungen von Laubblättern gehorchen dieser Gesetzmäßigkeit. Eine physiologisch besonders bedeutsame Nastie sind die
Öffnungs- und Schließbewegungen der Spaltöffnungen (Kapitel
13). Ein nastischer Bewegungsapparat verrechnet also nicht die
Richtung eines Reizes, dieser ist vielmehr Anlaß für den festgelegten Ablauf einer vorgegebenen Bewegung.

Die Reizqualität als Gliederungskriterium

Die gebräuchlichste Einteilung der Bewegungsphänomene basiert auf der Natur der auslösenden Reizqualität. Dieses Kriterium hat den Vorteil, daß es alle induzierten Bewegungen erfaßt. Manche Organe können sukzessiv oder simultan auf mehrere, unterschiedliche Reizqualitäten reagieren. Ein Keimsproß beispielsweise wird sich im Schwerefeld der Erde so ausrichten, daß er senkrecht nach oben wächst (Dominanz des Schwerereizes). Wächst er jedoch so in den Schatten einer Konkurrenzpflanze, so kann der Sproß darauf reagieren und zum Licht hinwachsen (Dominanz des Lichtreizes). Die Wahrnehmung der Schwerkraft ist jedoch zu keiner Zeit ausgeschaltet, die Pflanze „entscheidet" kompensatorisch über die aktuelle Wuchsrichtung.

Die Reizqualität geht als Vorsilbe in die Bezeichnung einer Bewegung ein.

1. Schwerkraft (Gravi-)

Ist die Schwerkraft der auslösende und steuernde Bewegungsreiz, spricht man vom Gravitropismus/-nastie. Für lange Zeit war Geotropismus als Bezeichnung üblich, da unter normalen Bedingungen die Erdschwerkraft die Pflanze zu Krümmungsbewegungen veranlaßt. Die Vorsilbe „gravi" berücksichtigt, daß der eigentlich wirksame Faktor die Massenbeschleunigung ist. Auf der Erde läuft jede Bewegungsreaktion unter Beteiligung der Schwerkraft ab.

2. Licht (Photo-)

Früher wurde die Sonne als das Ziel angesehen, dem sich eine Pflanze zuneigt. Dies brachte man fast poetisch durch die Be-

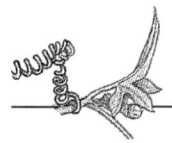

zeichnung Heliotropismus zum Ausdruck, die sich auch in Pflanzennamen wie dem *Heliotropium* niederschlug. Heute hat sich die korrektere Bezeichnung Phototropismus/-nastie völlig durchgesetzt. Wird die Schwingungsrichtung linear polarisierten Lichtes wahrgenommen und für die Reaktion berechnet, liegt als Sonderfall der sogenannte Polarotropismus vor.

3. Chemische Verbindungen (Chemo-)

Konzentrationsunterschiede bestimmter Substanzen können als Reiz wahrgenommen werden. Eine solche Form des Chemotropismus kennt man beispielsweise bei parasitischen Pflanzen wie der Kleeseide (*Cuscuta*), die sich aufgrund eines Konzentrationsgradienten ihrem Wirtsorganismus zuwendet.

4. Wasser (Hydro-)

Unter bestimmten Bedingungen kann Feuchtigkeit im Boden die Wuchsrichtung beispielsweise einer Wurzel bestimmen. Diese tendiert dazu, in Richtung der höheren Feuchtigkeit zu wachsen. Beim Hydrotropismus dient also Wasser als Reiz.

5. Berührung (Thigmo-) und Erschütterung (Seismo-)

Reagieren Pflanzen auf eine dauerhafte Berührung, Ranken beispielsweise auf ein Widerlager, so liegt Thigmotropismus oder Thigmonastie vor. Demgegenüber sind seismische Reize starke, kurzfristige Erschütterungen. Dies kennt man beispielsweise von den Reaktionen der Mimose (Seismonastie, Kapitel 11). Thigmische Reize sind in der Regel schwächer, beeinflussen aber eine größere reizaufnehmende Struktur. Somit ist der Übergang zu den seismischen Reizen bei induzierten thigmischen Bewegungen fließend.

6. Elektrischer Reiz (Elektro-)

In seltenen Fällen können auch elektrische Reize Auslösefunk-
tion übernehmen, so klappen die Blatthälften der Venusfliegenfalle nach elektrischer Reizung ein (Elektronastie). Unter natürlichen Bedingungen spielt dieses Phänomen jedoch kaum eine
Rolle.

7. Verletzungen (Traumato-)

Als Beispiel für Reaktionen durch Verletzung der Blätter (Traumatonastie) kann die Mimose genannt werden, die mit einer typischen Einklappbewegung reagiert.

In diese Gliederungskriterien fügen sich auch die freien Ortsbewegungen ein. Wenn ihre Richtung durch einen Außenfaktor bestimmt wird, so spricht man von einer Taxis (Plural: Taxien).
Durch Anfügen der entsprechenden Vorsilbe kennzeichnet man
die auslösende Reizqualität (Phototaxis, Chemotaxis).

Eine etwas exotische Taxis soll hier vorgestellt werden: Gewisse
Bakterien sind in der Lage, magnetische Feldlinien wahrzunehmen (Magnetotaxis). Sie enthalten kleine Kristalle aus Magnetid
(Fe_3O_4) in linearer Anordnung (Abbildung 1.5). Entdeckt wurden
diese Bakterien durch Zufall. Einem Doktoranden fiel während
der mikroskopischen Untersuchung auf, daß sich die Bakterien
stets an einer ganz bestimmten Stelle des Objektträgers sammel-
ten. Mit Hilfe eines ganz normalen Stabmagneten ließ sich leicht
nachweisen, daß die Bakterien nach Norden wanderten.

Tötet man die Bakterien ab, richten sie sich wie kleine Stabma-
gnete entlang der magnetischen Feldlinien aus. Die Richtungskomponente ihrer aktiven Schwimmbewegung wird somit weitgehend
passiv über die Ausrichtung ihres „inneren Magneten" bestimmt.
Wie ein Stabmagnet lassen sich diese magnetotaktischen Bakterien durch starke äußere Magnetpulse umpolen, schwimmen dann
also in unserem Beispiel kontinuierlich nach Süden.

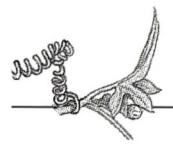

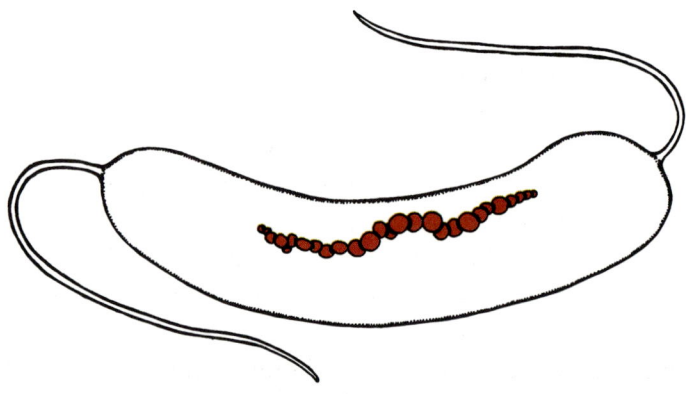

1.5 Hervorstechendes Merkmal dieses magnetotaktischen Bakteriums ist eine Reihe magnetischer Körnchen (Magnetite) im Inneren der Zelle. Sie helfen dem Bakterium, eine Position parallel zu den magnetischen Feldlinien einzunehmen.

Die biologische Bedeutung dieses merkwürdigen Verhaltens wird durch einen Vergleich von Bakterien der beiden Hemisphären erhellt. Auf der Nordhalbkugel neigen sich die magnetischen Feldlinien nach Norden (Inklination); Bakterien sind hier „Nordsucher" – sie schwimmen entlang der Feldlinien nach unten. Demgegenüber sind Bakterien auf der Südhalbkugel „Südsucher", woraus wiederum eine Bewegungsrichtung nach unten resultiert. Unter natürlichen Bedingungen bewegen sich die Zellen also stets nach unten zum Boden der Tümpel, in denen sie leben. Die meisten dieser Bakterien sind auf sauerstoffarme Umgebung angewiesen, sauerstoffreiches Oberflächenwasser schädigt sie. Mit Hilfe ihrer Magnetotaxis suchen sie daher gezielt das für sie günstigste Lebensmilieu auf.

Den Abschluß dieser Betrachtungen sollen einige Anmerkungen zum biologischen Sinn von Bewegungsreaktionen bilden. Alle morphologischen, anatomischen und physiologischen Eigenschaften der Lebewesen sind Produkte von Anpassungs- und Selektionsvorgängen in der Evolution. Mit gewisser Berechtigung darf man daher fragen, worin der Vorteil eines Bewegungsvorgangs für die Pflanze besteht. Beim Gravitropismus ist der Nutzen offensichtlich. Eine Wurzel wird ihre Aufgabe – Verankerung der Pflanze und Aufnahme von Wasser und Mineralien – am besten erfüllen, wenn sie möglichst tief ins Erdreich ein-

dringt. Die Blätter einer Pflanze hingegen, die eine optimale Photosyntheseleistung erreichen müssen, richten sich zum Licht aus. Die Seismonastie der Venusfliegenfalle dient dem Fangen von Beutetieren, die verdaut und deren Stickstoffverbindungen dem Stoffwechsel der Pflanze zugeführt werden. Bei anderen Bewegungen hingegen lassen sich nicht so leicht Erklärungen finden. Warum beispielsweise reagiert eine Mimose mit Bewegungen? Versucht das Blatt etwa, sich durch Zusammenklappen vor dem Gefressenwerden zu schützen? Oder warum investieren viele Pflanzen Stoffwechselenergie in tagesperiodische Schlafbewegungen? Was bezweckt *Desmodium motorium* mit dem ständigen elliptischen Kreisen der kleinen Blattfiedern? Die Frage nach dem biologischen Sinn ist hier noch unbeantwortet.

Nahezu alle Pflanzen zeigen die für das Überleben wichtigen Bewegungserscheinungen des Gravi- und Phototropismus. Andere Bewegungen hingegen sind nur für Spezialisten unverzichtbar, wie der Chemotropismus von *Cuscuta* und die Seismonastie der Venusfliegenfalle.

Exkurs: Phytohormone

Wie tierische Hormone wirken Phytohormone in kleinsten Konzentrationen. Bildungsort und Wirkungsort sind dabei normalerweise nicht identisch. Im Gegensatz zu den Hormonen, die von Tieren gebildet werden, gibt es bei Pflanzen keine speziellen Hormondrüsen. Sie werden dort von normalen Gewebezellen in Bildungsgeweben, Blättern, Samen, Früchten und in vielen anderen Regionen einer Pflanze gebildet. Ihr Transport erfolgt entweder aktiv oder passiv, über kurze Distanzen von Zelle zu Zelle oder aber über die Leitbündel als Fernleitung. Im Falle des gasförmigen Ethylens kann der Transport sogar über Diffusion in den Hohlräumen zwischen den Zellen erfolgen.

Im Gegensatz zu tierischen Hormonen weisen die Phytohormone jedoch eine erheblich geringere Spezifität auf. Ein Hormon kann in ein und

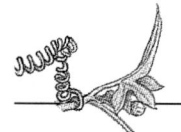

Phytohormongruppe	chemischer Bau	
Abscisinsäure		Abscisinsäure (ABA)
Auxine		Indol-3-Essigsäure (IES)
Cytokinine		R = OH : Zeatin R = H : Isopentenyl- aminopurin
Ethylen		
Gibberelline		Gibbanskelett
Jasmonate		Grundgerüst

E.1.1 Strukturformeln der wichtigsten Gruppen pflanzlicher Hormone. Sie alle stehen im Zusammenhang mit der Regulation von Bewegungsreaktionen.

demselben Gewebe ganz unterschiedliche Wirkungen haben. Zudem sind viele hormonell gesteuerte Vorgänge von der Balance mehrerer Phytohormone abhängig. Hinsichtlich der Bewegungen bei Pflanzen ist vor allem die Regulation des Streckungswachstums und des Turgors durch die Phytohormone wichtig.

Als das Wachstumshormon schlechthin gilt die Indol-3-Essigsäure (IES). Es wird häufig mit seinem alten Namen Auxin (von lateinisch *augere* für „fördern") bezeichnet. Indol-3-Essigsäure induziert unter anderem das Streckungswachstum, vermag jedoch in hohen Konzentrationen in der Wurzel auch wachstumshemmend zu wirken. Sie wird vor allem in den grünen Blättern und den Meristemen, den Bildungsgeweben, synthetisiert.

Eine ganze Phytohormon-Klasse stellen die Gibberelline dar, die sich biochemisch nur in Nuancen unterscheiden. Auch Gibberelline stammen aus Meristemen und Blättern, daneben kommen sie in unreifen Früchten vor. Sie können die Samen- und Knospenruhe aufheben, die Blütenbildung induzieren und fördern wie die Indol-3-Essigsäure das Streckungswachstum.

Die Abscisinsäure (ABA) beeinflußt in Blättern die Bewegungen der Spaltöffnungen bei Wassermangel. Sie ist wichtig für den Fruchtfall und kann antagonistisch zu IES oder zu Gibberellinen wirken.

Das gasförmige Ethylen ist ein typisches Alterungshormon, das den Blattfall und die Fruchtreife fördert. Dementsprechend wird es vor allem von reifenden Früchten gebildet. Für die Bewegungsphysiologie ist es jedoch nur von untergeordneter Bedeutung.

Cytokinine fördern die Zellteilung und -streckung. Darüber hinaus sind sie wichtig für die Beendigung der Samenruhe und wirken im Alterungsprozeß antagonistisch zu Ethylen. Gebildet werden Cytokinine unter anderem in Wurzelspitzen und keimenden Samen.

In den letzten Jahren fand man in vielen Pflanzen Jasmonate. Sie rufen in alternden Blättern den Abbau von Chlorophyll und eines Schlüsselenzyms der Photosynthese hervor.

Inzwischen gibt es Forschungsergebnisse, die einen ersten Einblick in die molekularen Wirkungen der Phytohormone gewähren. Vieles spricht dafür, daß besondere Rezeptoren das entsprechende Phytohormon binden und damit eine Kette von Folgereaktionen in Gang setzen. Die Mechanismen, die dann zur Bewegung führen, sind aber noch nicht richtig verstanden.

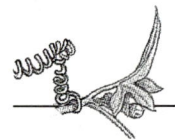

2.1 Einzellige, grüne Algen der Gattung *Euglena* sammeln sich im Lichtfleck eines Mikroskops. Neben dem Zellkern im Zentrum und den grünen Chloroplasten, den für die Photosynthese verantwortlichen Organellen, fallen vor allem die Geißeln am Vorderende und die orange gefärbten „Augenflecke" auf. *Euglena* schraubt sich mit der Geißel voran durch das Wasser.

2. Wie die Alge *Euglena* ihr Ziel findet – freie Ortsbewegungen

Viele Planktonorganismen können ihre Sinkgeschwindigkeit nur passiv durch Reduktion ihres spezifischen Gewichts oder durch Schwebefortsätze verringern. Organismen, die sich aktiv fortbewegen, müssen hingegen Antriebskräfte entwickeln, die größer sind als der Reibungswiderstand ihrer Körper. Zu den Pflanzen, die solche freien Ortsbewegungen durchführen können, gehören viele Vertreter der Algen. Alle schwimmenden Algen, von den kleinsten einzelligen Vertretern bis hin zu Arten aus der Gattung *Volvox*, die aus bis zu 16 000 Einzelzellen besteht (*Volvox globator*), erzeugen ihren Vortrieb mit Hilfe von Geißeln. Der Bauplan solcher Geißeln oder Flagellen, der bei allen eukaryotischen Zellen gleich ist, ist im Exkurs besprochen.

Euglena

Euglena gracilis ist eine einzellige grüne Alge, die an ihrem Vorderende eine lange Zuggeißel besitzt (Abbildung 2.1). Der Schlag der Geißel versetzt die Zelle in eine rotierende Bewegung, *Euglena* schraubt sich also mit dem begeißelten Ende voran durch das Wasser. Wie viele andere Algen auch, sammelt sich

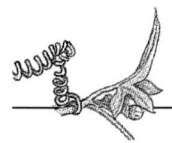

Euglena bei einseitiger Belichtung ihres Mediums im Lichtbereich.

Beim klassischen Lichtfallenversuch wird Medium mit *Euglena* in eine abgedunkelte Petrischale eingebracht. Nur im Deckel der von oben beleuchteten Petrischale bleibt ein Bereich der Verdunkelung ausgespart. Hebt man nach einiger Zeit den Deckel ab, so erkennt man bereits mit bloßem Auge an der grünen Farbe, daß sich die Mehrzahl der Algen im Bereich des Lichtflecks versammelt hat. *Euglena*, die zufällig in den Lichtfleck gelangt sind, werden diesen nicht mehr verlassen, da zufälliges Schwimmen in die beschattete Region eine Schreckreaktion zur Folge hat, die in der Regel die Algen zurück ins Licht treibt.

Wie aber „sieht" die Alge das Licht, wie bestimmt sie die Lichtrichtung, und wie steuert sie die Bewegungsrichtung bei dieser positiven Phototaxis? Verantwortlich für die Perzeption der Lichtrichtung ist die spezifische Anordnung der Organellen am vorderen Pol der Alge (Abbildung 2.1). Die lange Geißel inseriert in einer grubenförmigen Geißelkammer. Eine zweite, sehr kurze Geißel verschmilzt noch in der Geißelkammer mit der Zuggeißel. An dieser Stelle befindet sich eine lichtempfindliche Struktur, ein Photorezeptor, die auch als Parabasalkörper bezeichnet wird. Er regelt die photophobe oder Schreckreaktion der Alge, die sich in einer Richtungsänderung des Geißelschlages äußert. Aus der daraus resultierenden, zunächst zufälligen Richtungsänderung wird im Endergebnis eine zielgerichtete Schwimmbewegung. Der Photorezeptor enthält ein Flavoproteid. Entsprechend nimmt *Euglena* die kurzwelligen Anteile des sichtbaren Lichtes wahr (Blaulichtrezeptor). Die Flavonmoleküle im Photorezeptor dürften in hoher Ordnung vorliegen. Fehlt der Parabasalkörper, so sind diese Mutanten nicht mehr zu phobischen Reaktionen in der Lage.

In isolierten Geißeln mit intakten Parabasalkörpern fand man neben Flavin mit Pterin ein weiteres Pigment (Abbildung 2.2).

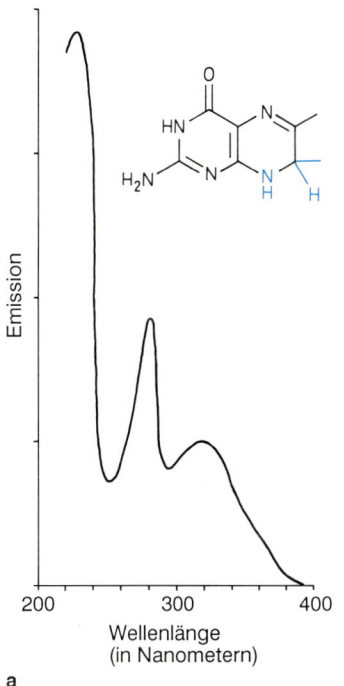

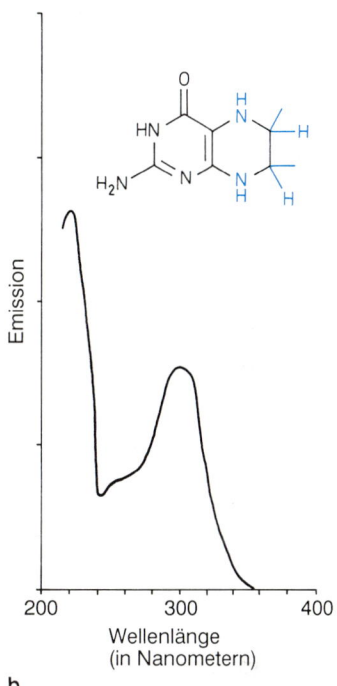

a   b

2.2 Absorptionsspektren des 6,7-Dimethyl-Pteridins, einer heterozyklischen Verbindung, in der zweifach (links; mit zwei Wasserstoffatomen H am Ring) und vierfach (rechts; mit vier Wasserstoffatomen) reduzierten Form. Wegen ihrer Absorption — der Aufnahme von Licht bestimmter Wellenlänge — im ultravioletten und blauen Bereich sind Pteridine gute Kandidaten für die Lichtperzeption in diesem Spektralbereich. Nach Galland und Senger 1988.

Exkurs: Die Geißel

Alle Geißeln der Eukaryoten — Organismen mit einem echten Zellkern — weisen dasselbe Bauprinzip auf. Der eigentliche Bewegungsapparat wird als strukturelles Rückgrat von Mikrotubuli gebildet, röhrenförmigen Gebilden mit einem Außendurchmesser von 25 Nanometer und einem Innendurchmesser von 15 Nanometer. Die Wände einer einzelnen Mikro-

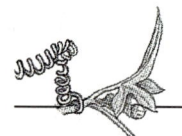

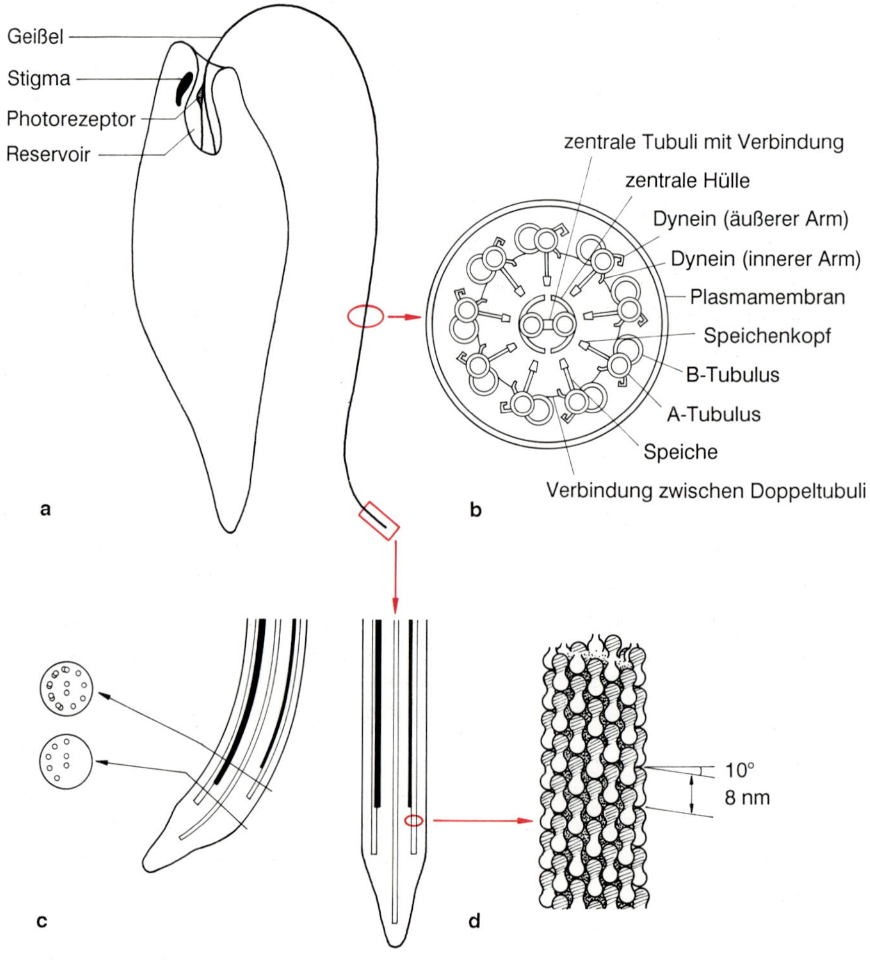

Geißel

Stigma

Photorezeptor

Reservoir

zentrale Tubuli mit Verbindung

zentrale Hülle

Dynein (äußerer Arm)

Dynein (innerer Arm)

Plasmamembran

Speichenkopf

B-Tubulus

A-Tubulus

Speiche

Verbindung zwischen Doppeltubuli

a

b

c

d

10°

8 nm

E.2.1 Aufbau und Funktion einer Eukaryotengeißel. a) Schematischer Aufbau einer Algenzelle (*Euglena*) mit der Geißel am Vorderende. b) Querschnitt durch die Geißel. Verantwortlich für die Bewegung ist das Zusammenspiel der neun peripheren Doppeltubuli (A- und B-Tubulus); beteiligt sind weitere Proteine wie die Dyneine. c) Geißeln beim Schlagen, rechts in gerader Position, links gekrümmt. Die Krümmung der Geißel beruht auf einer Verschiebung der Tubuli gegeneinander beruht. d) Ausschnitt aus einem Mikrotubulus, dem Bauelement der Geißel. Mikrotubuli sind röhrenförmige Gebilde, die aus Tubulinuntereinheiten (hantelförmigen Proteinen) aufgebaut sind. Ein Nanometer (nm) entspricht einer Länge von 0,000 001 Millimetern. Nach Kleinig, H.; Sitte, P. *Zellbiologie*. Stuttgart (G. Fischer) 1984.

tubulus-„Röhre" bestehen aus 13 Protofilamenten (Abbildung E.2.1). Jedes Protofilament setzt sich aus aneinandergereihten Tubulinmolekülen zusammen. Dieses hantelförmige Protein ist ein Heterodimer, das aus einer α- und einer β-Untereinheit besteht. Beide Untereinheiten haben einen Durchmesser von 4 Nanometer und unterscheiden sich nur geringfügig voneinander. Benachbarte Protofilamente sind leicht gegeneinander versetzt, so daß die Tubulinmoleküle in einer Schraube mit einer Steigung von etwa zehn Grad angeordnet sind. Im Querschnitt zeigt eine Geißel das typische 9 + 2-Querschnittsmuster, das 1952 von I. Manton erstmals beschrieben wurde. Zwei zentrale Mikrotubuli sind ringförmig von neun Doppeltubuli umgeben. Diese Doppeltubuli bestehen aus einem A-Tubulus mit 13 Protofilamenten sowie einem B-Tubulus, der nur zehn Protofilamente besitzt und die drei fehlenden Protofilamente mit dem A-Tubulus teilt (Abbildung E.2.1).

Isolierte Mikrotubuli können keine Bewegung durchführen, dazu sind assoziierte Proteine erforderlich. Am A-Tubulus setzen in regelmäßigen Abständen Dyneinmoleküle an, die in Richtung des benachbarten B-Tubulus weisen. Dynein ist ein Adenosintriphosphat (ATP)-spaltendes Enzym, das chemische Energie von ATP in Bewegungsenergie umsetzen kann. Wenn kein ATP vorhanden ist, binden die Dyneinmoleküle an den B-Tubulus — die Geißel ist starr. Nach ATP-Zugabe löst sich diese Bindung, und es kommt durch Bewegung des Dyneins zu einer Verschiebung des A-Tubulus relativ zum benachbarten B-Tubulus. Die Tubuli sind in der intakten Geißel durch starre Verbindungen miteinander und mit der zentralen Scheide verknüpft. Die Verschiebungen führen deshalb zu einer Krümmung der Geißel und somit letztlich zur Schlagbewegung. Die Verschiebung der Tubuli gegeneinander läßt sich an der Geißelspitze direkt nachweisen (Abbildung E.2.1).

Jede Geißel ist über einen Basalkörper (Centriol) in der Zelle verankert. In den Basalkörpern fehlen die zentralen Mikrotubuli, während die äußeren Doppeltubuli zu Dreifachtubuli werden. Obwohl Geißeln immer den gleichen Bauplan aufweisen, können sie die Vortriebskraft auf unterschiedliche Weise erzeugen. Die einfachste Bewegungsform ist der Ruderschlag. Dabei wird die Geißel peitschenartig nach hinten geschlagen und danach behutsam aufgerichtet (etwa bei dem Flagellaten *Chlamydomonas*). Beim Wellenschlag laufen kontinuierlich erzeugte Wellen über die Geißel, die dadurch Druck auf das Medium ausübt und die Zelle vorwärts schiebt. Eine dritte Dimension erhält die Geißelbewegung bei ei-

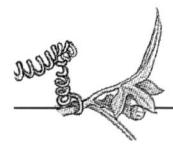

nem propellerartigen Schlagen. Zeigt die Geißel dabei von der Zelle weg, so übt der Geißelschlag eine Schubwirkung wie eine Schiffsschraube aus. Knickt die Geißel dagegen an ihrer Ansatzstelle nach hinten ab, so wirkt sie wie ein Propeller (Zuggeißel von *Euglena*). In jedem Fall führen Schraubenbewegungen der Geißel zu einer Rotation der Zelle um ihre Längsachse. Dies stabilisiert die Bewegung und ermöglicht so ein gerichtetes Schwimmen.

Dessen Fluoreszenz-Emissionsspektrum (nach Bestrahlen der Probe mit Licht einer Wellenlänge von 350 nm) weist ein Maximum bei 450 nm auf. Wie die Analysen weiter ergaben, enthielten die Parabasalkörper ein Flavin- und drei Pterin-bindende Proteine. Durch das Zusammenspiel von Flavin und Pterin ließe sich das Aktionsspektrum von *Euglena*-Reaktionen im Blau und UV-Bereich besser erklären als mit Flavin allein.

Der lichtmikroskopisch sichtbare, orangerot gefärbte „Augenfleck", das Stigma, dient nicht der Wahrnehmung von Licht, sondern der Beschattung des Photorezeptors. Im Feinbau besteht der Augenfleck aus einer Reihe kleiner Vakuolen, die Lipidtröpfchen mit darin gelösten Carotinoiden enthalten. Die Carotinoide sind für dessen Farbgebung verantwortlich.

Wie erfolgt nun das Zusammenspiel zwischen Photorezeptor und Augenfleck (Abbildung 2.3)? Schwimmt die Alge in kontinuierlicher Dunkelheit, bleibt der Photorezeptor zwangsläufig dauerhaft im Schatten. Bei gleichmäßiger Belichtung wird er entsprechend dauerhaft beleuchtet. In beiden Fällen schwimmt *Euglena* ungefähr geradeaus. Fällt das Licht nun von einer Seite ein, so schwimmt die Alge direkt auf die Lichtquelle zu. Diese Bewegung ist jedoch mit zahlreichen kleineren Richtungsänderungen verbunden. Während der Schwimmbewegung dreht sich *Euglena* um ihre eigene Achse, dadurch wird der Photorezeptor einmal pro Umdrehung durch das Stigma beschattet. Als Folge ändert die Geißel jeweils kurzfristig ihre Schlagrichtung und damit auch den Winkel, in dem sie auf die Lichtquelle zuschwimmt – dies ist die eigentliche photophobische Reaktion. Mehrere aufeinanderfolgende Richtungsänderungen führen dazu, daß der Parabasalkörper ständig belichtet bleibt und die Zelle so auf die Lichtquelle zuschwimmt.

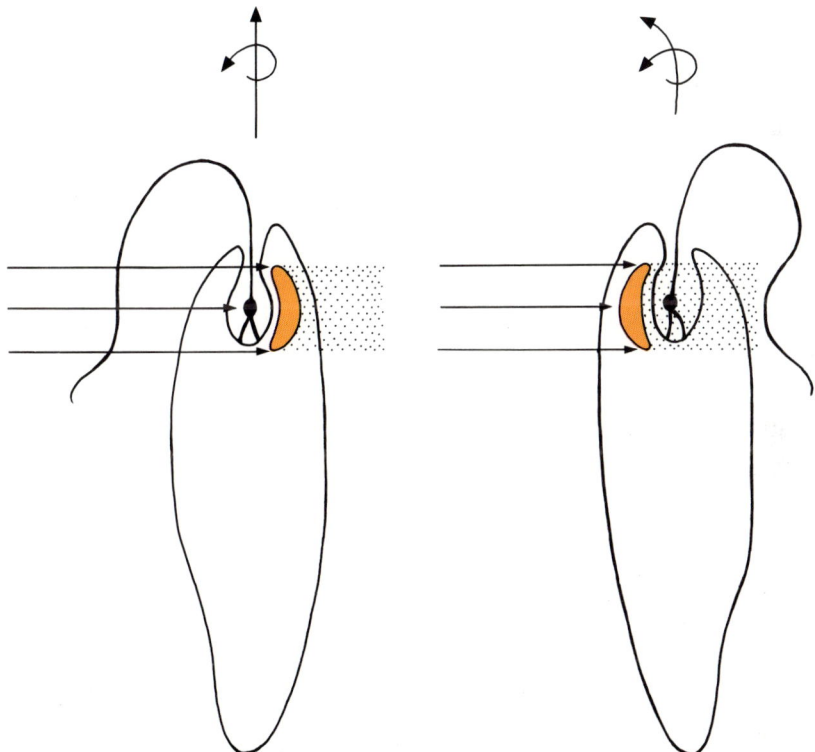

2.3 Die gerichtete Schwimmbewegung von *Euglena* soll nach der klassischen Beschattungshypothese — je nach Lichteinfall — Beschattung der Geißelbasis durch den „Augenfleck" zustande kommen. Obwohl neuere Ergebnisse diese Hypothese zunehmend in Zweifel ziehen, besticht sie noch immer durch ihre Schlüssigkeit. *Euglena* rotiert während der Vorwärtsbewegung um ihre Längsachse. Seitlich einfallendes Licht (Pfeile) beleuchtet die Geißelbasis (links), während sie nach Drehung der Alge um 180 Grad (rechts) vom „Augenfleck" beschattet wird. Die Alge reagiert darauf mit einer ruckartigen Bewegung zum Licht. Aus der Summe dieser Korrekturbewegungen kann eine neue Schwimmrichtung resultieren. Die Alge versucht sich möglichst im Lichtfleck zu sammeln. Nach Mohr und Schopfer 1978.

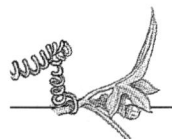

Zahlreiche Befunde stellen dieses einfache Modell inzwischen in Frage. Wenn eine Population von *Euglena* von zwei Seiten belichtet wird, so würde man aufgrund der Beziehung zwischen Photorezeptor und Stigma erwarten, daß die Algen einen Mittelweg wählen, welcher der Resultanten entspricht. Doch spaltet sich die Population in zwei Gruppen auf, die der einen oder der anderen Sichtquellen zustreben. Ist jedoch eine der beiden Lichtquellen stärker, so wird diese bevorzugt.

Mittlerweile existieren noch Vorstellungen über die biochemischen und biophysikalischen Grundlagen der Reizwandlung. Als Reaktion auf die Abnahme der Lichtintensität, also der Beschattung durch das Stigma, was im Parabasalkörper perzipiert wird, ändert sich die Aktivität der Natrium-Kalium-Austauschpumpe in der Geißelmembran. Die Zunahme der Natriumkonzentration in der Geißel hat das Öffnen von Calciumkanälen zur Folge, Calciumionen strömen in die Geißel ein. Darauf wiederum reagiert die Geißel mit einer Schlagänderung.

Noch nicht ganz geklärt ist, wie das eigentliche Zuschwimmen auf die Lichtquelle mit der photophobischen Reaktion, also der Schlagänderung der Geißel bei Beschattung, zusammenspielt. Manche Wissenschaftler fordern unterschiedliche Rezeptorsysteme. Denkbar wäre jedoch auch, daß die Rezeptormoleküle gleichförmig gerichtet vorliegen. (Dies bezeichnet man als Dichroismus.) Für letzteres spricht, daß sich eine Population von *Euglena* bei Bestrahlung mit polarisiertem Licht (Licht, das in einer Ebene schwingt) mit 30° Abweichung im Uhrzeigersinn von der Richtung der Polarisationsebene orientieren. Nach dieser Hypothese würde die Zelle nicht auf die Beschattung, sondern auf die Polarisationsebene des Lichtes reagieren. Die Orientierung von *Euglena* ist besonders gut untersucht worden. Doch lassen sich die Verhältnisse bei dieser Alge nicht unbedingt auf andere übertragen.

Chlamydomonas

Recht gut kennt man auch den Mechanismus bei der Grünalge *Chlamydomonas*. Die etwa eiförmige Alge besitzt zwei lange Geißeln am Vorderende. Mit diesen kann sie Ruderschläge ausführen und so die Zelle vorwärts treiben. Rückwärts kann die Alge schwimmen, indem sie ihre Schlagbewegung auf Wellenschlag umstellt. Auch *Chlamydomonas* dreht sich beim Schwimmen um die eigene Achse.

Das Stigma bei *Chlamydomonas* ist Bestandteil des Chloroplasten, der becherförmig die gesamte Zelle auskleidet. Es besteht aus vier Lagen von sogenannten Pigmentglobuli, kleinen kugeligen, gefärbten Gebilden. Aufgrund elektronenmikroskopischer Untersuchungen vermutet man, daß der Photorezeptor in Plasma- und Chloroplastenmembran oberhalb des Stigmas liegt. Wahrscheinlich sind die Partikel, die man auf elektronenmikroskopischen Bildern erkennen kann, Rezeptormoleküle oder Calciumkanäle.

Das photophobisch wirksame Licht umfaßt bei *Chlamydomonas* den Wellenlängenbereich zwischen 400 und 540 Nanometern, mit einem Reaktionsmaximum bei ungefähr 500 Nanometern. Ein Flavin wie bei *Euglena* scheidet somit als Photorezeptor aus. Vielmehr dürfte bei dieser Alge Rhodopsin, das auch bei höheren Tieren als Sehfarbstoff dient, für die Lichtperzeption verantwortlich sein. Diesen Schluß lassen sowohl eine „blinde" Mutante von *Chlamydomonas* zu, die kein Sehpigment synthetisieren kann, als auch das Absorptionsspektrum isolierter Membranen dieser Alge.

Vermutlich dient das Stigma bei *Chlamydomonas* als Reflektor. Bei seitlicher Belichtung wird ein Teil des Lichtes reflektiert, so daß es zusätzlich zum direkten Anteil auf den Photorezeptor trifft. Periodische Belichtung kann die Alge zur Änderung des

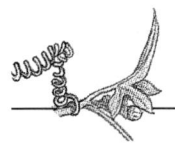

Geißelschlages und somit zur Änderung der Bewegungsrichtung veranlassen. Hierfür reichen bereits Lichtblitze von nur 60 Millisekunden aus, in Einzelfällen gelingt dies bereits bei einer Dauer von 0,3 Millisekunden. Verwendet man bei dieser Versuchsanordnung Starklicht, so reagiert *Chlamydomonas* mit einer Richtungsumkehr.

Mit Hilfe der sogenannten Patch-Clamp-Methode gelang es, ersten Einblick in die Funktionsweise der Lichtwahrnehmung von *Chlamydomonas* zu gewinnen. Bei dieser elektrophysiologischen Technik werden winzigste Membrananteile gezielt untersuchen. Damit lassen sich Ionenströme einzelner Membranporen und -kanäle charakterisieren.

Bei *Chlamydomonas* läuft ein dem Sehvorgang der Tiere ähnlicher Prozeß ab. Innerhalb von 0,5 bis 50 Millisekunden nach Belichtung fließt ein sogenannter Photorezeptorstrom durch die Plasmamembran oberhalb des Stigmas. Dabei treten Calciumionen in die Zelle ein. Unmittelbar danach fließen Calciumionen auch durch die Geißelmembran in die Zelle (der sogenannte Geißelstrom). Ist das Medium, in dem *Chlamydomonas* lebt, stark an Calcium verarmt, so bleiben sowohl der Rezeptorstrom als auch die Orientierungsbewegung aus.

Zur Änderung der Bewegungsrichtung kommt es, da die beiden Geißeln unterschiedlich empfindlich gegenüber Calcium reagieren. Während die eine, die sogenannte cis-Geißel bereits bei niederen Calciumkonzentrationen ($< 10^{-8}$ M) mit einem Abfall der Schlagfrequenz reagiert, ändert die andere, die trans-Geißel erst bei höheren Konzentrationen ihre Schlagfrequenz.

Diese Untersuchungen erlauben auch einen Einblick in das „Richtungssehen" der Zelle: Da die Photorezeptorströme von der jeweiligen Lichtstärke abhängen, verfügt die Zelle über einen Mechanismus, die Lichtrichtung wahrzunehmen. Weist der Photorezeptor in die Richtung des einfallenden Lichtes, empfängt er höhere Lichtstärken, als wenn er vom Licht abgewandt ist.

Demgegenüber erfolgt die Geißelreaktion nach dem Alles-oder-Nichts-Prinzip. Sobald der Photorezeptorstrom einen bestimmten Schwellenwert überschritten hat, kommt es zu einem Calciumeinstrom in die Geißel.

Die Reiz-Reaktions-Kette im Falle von *Chlamydomonas* dürfte folgendermaßen aussehen: Licht regt das Sehpigment Rhodopsin an. Als Folge öffnen sich im Bereich des Photorezeptors die Calciumkanäle der Plasmamembran, und Calcium strömt ein. Dieses Signal wird an die Geißelmembran weitergeleitet, dort öffnen sich ebenfalls die Calciumkanäle. Dadurch ergeben sich Änderungen des Geißelschlages; die unterschiedliche, aber koordinierte Schlagfrequenz der beiden Geißeln bewirkt schließlich die Richtungsänderung der Zelle.

Micrasterias

Im Gegensatz zu den meisten Algen, die sich schwimmend mit Hilfe von Geißeln fortbewegen, kriecht die Zieralge *Micrasterias denticulata* langsam über das Substrat. Sie scheidet an ihrem Hinterende eine gallertartige Flüssigkeit aus, die mit dem Untergrund verklebt, aufquillt und die Zelle dadurch nach vorne schiebt (Abbildung 2.4). Das schräg aufgerichtete Vorderende hat dagegen keinen Kontakt mit dem Untergrund. Je steiler es aufgerichtet ist, desto langsamer bewegt sich die Zelle vorwärts. Tritt Gallerte in unterschiedlichem Maße aus den zwei Porengruppen aus, so kann *Micrasterias* ihre Richtung ändern.

Bei dieser Zieralge dürfte Chlorophyll als Photorezeptor dienen. So könnte die Photosynthese (siehe Exkurs in Kapitel 13) direkt an der Bewegungsreaktion beteiligt sein. Licht beeinflußt bei *Micrasterias* die Geschwindigkeit der Bewegung (Photokinesis). Je höher die eingestrahlte Lichtintensität, je höher also die Photosyntheseleistung, desto schneller kriecht *Micrasterias* über das Substrat. Durch Hemmstoffe der Photosynthese konnte nachgewiesen werden, daß die Bewegungsgeschwindigkeit unmittelbar von der Photosyntheseleistung abhängt.

53

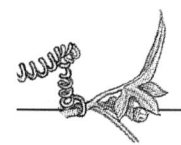

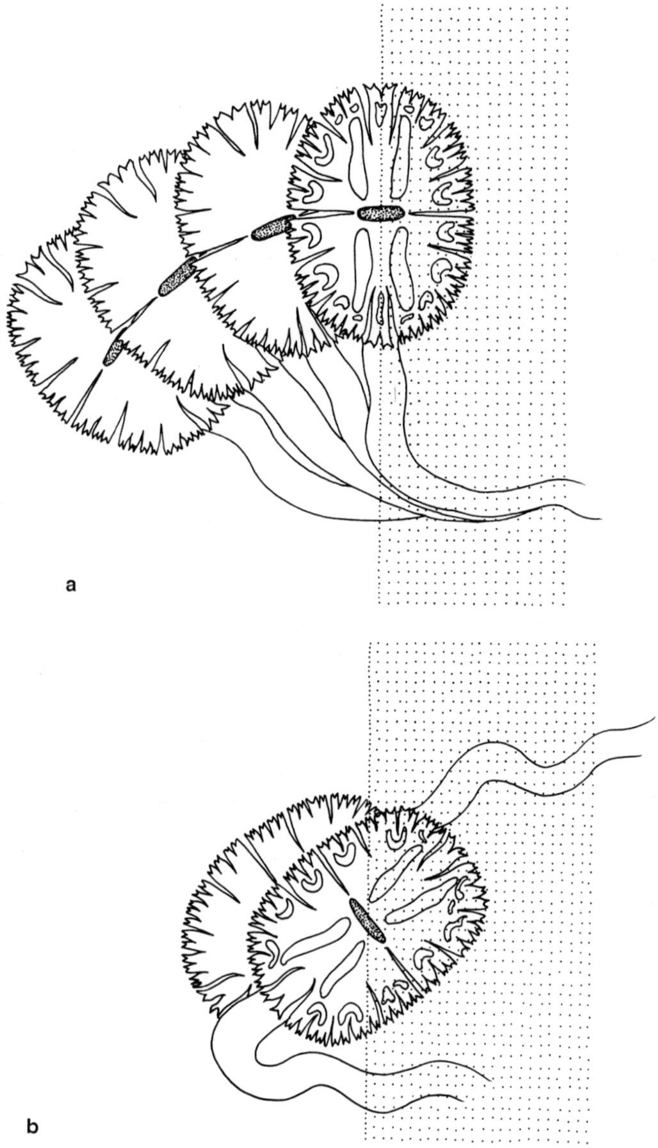

a

b

2.4 Die Kriechbewegung der Zieralge *Micrasterias* an einer Hell-Dunkel-Grenze. Der Alge stehen zwei Formen der Reaktion zur Verfügung. Zum einen kann sie seitlich umlenken und ins Licht kriechen (a), möglich ist aber auch eine gänzliche Änderung der Polarität (b). Sie bildet nunmehr neuen Schleim am vormaligen Vorderende und kriecht ebenfalls ins Licht. Nach Nultsch und Häder 1979.

Cyanobakterien

Das Cyanobakterium *Phormidium* (Cyanobakterien wurden früher als Blaualgen bezeichnet) ist ein mehrzelliger, fadenförmiger Organismus, der phototaktisch und photophobisch reagieren kann. Er kriecht über das Substrat und dreht sich dabei um seine Längsachse. Es ist noch nicht bekannt, wie diese Bewegung entsteht. Vermutet wird der Ausstoß von Schleimen.

Bei diesem Cyanobakterium ist die photophobische Reaktion unmittelbar mit der Photosynthese gekoppelt. Sobald die Spitze eines *Phormidium*-Fadens in einen dunklen Bereich gelangt, bricht der während der Photosynthese (siehe Exkurse in Kapitel 13) erzeugte pH-Gradient zusammen. Die Potentialänderungen lassen sich direkt mit Hilfe elektrophysiologischer Methoden messen. Eine solche photophobische Reaktion läßt sich auch durch Absenken des pH-Wertes im Medium experimentell simulieren. Die Veränderung des pH-Gradienten wird über Calciumströme verstärkt. Wahrscheinlich werden durch Zusammenbruch des elektrischen Potentials Calciumkanäle in der Membran geöffnet. Wie jedoch die lokale Änderung des elektrischen Potentials mit der Änderung der Bewegungsrichtung verrechnet wird, ist noch nicht geklärt.

3.1 Bis auf wenige Ausnahmen reagieren Pflanzen auf die Richtung der Schwerkraft. Dies äußert sich zum Beispiel im normalerweise vertikalen Wachstum von Hauptwurzel und -sproß. Wird eine Pflanze durch Wind, Regen oder ein herumstreifendes Tier umgeworfen, vermag sie sich vielfach mit Hilfe einer Krümmungsbewegung wieder aufzurichten.

3. Nach oben und nach unten – Wachstum entlang der Schwerkraft

Der verläßlichste Faktor im Leben einer Pflanze ist die Schwerkraft. Lichtverhältnisse, die Temperatur, ja selbst die Bodenverhältnisse sind Schwankungen unterworfen, die Schwerkraft dagegen greift an einem bestimmten Ort immer mit derselben Orientierung und Stärke an. Die Abnahme der Gravitation mit wachsendem Abstand vom Erdmittelpunkt geht so langsam vor sich, daß ihr Betrag im Bereich eines Pflanzenkörpers praktisch konstant ist. Durch die Wahrnehmung der Schwerkraft sind Pflanzen in der Lage, ihre Wurzeln unabhängig von der Neigung der Bodenoberfläche in Richtung des Erdmittelpunktes und ihre Sprosse senkrecht nach oben auszurichten.

Zur Konstanz von Richtung und Größe der Schwerkraft kommt ihre Dauerhaftigkeit. Daher wurde sie zu einem wichtigen Prinzip in der Evolution, herrschten doch weitgehend dieselben Schwerkraftbedingungen während der Jahrmillionen pflanzlicher Stammesentwicklung. Die Schwerkraft war einer der Parameter, an den sich Landpflanzen anpassen mußten. Der Auftrieb im Wasser macht die Ausbildung stabiler Stütz- und Festigungselemente für Wasserpflanzen weitgehend überflüssig. Eine Landpflanze kann sich demgegenüber nur dann erfolgreich entwickeln, wenn ihr Wuchs von Festigungselementen stabilisiert wird. Der massive Holzkörper der Bäume ist eine besonders auffällige Form der Anpassung an die Schwerkraft.

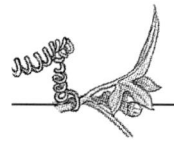

Die Schwerkraft ist aber nicht nur an der Orientierung der Pflanze beteiligt, sondern beeinflußt auch die Form mancher Pflanzenorgane. Eine solche Gravimorphose kann man leicht an der Roßkastanie (*Aesculus hippocastanum*) beobachten. Die Zweige dieses Baumes besitzen Knoten, an denen jeweils zwei Blätter entspringen. Die Blattstiele sind abwechselnd horizontal und vertikal orientiert. Bei Knoten, an denen die Blattstiele horizontal stehen, sind die beiden Blätter gleich groß. Bei den dazwischenliegenden Knoten sind die Blattstiele vertikal ausgerichtet. Das nach unten weisende Blatt ist hier deutlich größer als das nach oben weisende.

Die Schwerkraft wirkt auf jede Zelle eines Organs mit der gleichen Intensität. Richtung und Stärke sind jeweils identisch.

Der Gravitropismus wurde im Jahre 1703 erstmals als wissenschaftliches Problem behandelt. D. Dodart untersuchte systematisch die Krümmung von Wurzel und Sproß der Bohne. Aufgrund ihrer Allgegenwart erfordert Untersuchung der Schwerkraft ganz besondere experimentelle Bedingungen. Andere Reizqualitäten wie Berührung, Licht oder chemische Reize lassen sich in ihrer Stärke variieren oder sogar ganz ausschalten. Bei der Schwerkraft hingegen läßt sich ein reizfreier Zustand nicht herstellen. Mit Hilfe von Klinostaten, Rotationsapparaten, die ein Organ um die Längsachse drehen, kann man zwar die Wirkung der Richtungskomponente ausschalten, die Schwerkraft jedoch keineswegs aufheben. Erst die Raumfahrt eröffnete in jüngster Zeit die Möglichkeit, Pflanzen für begrenzte Zeit unter Bedingungen reduzierter Schwerkraft zu testen (siehe Exkurs). Nun sind Experimente im Weltraumlabor teuer und nicht beliebig häufig durchführbar. So wird auch in Zukunft das erdgebundene Labor den Regelfall darstellen. Reizwinkel, Reizdauer und durch Zentrifugen erhöhte Massenbeschleunigung lassen sich bei Untersuchungen der Schwerkraft modifizieren.

Exkurs:
Vom Klinostaten zum Weltraumlabor —
die Ausschaltung der Schwerkraft

Die Allgegenwart der Schwerkraft macht die Untersuchung gravitroper Phänomene auf der Erde besonders problematisch, da es unter normalen Laborbedingungen prinzipiell nicht möglich ist, den Schwerereiz auszuschalten.

Der deutsche Pflanzenphysiologe Julius Sachs war der erste, der in den achtziger Jahren des 19. Jahrhunderts versuchte, mit Hilfe eines methodischen Tricks die Schwerkraft in ihrer einseitigen Wirkung aufzuheben. Er entwickelte einen „Klinostaten" (Abbildung E.3.1), zu den ihn folgende Überlegungen veranlaßten. Die Schwerkraft wirkt unter einem Winkel von 90 Grad auf ein horizontales Organ ein. Wird das Organ nun in langsame Rotation (Minuten bis Stunden für eine Umdrehung) um seine horizontale Achse versetzt, so wirkt die Schwerkraft nacheinander von verschiedenen Seiten ein.

Diese Schwerereizung wird zwar von der Pflanze wahrgenommen, bei geeigneter Wahl der Umdrehungsgeschwindigkeit erfolgt das Wachstum jedoch horizontal — die antagonistischen Richtungsinformationen führen nicht zur Krümmung. Die Zentrifugalbeschleunigung ist bei dieser langsamen Umdrehungsgeschwindigkeit zu gering, um von der Pflanze wahrgenommen zu werden. Damit hatte Sachs einen Weg eröffnet, nach erfolgter Reizung, ohne erneute einseitige Reizung, die Krümmung aufzuzeichnen.

Julius Sachs trieb seinen Klinostaten noch mit Uhrwerk und Pendel an. Der Pflanzenphysiologe W. Pfeffer entwickelte dieses Gerät weiter, indem er es mit einem uhrfedergetriebenen Laufwerk ausstattete und durch ein Getriebe die Rotation mit verschiedenen Geschwindigkeiten ermöglichte. Später gab es kippbare Modelle, solche, die während der Drehung kurz anhielten, und wieder andere, die ihre Umdrehungsrichtung von Mal zu Mal änderten. Durch den Einbau elektrischer Synchronmotoren konnten die Gleichlaufschwankungen ausgeglichen werden. Ausschalten konnte man die Schwerkraft jedoch nicht mit diesem Gerät. Wie man an Nachbauten von Zellmodellen leicht feststellen kann, bewegen sich die Statolithen während der Rotation auf kreisenden Bahnen durch

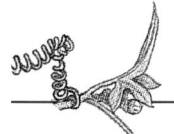

die Zelle. Bei einer solchen Amyloplastenbewegung konnte man daher die Perzeption nicht verhindern.

Abhilfe schuf ein Klinostat, der sich mit bis zu 120 Umdrehungen pro Minute so schnell dreht, daß ein Objekt im Zentrum der Rotationsachse

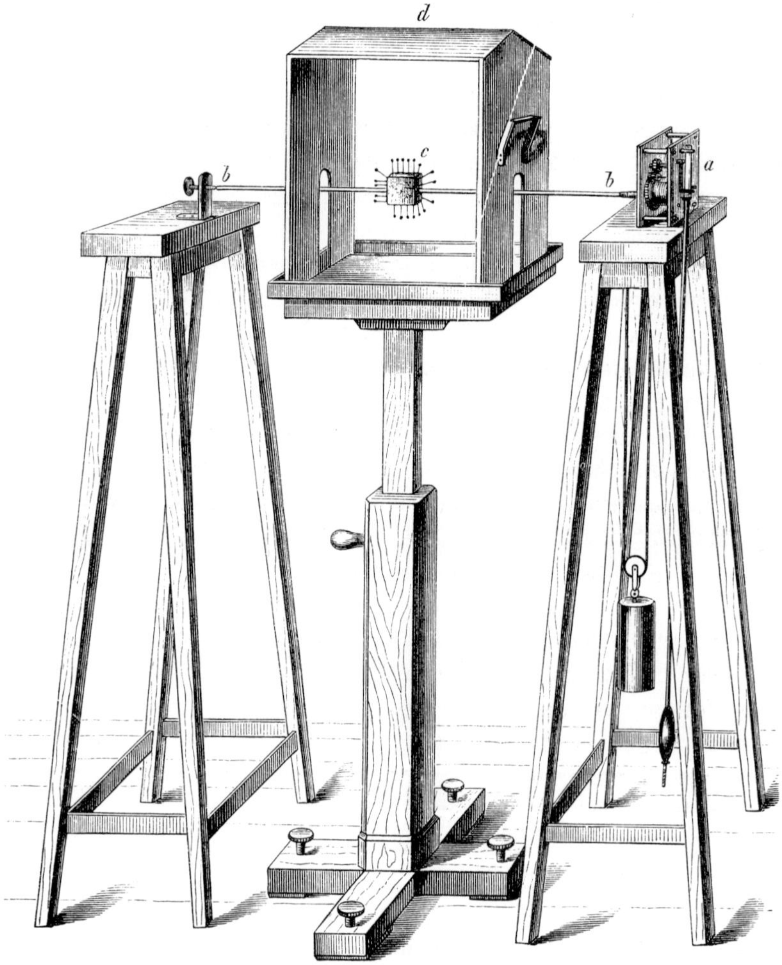

E.3.1 Lange vor der Jahrhundertwende führte der Pflanzenphysiologe Julius Sachs den Klinostaten ein (hier eine historische Abbildung). In diesem frühen Modell wird die Rotationsachse noch über Pendel und Gewicht angetrieben. Später dienten federgetriebene Uhrwerke und in neuerer Zeit Elektromotore demselben Zweck. Im Kasten wachsen die Pflanzen unter ständiger Drehung.

die Schwerkraft nicht mehr „spürt". Die Reizzeiten während jedes Punktes einer Umdrehung werden zu kurz, um perzipiert zu werden. Die Statolithen liegen dann ruhig in den Zellen. Allerdings sind bei diesem Gerät schon Millimeter außerhalb der Rotationsachse die Zentrifugalbeschleunigungen so hoch, daß sich die Organe in deren Richtung krümmen.

Wirkliche Schwerelosigkeit existiert nur im Weltraum. Für physikalische Experimente ließ sich Schwerelosigkeit durchaus auch auf der Erde (freier Fall) oder in Parabelflügen mit dem Flugzeug erreichen, doch reichten die kurzen Zeitspannen für pflanzenphysiologische Experimente nicht aus. An Bord des unbemannten Biosatelliten II wurden erstmals im Jahre 1967 Experimente im Weltraum durchgeführt — wenn auch nur für 44 Stunden und mit dem Handicap, daß die Pflanzen vor dem Start der Erdschwerkraft und beim Aufstieg der Rakete der hohen Beschleunigung ausgesetzt waren. Dabei zeigte sich, daß der Klinostat durchaus in der Lage war, seine Aufgabe zu erfüllen. Die Epinastie von Blättern trat erwartungsgemäß auch im Weltraum auf. Die geringe Anzahl von Pflanzen, die im Weltraum untersucht werden konnten, machten eine quantitative Analyse allerdings problematisch. In einer Orbitalstation herrscht allerdings nie totale Schwerelosigkeit. Die sogenannte Mikrogravitation beträgt dort nur Werte von ein Tausendstel bis ein Hunderttausendstel.

Die bemannten Spacelab-Flüge haben dennoch zu einigen neuen Erkenntnissen für den Gravitropismus geführt:

— Die Entwicklung der Schweresinneszellen in Wurzeln zu polaren Statocyten folgt einem genetisch festgelegten Programm, ist also nicht von der Wirkung der Schwerkraft abhängig.
— Ohne die Richtungskomponente der Schwerkraft wachsen Wurzel und Sproß nicht geradeaus, sondern zufällig oder so, wie es ihrer embryonalen Lage im Samen entspricht.
— Fällt die Schwerkraft als richtender Reiz weg, scheinen andere Reize, etwa das Licht, stärker wirksam zu werden.
— Die Circumnutation, die kreisende Suchbewegung von Sproßspitzen oder Ranken, dürfte auf endogenen Ursachen beruhen (siehe Kapitel 10).

Durch Weltraumexperimente konnten zwar einige Probleme gelöst werden, die daraus gewonnenen Ergebnisse werfen aber gleichzeitig neue Fragen auf.

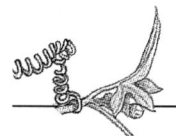

Indem man die Reaktion auf die veränderten Schwerkraftpara-
meter aufzeichnet, also Ausmaß und Verlauf der Orientierungsbewegung, kann man auf die Wahrnehmung zurückschließen. Es
darf auch nicht vergessen werden, daß die Schwerkraft auch nach
Beendigung beziehungsweise bei Auswertung des Experiments
ständig weiterwirkt. Wenn die Organe nach der Krümmung wieder in Normallage wachsen, muß das Perzeptionssystem in der
Lage sein, den erreichten Zustand als Endzustand zu erkennen
und das Krümmungswachstum einzustellen. Im folgenden wird so
unter „Reizung" oder „Reizlage" stets die Abweichung eines Organs aus der Normallage verstanden.

Das Statolithenproblem

Bei uns Menschen sind die Schweresinnesorgane, mit denen wir
die Lage im Raum wahrnehmen können, im Ohr lokalisiert. Sin-
neshaare nehmen dort die Scherkräfte wahr, die durch die Bewegung einer trägen Flüssigkeit hervorgerufen werden. Bei einer
Reihe von Tieren verlagern sich dagegen Statolithen (kleine
schwere Körper) direkt im Schwerefeld. Stets findet der Suszep-
tionsschritt außerhalb der Zellen statt. Bei Pflanzen liegen die
Statolithen immer innerhalb einer Zelle, der Schweresinneszelle
oder Statocyte. Gelegentlich sind solche Zellen bei Pflanzen zu
Geweben, den Statenchymen, zusammengeschlossen.

Der Inhalt einer Zelle übt aufgrund seines Gewichts einen Druck
auf die physikalisch untere Zellwand aus. Man vermutete, daß
dieser Druck für die Graviperzeption verantwortlich sei. Die
Druckdifferenz zwischen oberer und unterer Zellwand ist jedoch
im Vergleich zum allseitig wirkenden Turgor (siehe Exkurs in
Kapitel 7) so gering, daß er keine Rolle für die Wahrnehmung
der Schwerkraft spielen kann.

Die Grundsubstanz der Zelle ist eine wäßrige Lösung, in der die Organellen (membranbegrenzte Gebilde mit spezifischen Stoffwechselfunktionen) liegen. Ein großer Teil der Organellen innerhalb einer Zelle, die ein höheres spezifisches Gewicht besitzen als dieses Grundcytoplasma, wird der Schwerkraft folgend absinken und tatsächlich auf die unten liegende Zellwand einen Druck ausüben. Doch sammeln sich nicht alle Organellen am Boden einer Zelle. Dies hat physikalische und physiologische Gründe. Wichtigste Faktoren sind die sogenannte Brownsche Molekularbewegung und die Plasmaströmung. Die Brownsche Molekularbewegung wirkt der Sedimentation entgegen, da sich innerhalb einer Flüssigkeit alle Moleküle in ständiger thermisch bedingter Bewegung befinden. Je nach Größe und spezifischem Gewicht können Partikel in dem hochviskosen Grundcytoplasma durchaus schweben. Die Sedimentationsgeschwindigkeit der meisten Zellorganellen ist relativ gering. Damit reagieren sie auch viel zu langsam für Scherbewegungen. Zellkern und stärkehaltige Amyloplasten können jedoch durchaus als Statolithen wirken.

Durch die Plasmaströmung wird die Sedimentation von Organellen verhindert. Das Cytoplasma ist bei vielen pflanzlichen Zellen in ständiger Bewegung, wodurch die Zellbestandteile gemischt werden. Wie „intrazelluläre Muskelfasern" können sogenannte Aktin-Mikrofilamente und assoziierte Proteine, die das Zellskelett, das Cytoskelett, bilden, die Bewegung erzeugen. Andere Organellen, wie der Zellkern, werden durch das Cytoskelett in einer bestimmten Position gehalten.

Obwohl es immer wieder Versuche gegeben hat, die unterschiedlichsten Organellen in Zusammenhang mit der Graviperzeption zu bringen, hat die sogenannte Stärke-Statolithen-Hypothese bis heute ihre Gültigkeit behalten. Sie hat mittlerweile auch in Lehrbücher Eingang gefunden. Diese Hypothese geht auf zwei Pflanzenphysiologen der Jahrhundertwende zurück. Aufbauend auf Arbeiten des 19. Jahrhunderts veröffentlichten B. Nemec und G. Haberlandt im Jahre 1900 unabhängig voneinander ihre Untersu-

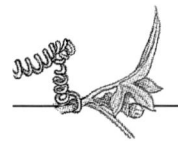

chungen zur Rolle von Amyloplasten als Statolithen. Die Amyloplasten sind membranbegrenzte Organellen, die sich durch einen hohen Stärkegehalt auszeichnen. In der älteren Literatur werden sie auch als Stärkekörner bezeichnet. Nemec und Haberlandt fanden, daß Amyloplasten überall dort vorkommen, wo eine Perzeption der Schwerkraft erwartet werden sollte (Abbildung 3.2): in der Wurzelhaube, einem Gewebe an der äußersten Spitze von Wurzeln, wie in Zellen von Koleoptilen, der Keimscheide der Gräser, und in den sogenannten Stärkescheiden von Sprossen. Selbst bei Pflanzen, die keine Stärke als Reservestoff speichern, wie etwa bei der Schwertlilie oder beim Lauch, fanden sich in den Statenchymen verlagerbare Amyloplasten. Da die Dichte der Stärkekörner 1,5 mal so hoch ist wie die des Grundcytoplasmas, sedimentieren Amyloplasten relativ schnell. Wird ein Pflanzenorgan aus der Senkrechten geneigt, so lagern sich die Amyloplasten in den Schweresinneszellen um. Sie kommen erst an der neuen Unterseite der Zelle zur Ruhe. Interessanterweise unterbleibt diese Sedimentation, wenn die Amyloplasten in reinen Speichergeweben der Stärkespeicherung dienen (Abbildung 3.3). Dort scheinen sie regelrecht fixiert zu sein; vermutlich ist daran das Cytoskelett beteiligt. Dieses Phänomen läßt sich direkt an einem Sproß beobachten: Dort verlagern sich nur die Amyloplasten der Stärkescheide, nicht aber jene der benachbarten Zellen des Grundgewebes.

Man kennt bisher nur wenige Ausnahmen, bei denen zwar Amyloplasten vorkommen, die Pflanzen jedoch nicht gravitrop reagie-

3.2 Spezielle Gewebe in einer Pflanze nehmen die Schwerkraft wahr. Alle zeichnen sich durch Amyloplasten aus (stärkehaltige Organellen mit einer Doppelmembran als Sonderformen von Chloroplasten), die in der Zelle jeweils in Richtung der Schwerkraft sedimentieren. a) Querschnitt durch einen Sproß. Die Amyloplasten liegen in den Zellen der Stärkescheide, welche die Leitbündel umgibt (vergleiche auch Abbildung 3.3). b) Längsschnitt durch eine Wurzelhaube mit Amyloplasten in den zentral gelegenen Zellen. c) Längsschnitt durch die Spitze einer Koleoptile, der Keimscheide der Gräser. Hier liegen stärkehaltige Chloroplasten in den Parenchymzellen. Nach Rawitscher 1932. ▶

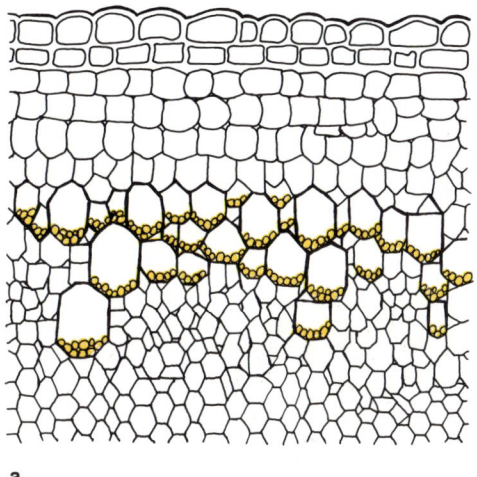

a

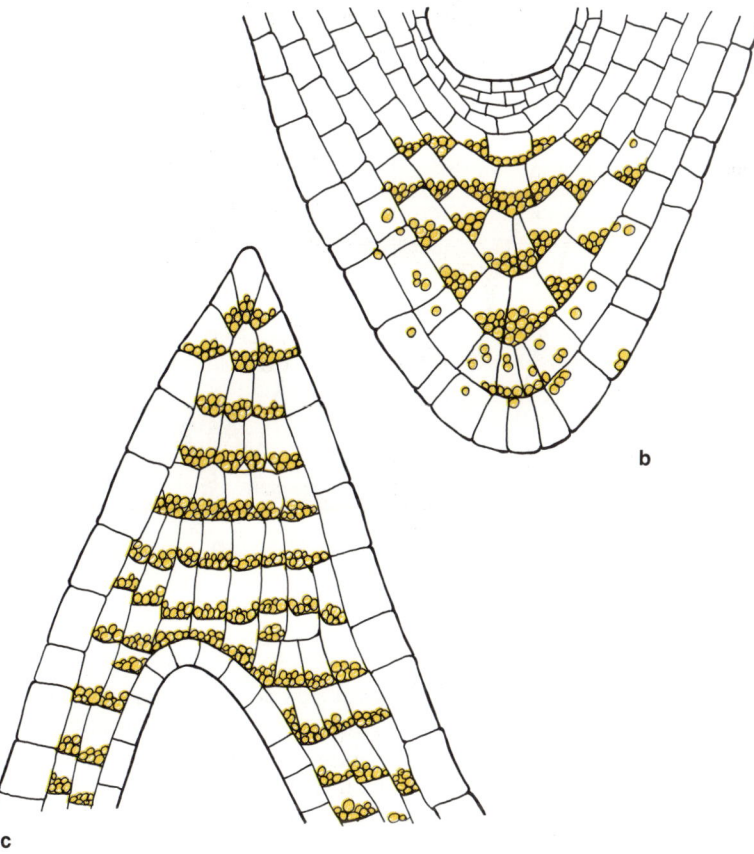

b

c

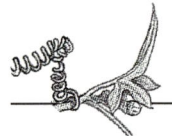

ren. Dazu gehören die Wurzeln bestimmter Aronstabgewächse, des Sumpf-Vergißmeinnichts und des Wald-Sauerklees. Wahrscheinlich sind dort andere Faktoren der Reiz-Reaktions-Kette „gestört".

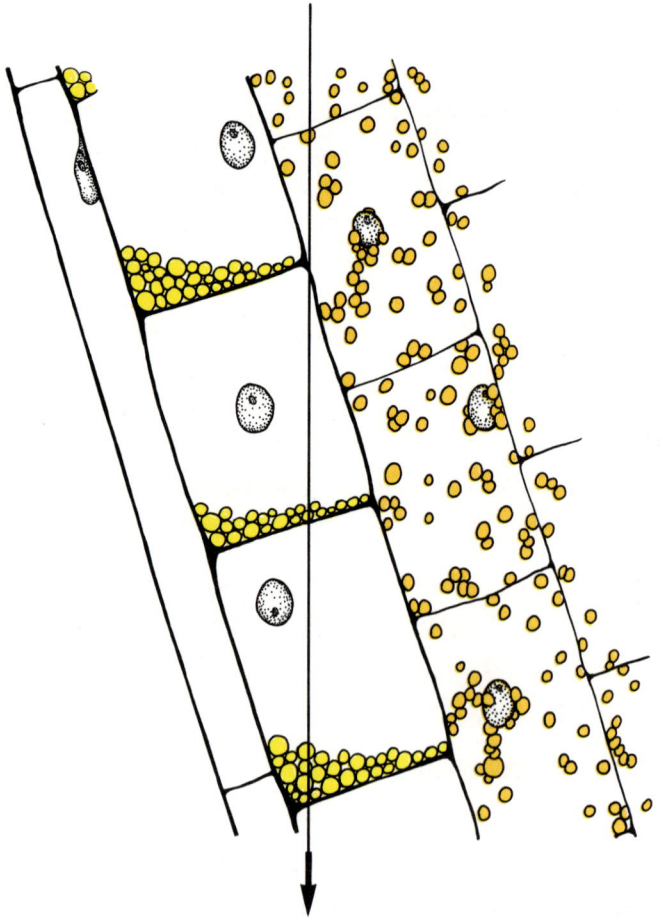

3.3 Die Zellen der Stärkescheide im Sproß (hier im Längsschnitt durch das Gewebe) mit ihren schweren, sedimentierenden Amyloplasten grenzen an Parenchymzellen, das Grundgewebe der Pflanzen. Dort sind die Chloroplasten im wandständigen Cytoplasma, der Grundsubstanz der Zellen, verteilt. Der Großteil der Zelle wird von einer oder mehreren Vakuolen (membranbegrenzten Safträumen der Zelle) eingenommen. Nach Rawitscher 1932.

Verschiedene Forscher überprüften die Stärke-Statolithen-Hypothese durch experimentelle Entfernung von Stärke aus dem Gewebe. Mit manchmal drastischen Methoden wie dem Eingipsen von Wurzelhauben, dem Eintauchen in Lösungen bestimmter Aluminiumsalze oder durch Einwirkung von Kälte ließen sich die Amyloplasten tatsächlich von Stärke befreien. So behandelte Organe reagieren dann nicht mehr auf die Schwerkraft. Schonender und physiologische Schäden vermeidend läßt sich Stärke durch Gaben von Pflanzenhormonen abbauen. Bei fast normalem Wachstum verloren die Organe dann ihre Fähigkeit zur Graviperzeption. Als Nebeneffekt dieser Versuche zeigte sich immer wieder, daß die Pflanzen zunächst die Stärke in den nichtperzipierenden Geweben abbauten.

Für die Stärke-Statolithen-Hypothese sprechen auch andere Korrelationen: Bei der Wohlriechenden Platterbse (*Lathyrus odoratus*) und beim Spargel (*Asparagus officinalis*) nehmen im Zuge der Differenzierung Zahl und Größe der Amyloplasten, wie auch das Volumen des Statenchyms zu. Entsprechend steigt die Stärke der Gravirespons. Werden Platterbsen bei unterschiedlichen Temperaturen angezogen, erhöht sich die Fallgeschwindigkeit der Amyloplasten, um bei noch höheren Temperaturen wieder abzusinken (Abbildung 3.4). Trägt man die Präsentationszeit in einer parallelen Kurve auf, ergibt sich eine deutlich positive Korrelation der beiden Phänomene.

In den letzten Jahren wurden einige Mutanten entdeckt, die stark für die Stärke-Statolithen-Hypothese sprechen. Eine Mutante des Mais etwa besitzt sehr kleine, langsam sedimentierende Amyloplasten. Die Koleoptilen reagieren völlig normal auf einseitige Belichtung (Phototropismus, siehe Kapitel 5), sind also zu Wachstumskrümmungen befähigt; ihre gravitrope Reaktionsfähigkeit ist jedoch deutlich reduziert. Eine Mutante der Ackerschmalwand (*Arabidopsis thaliana*) ist gänzlich frei von Stärke. Ihr fehlt ein wichtiges Enzym, das zur Biosynthese von Stärke notwendig ist. Bei dieser Pflanze fehlt nicht nur die Statolithen-

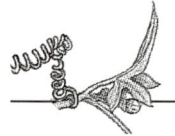

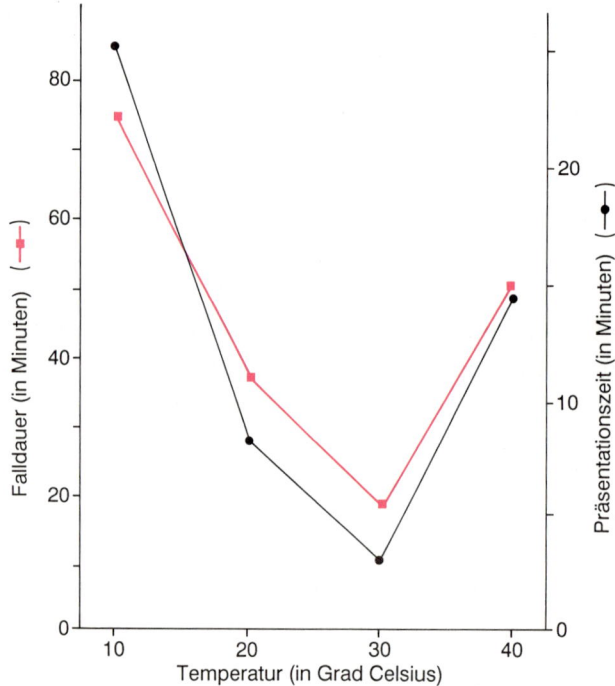

3.4 Diese Graphik demonstriert ein wesentliches Ergebnis der frühen Gravi-
tropismusforschung. Durch Änderung der Versuchstemperatur ändert sich die
Fallgeschwindigkeit der Amyloplasten. Eng damit ist auch die Präsentationszeit
korreliert — ein guter Hinweis auf die Rolle der Amyloplasten bei der Perzeption
der Schwerkraft. Nach Wilkins, M. B. In: Wilkins, M. B. (Hrsg.) *Advanced Plant
Physiology*. London (Pitman) 1984.

stärke, sondern sie verfügt zudem über keinerlei Energiereser-
ven, so daß sie nur bei dauernder künstlicher Beleuchtung überleben kann. Ihre Reaktion auf die Schwerkraft ist deutlich verringert.

Früher ging man davon aus, daß die Verlagerung der Stärkekörner als solche die Wahrnehmung der Schwerkraft ermöglichen.
Heute nimmt man jedoch an, daß bereits der Druck, den die
Amyloplasten in Normallage des Organs auf eine „sensible Unterlage" ausüben, verantwortlich für die Wahrnehmung ist. Wird

die Lage des Organs zur Schwerkraft verändert, so ändert sich die Richtung des Drucks auf die Unterlage – die Richtung des Schwerereizes wird wahrgenommen.

Möglicherweise kommt der negativen Oberflächenladung der Amyloplasten eine Bedeutung für die Graviperzeption zu. Bei der Verlagerung der Amyloplasten käme es zu einer Ladungs-verschiebung, die zu einer elektrischen Polarisierung der Zelle führen kann. Am Beispiel von Wurzel, Sproß und Grasknoten soll gezeigt werden, wie Organe den Schwerereiz wahrnehmen, verarbeiten und in eine Orientierungsbewegung umsetzen.

Gravitropismus der Wurzel

Wurzeln richten sich mit großer Präzision genau parallel zum Schwerkraftvektor aus. Sie eignen sich sehr gut als Objekte für die Untersuchung des Gravitropismus, weil ihre Reaktion auf den Schwerereiz eine hohe Reproduzierbarkeit aufweist. Die meisten Untersuchungen wurden an Keimwurzeln durchgeführt, die man leicht in großen Mengen gewinnen kann, da sie inner-halb weniger Tage nach der Befeuchtung aus Samenkörnern aus-wachsen.

Die Empfindlichkeit von Wurzeln gegenüber der Schwerkraft ist sehr hoch. Bereits kleinste Winkelabweichungen von ungefähr einem Grad von der Lotrechten können noch als Reiz wahrge-nommen und mit einer Orientierungsbewegung beantwortet wer-den. Auch die Schwellendauer der Reizeinwirkung ist minimal. In horizontaler Lage reichen zwölf Sekunden als Präsentations-zeit für Wurzeln der Kresse (*Lepidium sativum*) aus. Die kürze-ste gerade noch wahrgenommene Reizdauer liegt sogar bei 0,5 Sekunden.

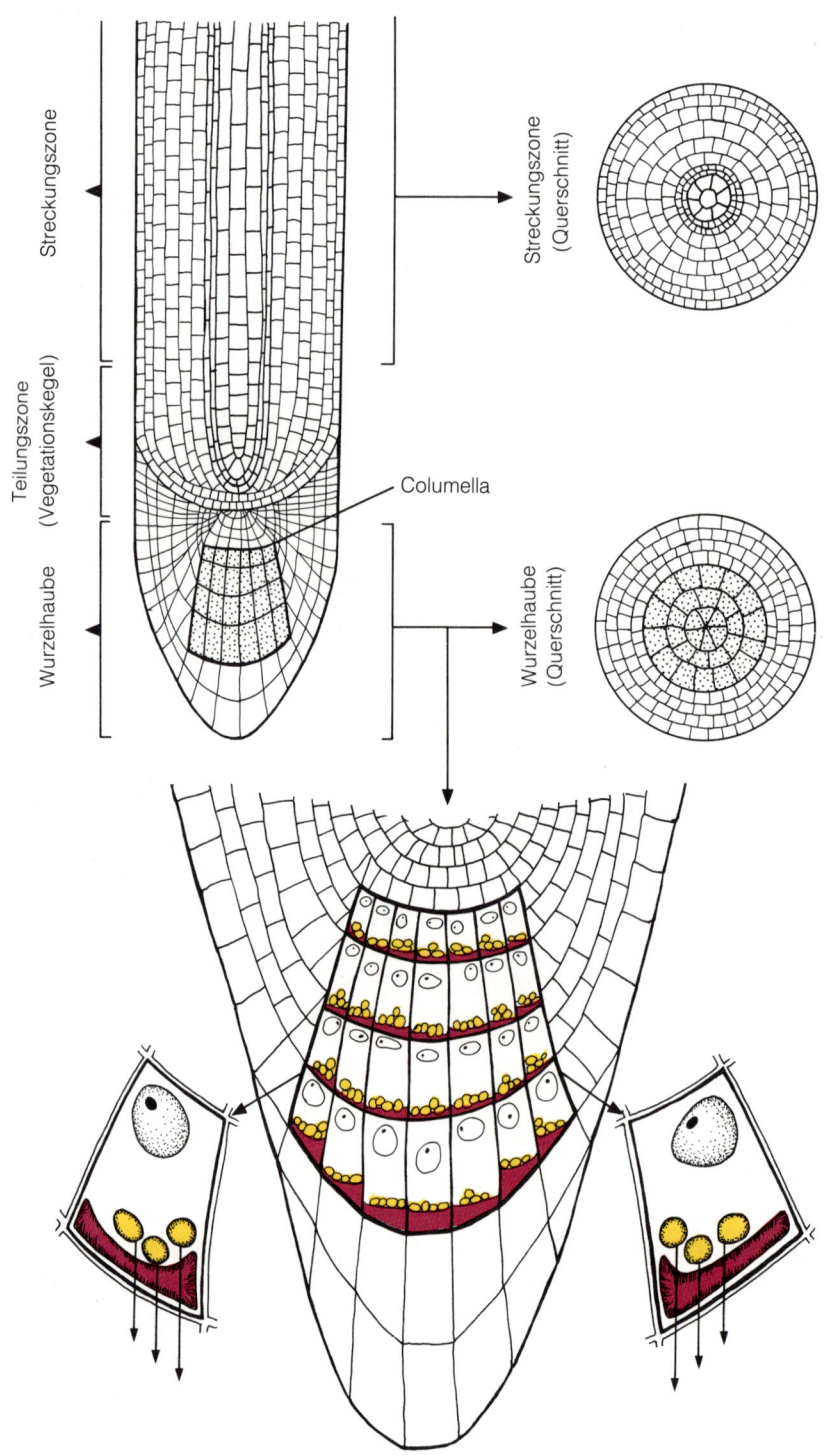

Streckungszone

Streckungszone (Querschnitt)

Teilungszone (Vegetationskegel)

Columella

Wurzelhaube

Wurzelhaube (Querschnitt)

Die Keimwurzeln weisen eine deutliche Zonierung auf, wobei jeder der Zonen eine spezielle Aufgabe innerhalb der Reiz-Reaktions-Kette zukommt (Abbildung 3.5). An der Spitze jeder Wurzel befindet sich eine Wachstums- und Teilungszone, das Meristem, das ständig durch Teilungen neue Wurzelzellen erzeugt. Zum Schutz dieses empfindlichen Gewebes besitzen Wurzeln eine sogenannte Wurzelhaube. In derem zentralen Gewebe, der Colu-

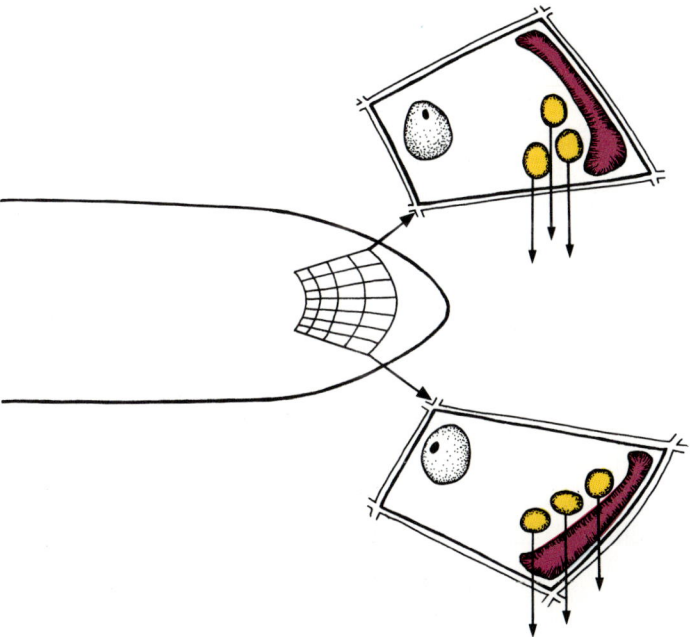

3.5 Primärwurzel und ihre Statocyten in schematischer Darstellung. Die Wurzelspitze ist in drei Abschnitte untergliedert: Die Wurzelhaube enthält die Statocyten, darauf folgt eine Teilungszone, in der die Wurzelzellen gebildet werden. In der Streckungszone findet das Wachstum und damit auch die Krümmung statt. Die Wurzelhaube ist vergößert im Längsschnitt abgebildet. Die einzelnen Statocyten des Statenchyms ordnen sich schalenförmig, Etage für Etage an. Während die Wurzel senkrecht nach unten wächst, drücken die Amyloplasten in den Statocyten der Flanken symmetrisch auf ein Organellenpolster aus endoplasmatischem Reticulum (ER; dunkle Signatur). Wird die Wurzel horizontal gelegt, belasten die Amyloplasten nur noch das „untere" ER. Diese Druckdifferenz dürfte für die Perzeption der Schwerkraft verantwortlich sein. Nach Hensel 1982.

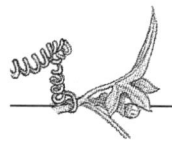
mella, sind die Statocyten lokalisiert – dort findet die Perzeption des Reizes statt. An das Meristem schließt sich nach oben eine Streckungszone an, in welche die Erregung aus der Wurzelhaube geleitet wird. Dies ist der Ort des Wurzelwachstums, hier erfolgt die Krümmungsreaktion. Wenn Wurzeln gravitrop reagieren, dann weisen sie in diesem Bereich einen scharfen Knick auf. Als Wachstumsbewegung ist diese Reaktion unumkehrbar; wenn eine weitere Orientierungsbewegung erforderlich sein sollte, so findet die Krümmung nun in den neuen, später gebildeten Zellen in der Streckungszone statt.

Das erste Indiz dafür, daß die Wurzelhaube der Ort der Gravi-perzeption ist, lieferte ein Experiment des Pflanzenphysiologen F. Czapek Ende des 19. Jahrhunderts. Dieser Forscher ließ Wurzeln so in eine rechtwinklig gebogene Glaskappe einwachsen, daß Wurzelhaube und Anteile des Meristems dort eingeschlossen waren, die Streckungszone jedoch frei lag (Abbildung 3.6). Wenn er nun diese Wurzel so ausrichtete, daß die Wurzelspitze waage-recht, die Streckungszone aber senkrecht stand, dann krümmte sich die Wurzel. Wenn er die gesamte Wurzel horizontal legte, und die Wurzelhaube senkrecht nach unten wies, blieb eine Krümmung aus. Damit schien erwiesen, daß nur die Position der Wurzelhaube über die Wahrnehmung der Raumlage ent-scheidet.

Kurz nach der Jahrhundertwende montierte A. Piccard Keimlin-ge so auf ein vertikal rotierendes Rad, daß die Wurzelspitze et-was außerhalb des Zentrums der Scheibe lag (Abbildung 3.7). So wirkte die Zentrifugalbeschleunigung auf Spitze und Basis der Wurzel mit unterschiedlicher Richtung ein. Wie später vor allem G. Haberlandt zeigen konnte, war es wiederum die auf die Wur-zelspitze einwirkende Reizrichtung, welche die Wuchsrichtung des Gesamtorgans bestimmt. Diese und ähnliche Versuche wie-sen der Wurzelhaube eine so klar umrissene Rolle bei der Per-zeption der Schwerkraft zu, daß Charles Darwin sie einmal sogar mit dem „Gehirn" der Wurzel verglich.

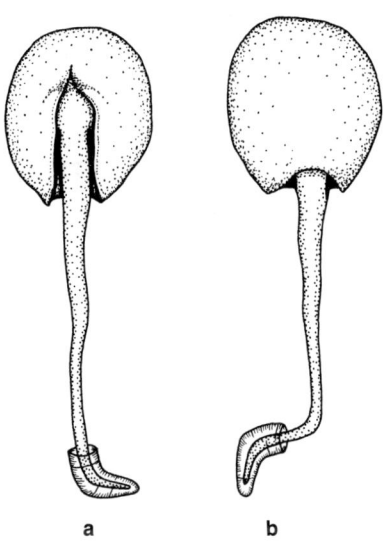

a   b

3.6 Auf eindrückliche Weise demonstrierte der Pflanzenphysiologe F. Czapek kurz vor der Jahrhundertwende die entscheidende Rolle der Wurzelhaube bei der Perzeption der Schwerkraft. Er ließ Wurzeln in eine rechtwinklig gekrümmte Glaskuppe wachsen. Bei Lageveränderung und damit veränderter Richtung der Schwerkraft (a) krümmten sich die Wurzeln so, daß die Wurzelhaube wieder senkrecht nach unten wies (b). Keine Krümmung erfolgte dagegen, wenn die in a gezeigte Wurzel weiterhin waagerecht liegen blieb, da die Wurzelspitze senkrecht nach unten wies. Nach Rawitscher 1932.

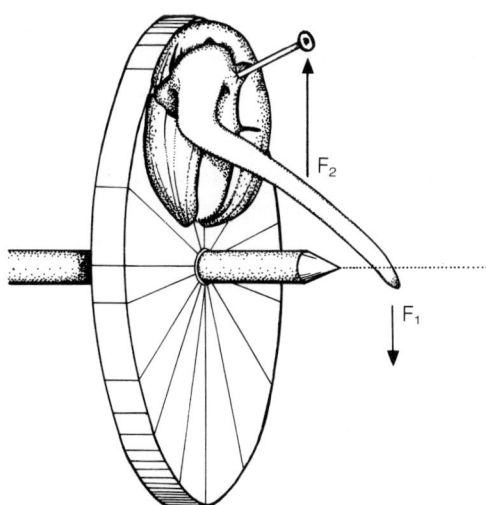

3.7 Eine Keimwurzel wird so auf eine vertikal rotierende Scheibe aufgebracht, daß die Wurzelspitze einer geringeren Zentrifugalbeschleunigung (F_1) ausgesetzt ist als die Wurzelbasis (F_2). Dennoch reagiert die Wurzel mit ihrem Krümmungswachstum ausschließlich auf die Kraft F_1, die Wurzelhaube muß also den Ort der Schwerkraftwahrnehmung darstellen. Nach Rawitscher 1932.

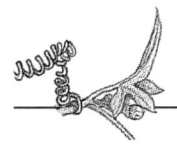

Der sichere Nachweis, daß die Graviperzeption in der Wurzelhaube lokalisiert ist, stammt allerdings erst aus den sechziger
Jahren dieses Jahrhunderts. Gräser besitzen eine Wurzelhaube,
die vom eigentlichen Wurzelkörper scharf abgegrenzt ist. Durch
geschicktes Manipulieren mit feinen Pinzetten läßt sich die Haube komplett abziehen, ohne daß die Wurzel geschädigt wird.
Legt man solche Wurzeln horizontal, dann wachsen sie geradeaus
weiter, ohne sich in Richtung des Schwerevektors zu krümmen.
Sobald jedoch die Wurzel eine neue Haube mit verlagerbaren
Amyloplasten regeneriert hat, kehrt auch ihre gravitrope Reaktionsfähigkeit wieder zurück. Selbst aufgesetzte Wurzelhauben anderer Pflanzen können die gravitrope Reaktionsfähigkeit wieder-
herstellen.

Damit kannte man zwar den Ort der Graviperzeption, über den
Mechanismus der Reizwandlung herrschte jedoch noch immer
Unklarheit. Heute existiert zumindest für die Keimwurzel der
Kresse eine relativ schlüssige Modellvorstellung (Abbildung 3.5).
In deren Wurzelhaube sind die Statocyten auf vier Etagen ange-
ordnet. Die einzelnen Statocyten sind polar aufgebaut. Am oben
Pol befindet sich der Zellkern, am unteren liegen die Amyloplasten auf einem Polster aus mehreren Schichten eines Membran-
systems, des endoplasmatischen Reticulums (ER). Im Falle der
Kresse ist dieses ER mit Ribosomen besetzt. Wenn die Wurzel
nun senkrecht nach unten wächst, belasten die Amyloplasten die
ER-Polster gleichmäßig und symmetrisch. Wird die Wurzel aus
der Senkrechten geneigt, ändert sich die ER-Belastung auf eine
nicht-symmetrische Weise. Das endoplasmatische Reticulum auf
der Oberseite der Wurzelhaube wird nicht mehr belastet, während die Amyloplasten in den Statocyten der Unterseite Druck
auf das endoplasmatische Reticulum ausüben. So entsteht bereits
in der Wurzelhaube, also innerhalb des Perzeptionsgewebes, ein
differentielles Signal.

Nach dieser Modellvorstellung ist die Druckwirkung der Amyloplasten am Ort ihrer Ruhestellung verantwortlich für die Per-

zeption. Aufgrund der Symmetrieverhältnisse in der Wurzel der Kresse schlagen auch kleinste Winkelabweichungen von der Normallage als Druckdifferenz zu Buche. Bei länger andauernder Reizlage bewegen sich die Amyloplasten im Schwerefeld nach unten.

An der Perzeption beteiligt sind auch Ladungsverschiebungen infolge der Amyloplastenbewegung. Wachsende Wurzeln sind von einem elektrischen Feld umgeben. Protonen treten im Bereich der Streckungszone aus der Wurzel aus und an der Wurzelspitze in die Wurzel ein. Von der Spitze zur Wurzelbasis verläuft ein Ladungstransport. Dieses Ladungsmuster ist in der senkrecht nach unten wachsenden Wurzel symmetrisch ausgebildet. Wird die Wurzel jedoch gekippt, dann treten Protonen in den ersten Minuten nach der Reizung nur aus der Oberseite der Wurzelseite aus. Diese Beobachtung läßt einen Stromfluß von der Unterseite der Wurzelhaube zur Oberseite vermuten. Wenn man das Membranpotential in den Statocyten der Kressewurzel mißt, so läßt sich feststellen, daß bereits acht Sekunden nach gravitroper Reizung in den Zellen der unteren Wurzelhaubenhälfte die Ladungsdifferenz zwischen Zellinnerem und -äußerem erniedrigt wird, die Zelle also depolarisiert wird. In den Statocyten der oberen Wurzelhaubenhälfte nimmt dagegen die Ladungsdifferenz zu. Im Gegensatz zum Nervensystem der Tiere findet man in der Kressewurzel jedoch keine Aktionspotentiale, die auf eine Erregungsleitung von Zelle zu Zelle hindeuten könnte. Jedoch erfolgt der Transport von Ladungsträgern in Längsrichtung der Wurzel besser als in Querrichtung.

Entscheidend für die Erregungsleitung und die nachfolgende Reaktion scheint ein koordiniertes Zusammenwirken von Calciumionen und Phytohormonen, wie dem Auxin, zu sein (Abbildung 3.8). Eine Beteiligung von Calcium wurde durch verschiedene experimentelle Ansätze nachgewiesen: Tränkt man einen Agarblock mit einer Calciumlösung und klebt ein Blöckchen seitlich an die Wurzelhaube, so krümmt sich die Wurzel in Richtung der

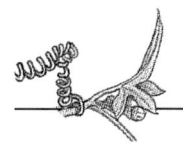

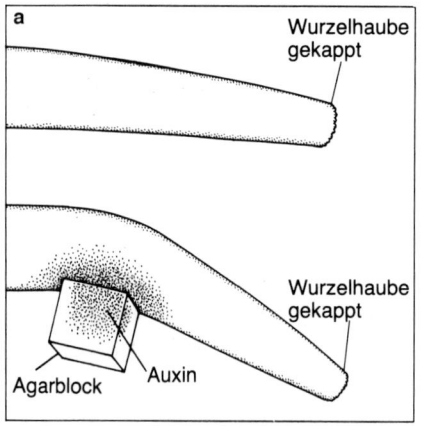

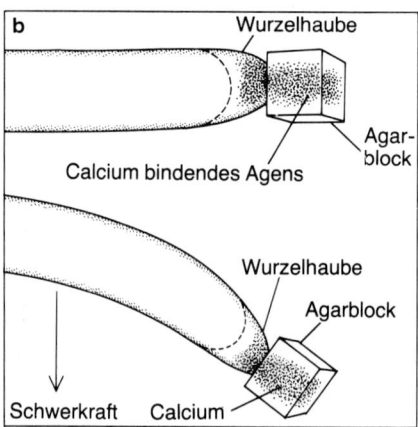

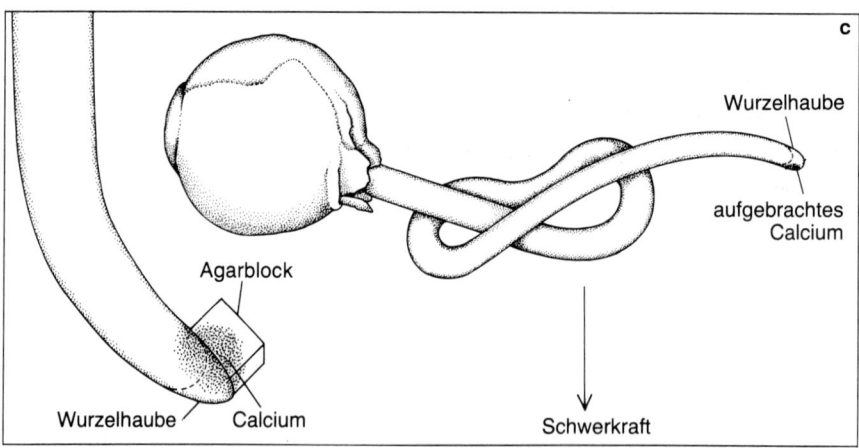

3.8 Das Zusammenspiel von Calcium und dem Phytohormon Auxin bei der Steuerung der Bewegungsreaktion in einer Wurzel. a) Entfernt man die Wurzelhaube, wächst die Wurzel gerade und horizontal weiter. Klebt man ein Agarblöckchen mit Auxin an die Unterseite der Wurzel, so ruft dies eine Krümmung hervor. b) Wird an eine intakte, horizontal gelegte Wurzel ein Agarblöckchen mit einer calciumbindenden Substanz angebracht, bleibt die Krümmung aus. Calciumgaben dagegen stellen die Reaktionsfähigkeit wieder her. c) Auch vertikal wachsende Wurzeln reagieren auf Calcium. Seitlich angeklebte Agarblöckchen führen zu einer Krümmung in Richtung auf die Calciumquelle. Langandauernde Calciumgaben zwingen die Wurzel unabhängig von der Schwerkraft zu kuriosen Wachstumsbewegungen.

Calciumquelle. Da dies nicht nur bei Wurzeln in Horizontallage funktioniert, sondern auch bei vertikal wachsenden Wurzeln, greift Calcium vermutlich nach dem Perzeptionsschritt in die Reiz-Reaktions-Kette ein. Bindet man nun Calcium durch die Substanz EGTA und immobilisiert es dadurch, so unterbleibt die Krümmung. Offenbar muß also das in der Wurzelhaube vorhandene Calcium frei beweglich sein, damit die Wurzel die Erregung weiterleiten kann.

Möglicherweise diffundiert Calcium innerhalb des Schleims der Wurzelhaube. Eine Mutante von Mais nämlich, die nur sehr wenig Schleim produziert, ist nicht fähig, auf die Schwerkraft zu reagieren. Versorgt man die Wurzelhaube mit der Schleimhülle einer anderen Wurzel oder einer schleimähnlichen künstlichen Substanz, so vermag sie wieder auf die Schwerkraft zu reagieren.

Das letzte fehlende Glied in dieser Argumentationskette lieferte der cytologische Nachweis von Calcium in der Wurzelhaube. Wenn eine Wurzel horizontal gelegt wird, wandert das Calcium innerhalb der Wurzelhaube von oben nach unten. Die treibende Kraft für diese Verschiebung könnte aus der Protonenbewegung, die bereits besprochen wurde, stammen. Die Calciumkonzentration im Cytoplasma der Statocyten ist extrem niedrig. Wie alle Zellen verfügen sie über Mechanismen, die Konzentration auf diesem Niveau zu halten. Das endoplasmatische Reticulum kann Calcium aktiv aufnehmen und speichern. Wenn die Amyloplasten durch Bewegung das endoplasmatische Reticulum entlasten, so könnte ein Mechanismus aktiviert werden, der Calcium freisetzt. Möglicherweise schließt sich an die lokal erhöhte Calcium-Konzentration im Cytoplasma der Zellunterseite eine Aktivierung von Calciumpumpen in der unteren Plasmamembran an. Diese würden zu dem in der Wurzelhaube beobachteten Calciumfluß von oben nach unten führen.

An der Steuerung des Krümmungswachstums sind außerdem Phytohormone beteiligt (Abbildung 3.9). Das differentielle

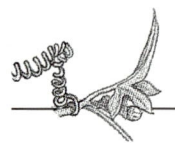

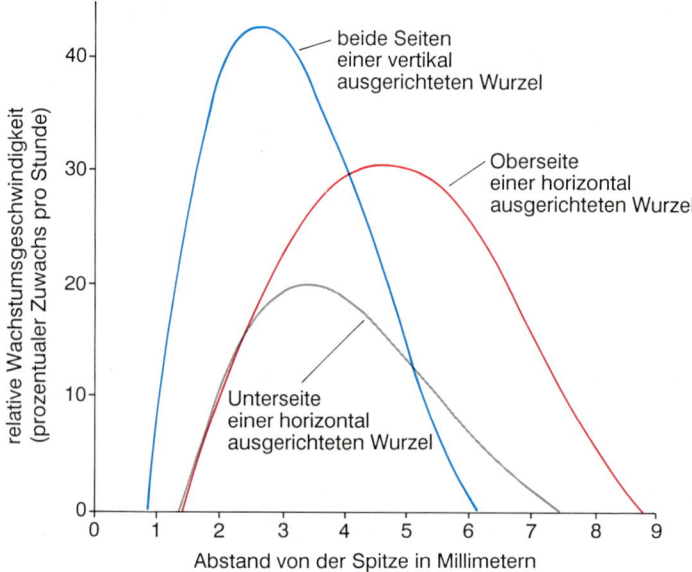

3.9 Wachstumsgeschwindigkeiten einer vertikal wachsenden und einer horizontal gelegten Wurzel. Das gerade, vertikale Wachstum beruht auf Zellstreckungen der Wurzelflanken. Demgegenüber wächst die Unterseite einer horizontal gelegten Wurzel langsamer als die Oberseite, woraus die Krümmung in Richtung des Schwerkraftvektors resultiert. Nach Evans et al.

Wachstum – die Unterseite wächst langsamer als die Oberseite – wird vermutlich durch die Akkumulation eines Hemmstoffes auf der Unterseite der Streckungszone verursacht. Die Wurzelhaube wird als Quelle hierfür angesehen: Entfernt man nämlich eine Hälfte der Wurzelhaube, so krümmt sich die Wurzel in Richtung der verbliebenen Hälfte. Welches Phytohormon (siehe Exkurs in Kapitel 1) an dieser Reaktion beteiligt ist, ist noch nicht geklärt. Abscisinsäure und Auxin kommen beide in Frage. Da Auxin in Wurzeln schon in geringen Konzentrationen wachstumshemmend wirkt, dürfte ihm höchstwahrscheinlich eine Schlüsselrolle zukommen. Normalerweise wird Auxin im zentralen Bereich, dem sogenannten Zentralzylinder, zur Wurzelspitze transportiert, in den äußeren Schichten, der Wurzelrinde, gelangt es nach oben. Vermutlich wird der Auxinstrom bei gravitroper Reizung in den

Zellen der Wurzelspitze zur Unterseite der horizontalen Wurzel hin abgelenkt. Eventuell wirkt der gleiche Mechanismus, der die Calciumpumpen aktiviert, auch auf die Auxinpumpen. Im Bereich der Streckungszone könnte die nunmehr höhere Auxinkonzentration dann das Wachstum der unteren Wurzelflanke hemmen.

Gravitropismus bei oberirdischen Organen

Bei oberirdischen Organen sind Perzeption und Reaktion nicht räumlich, sondern nur zeitlich voneinander getrennt. Die Organspitzen reagieren jedoch auch hier besonders empfindlich auf die Schwerkraft, wie man in vielen Fällen nachweisen konnte. Entfernt man beispielsweise bei Keimlingen der Sonnenblume (*Helianthus annuus*) oder der Bohne (*Phaseolus* spec.) die Sproßspitze, so fällt die gravitrope Reaktion schwächer aus als bei intakten Organen. Fixiert man die Koleoptilenspitze der Hirse in einem horizontal liegenden Glasröhrchen, dann krümmt sich das Organ ständig weiter (Abbildung 3.10).

Die Stärke-Statolithen-Theorie hat auch für Sproßorgane Gültigkeit. Die Amyloplasten verlagern sich nach gravitroper Reizung relativ rasch. In Blütenstielen des Löwenzahns (*Taraxacum officinale*) brauchen die Amyloplasten in den Zellen der Stärkescheide nur drei bis vier Minuten, bis sie auf der jeweils unteren Zellwand angelangt sind – diese Zeit entspricht in etwa der Präsentationszeit. Die maximale Fallgeschwindigkeit dabei beträgt 40 Mikrometer pro Minute, das sind 2,4 Millimeter pro Stunde.

Bei einigen Zellen ließen sich Amyloplasten beobachten, die regelrecht durch die Vakuole, einen membranbegrenzten Raum, hindurchzufallen schienen (Abbildung 3.11). Es bilden sich Plasmataschen und -stränge, die sich in den Vakuolenraum erstrecken,

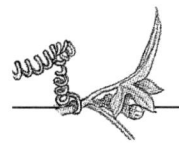

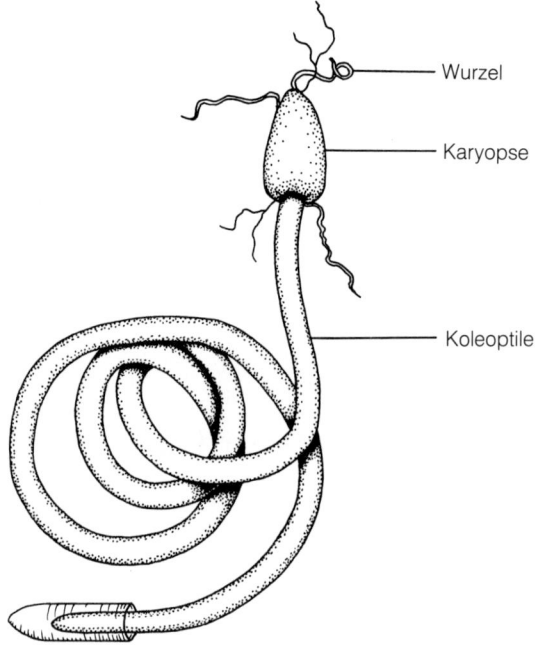

Wurzel

Karyopse

Koleoptile

3.10 Wird die Spitze einer Koleoptile, die Keimscheide, die das Primärblatt eines Grases umhüllt, dauerhaft in horizontaler Position gehalten (hier durch Einwachsen in eine Glasröhre), reagiert das Organ mit einer permanenten Krümmungswachstum. Mit diesem Versuch belegte F. Darwin, daß die Wahrnehmung der Schwerkraft vorwiegend in der Koleoptilspitze erfolgt. Die Abbildung zeigt den ausgekeimten Samen eines Grases, der von der Karyopse, der „Nußschale" umgeben ist. Nach Rawitscher 1932.

den Durchtritt der Amyloplasten ermöglichen und sich hinter ihnen wieder schließen. Die elastischen Membranen werden regelrecht zur Seite gedrängt. Zu keiner Zeit findet jedoch ein Kontakt zwischen Vakuoleninnerem und den Amyloplasten statt, da die Membran der Vakuole, der Tonoplast, stets intakt bleibt.

Das Verhalten einzelner Amyloplasten läßt sich in der lebenden Zelle unter dem Lichtmikroskop beobachten. Wenn einzelne Zellen des Sprosses eine sehr große Zentralvakuole enthalten, die fast die gesamte Zelle ausfüllt, so sind alle Organellen in einem schmalen Cytoplasmasaum nahe der Zellwand lokalisiert. Ihre Beweglichkeit ist entsprechend eingeschränkt. In diesem Bereich ist vielfach die Cytoplasmaströmung so stark, daß einzelne

Amyloplasten mitgerissen werden können. Sie können demnach kurzfristig sogar entgegen der Schwerkraft steigen, statt zu sedimentieren. Auch am endgültigen Ort angekommen, bleiben die

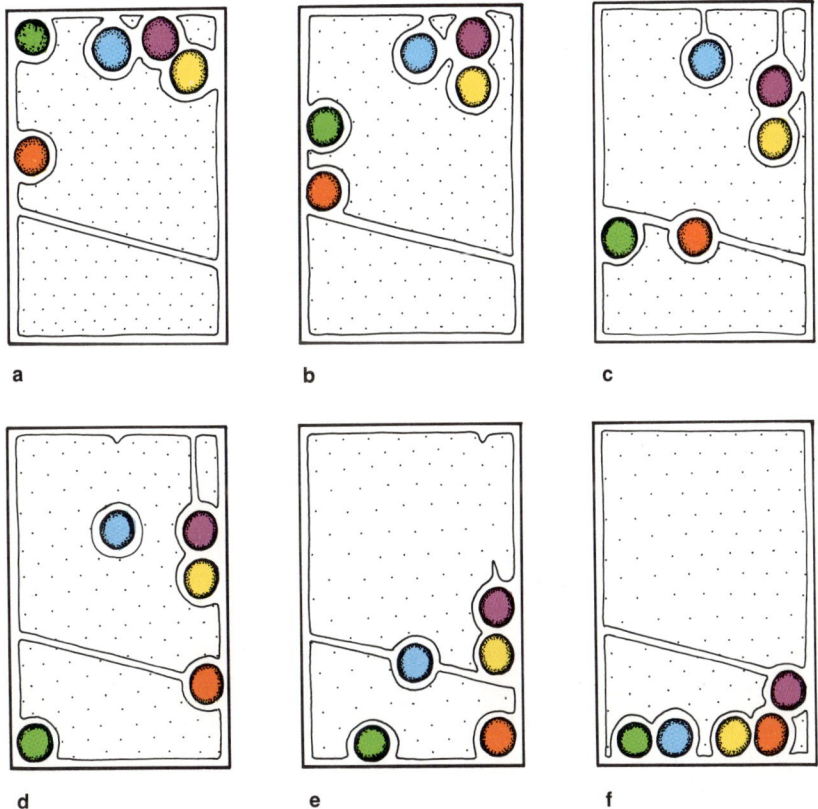

a   b   c

d   e   f

3.11 Zellen des Sprosses sind durch eine große Zentralvakuole, einen membranbegrenzten Saftraum, charakterisiert. Zellorganellen, also auch die Amyloplasten, liegen in einem schmalen Cytoplasmasaum der Zellwand an. Wird ein solches Pflanzenorgan zum Zeitpunkt a auf den Kopf gestellt, beginnen die Amyloplasten der Schwerkraft folgend durch das Cytoplasma nach unten zu fallen. b) bis e) veranschaulichen die Bewegungen einzelner farbig markierter Amyloplasten in aufeinanderfolgenden Momentaufnahmen. In f) ist die Bewegung abgeschlossen — die Mehrzahl der Amyloplasten liegt an der physikalischen Unterseite der Zelle. Während die meisten Amyloplasten durch den Cytoplasmawandbelag nach unten gleiten, fällt ein Amyloplast, umgeben von Cytoplasma, regelrecht mitten durch die Vakuole. Nach Clifford et al. 1989.

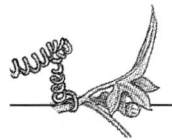

Amyloplasten in diesem Fall nicht ruhig liegen, sondern führen ständig leichte Bewegungen aus.

Auch bei den Sproßorganen bekam man Hinweise auf die Rolle der Amyloplasten aus Untersuchungen von Mutanten. Eine Tomaten-Mutante mit dem Namen Lazy-1 besitzt keine sedimentierbaren Amyloplasten. Die Pflanze reagiert auf Licht (Phototropismus, Kapitel 5), nicht aber auf die Schwerkraft. Der Sproß dieser Tomate liegt „faul" dem Substrat auf und krümmt sich nicht nach oben.

Es ist unklar, wie in oberirdischen Organen die eigentliche Perzeption abläuft. Im Sproß fehlen die auffälligen ER-Polster der Wurzelstatocyten. Es gibt zwar auch in Sproßzellen einzelne Zisternen des endoplasmatischen Reticulums, doch ließ sich bisher nicht nachweisen, daß diese Strukturen an der Perzeption beteiligt sind.

Da die gravitrope Reaktion oberirdischer Organe in einer Krümmung entgegen der Schwerkraft verläuft, bezeichnet man dies – im Gegensatz zu der Reaktion in Wurzeln – als negativen Gravitropismus. Da es im Sproß auch keine so scharfe Zonierung gibt wie in der Wurzel, ist ein Streckungswachstum in größeren Bereichen möglich, so daß es nicht zur Ausbildung eines scharfen Knicks wie in der Wurzel kommt (Abbildung 3.12). Die gravitrope Aufkrümmung verlangt eine fein abgestimmte Reaktion der Organflanken. Das physiologische Signal muß also auf jeden Fall in Querrichtung des Organs übertragen werden. Die Zellen der Oberseite wachsen langsamer, stellen ihr Wachstum ein oder können sogar zunächst leicht schrumpfen. Demgegenüber wachsen die Zellen der Organunterseite mit derselben oder leicht gesteigerter Geschwindigkeit weiter. Verhindert man das Aufkrümmen eines Sprosses in Reizlage, indem man ihn beispielsweise festbindet, so baut sich innerhalb des Organs eine solche Spannung auf, daß der Sproß nach Durchtrennen der Halterung nach oben schnellt.

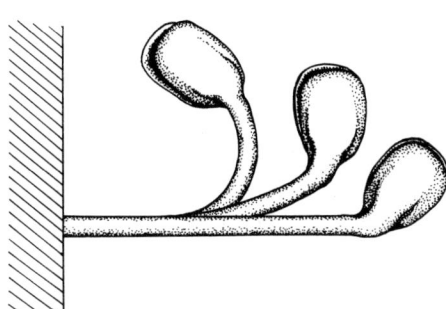

3.12 Reaktion eines Keimsprosses nach Horizontallage in drei auf-einanderfolgenden Stadien. Da der Sproß auf seiner gesamten Länge wächst, erfolgt die Aufkrümmung bogenförmig.

Nach der Aufwärtskrümmung kommt es vielfach zu einer Strek-kung des ursprünglich bogenförmig gekrümmten Organs. Die Schwerkraft hat hierbei keinen richtenden Einfluß (Autotropis-mus). Möglicherweise wird diese abschließende Orientierungsbe-wegung durch das gasförmige Pflanzenhormon Ethylen gesteuert.

Der eigentlich wachstumsstimulierende Vorgang ist das Aus-schleusen von Protonen in die Zellwände der Organunterseite. So kommt es zur Lockerung der festgefügten Zellwandstruktur, und neues Material kann eingelagert werden. Daß bei diesem Streckungswachstum der pH-Wert absinkt, läßt sich experimen-tell mit einem speziellen Indikator nachweisen, der in kleine Kunststoffkügelchen eingebracht wird und an das Organ ange-klebt wird.

Der Epidermis, dem Abschlußgewebe aller pflanzlichen Organe, kommt eine besondere Rolle für die Steuerung des Wachstums zu. Sie engt wie ein stabiler Zylinder die Ausdehnung der inne-ren Zellen ein und begrenzt auf diese Weise das Streckungs-wachstum. Nach neueren Befunden verfügen die Zellen der Epi-dermis über einen Auxinrezeptor und können somit das hormon-abhängige Streckungs- und Krümmungswachstum des gesamten Sproßorgans steuern. Noch nicht vollständig geklärt werden konnte, wie der für das Krümmungswachstum notwendige Hor-

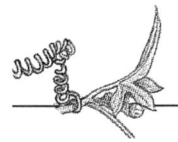

mongradient zustande kommt. In Koleoptilen gelang es, eine massive Querverschiebung von Auxin in horizontal gelegten Organen nachzuweisen. Man kann die eine Hälfte einer Koleoptilenspitze durch einen Agarblock ersetzen. In Normallage erfolgt kein Quertransport von Auxin; in Horizontallage dagegen sammelt sich Auxin in diesem Agarblock, was auf eine Auxinverschiebung hindeutet. Wie in der Wurzel akkumuliert Auxin entsprechend in oberirdischen Organen in der unteren Organflanke (Abbildung 3.13). Doch im Gegensatz zu dieser kommt es bei einer Zunahme der Auxinkonzentration im Sproß zu einer Steigerung des Wachstums.

Mittlerweile ließ sich nachweisen, daß wie in der Wurzel auch in oberirdischen Organen Calcium eine wesentliche Rolle in der Reiz-Reaktions-Kette zu spielen scheint. In Koleoptilzellen bei Mais steigt innerhalb von drei Minuten, nachdem man die Pflan-

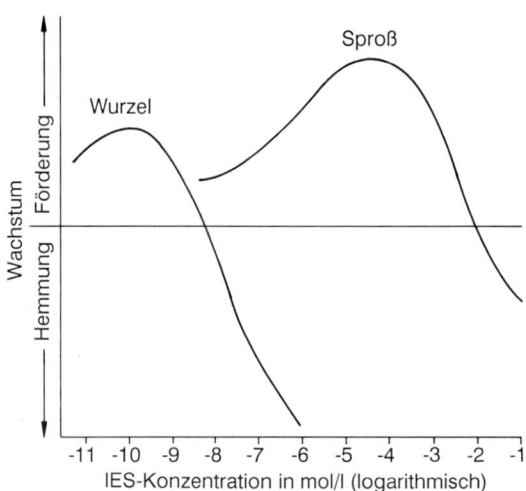

3.13 Wachstumsgeschwindigkeiten von Wurzel und Sproß als Reaktion auf unterschiedliche Konzentrationen des Phytohormons Auxin (IES; siehe Abbildung E.1.1). Während eine Wurzel bereits durch relativ geringe Auxinkonzentrationen im Wachstum gehemmt wird, tritt dieser Effekt im Sproß erst bei deutlich höheren Konzentrationen auf. Dort ist Auxin vor allem ein wachstumförderndes Phytohormon. Nach Lüttge et al. 1988.

ze in Horizontallage gebracht hat, die Calciumkonzentration an. Nachweisen läßt sich dies mit Hilfe bestimmter synthetischer Farbstoffe, die freies Calcium binden und dann Fluoreszenzlicht aussenden. Vermutlich ist auch in oberirdischen Organen Calcium ein Effektormolekül innerhalb der Reiz-Reaktions-Kette.

Gravitropismus des Grasknotens

Orientierungsbewegungen von Wurzeln und oberirdischen Organen beruhen auf der differentiellen Hemmung oder Förderung von Zellen, die sich im Wachstum befinden. Der in ein physiologisches Signal umgesetzte Schwerereiz ruft also eine Modifikation im Verhalten dieser Zellen hervor. Bei Gräsern ist die Situation hingegen anders. Grashalme sind in einzelne Knoten, die Nodien, und die dazwischen liegenden Bereiche, die sogenannten Internodien, gegliedert. Die Knoten lassen sich mit bloßem Auge als Verdickungen erkennen. An dieser Stelle ist der Sproß von der Blattscheidenbasis umhüllt (Abbildung 3.14).

Das Wachstum eines Grashalmes ist normalerweise auf die Internodien beschränkt. Gerät dieser Sproß jedoch durch Wind, Regen oder durch experimentelle Manipulation in Horizontallage, so beginnen sich die Zellen der Blattscheidenbasis zu vergrößern. In diesem Fall hat also Schwerkraft keine modifizierende Wirkung auf wachsende Zellen, sondern induziert das Streckungswachstum in „ruhenden" Zellen. Dieses Phänomen läßt sich auf dem Klinostaten demonstrieren. Durch horizontale Rotation wird ein allseitig wirkender Schwerereiz auf den Grasknoten ausgeübt. Er reagiert entsprechend mit Wachstum und verlängert sich. Unter normalen Umständen wachsen in Horizontallage die unten im Gewebe des Grasknotens liegenden Zellen stärker, so daß sich der Grasknoten nach oben krümmt.

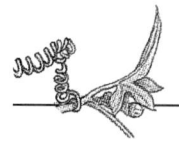
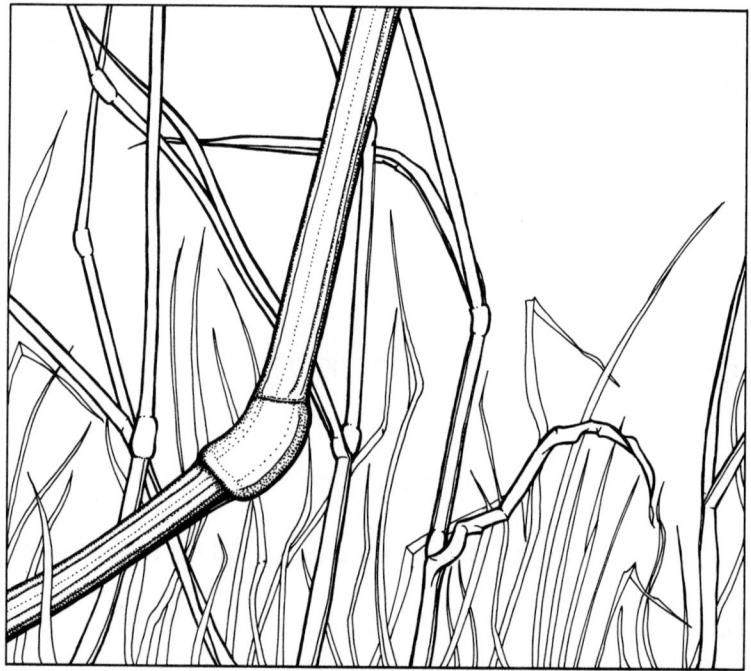

3.14 Gräser reagieren auf den Schwerereiz mit Krümmungen im Bereich der Knoten. Während des normalen, vertikalen Wachstums verbleiben die Grasknoten in einem Ruhestadium. Wird der Grashalm jedoch umgedrückt oder horizontal gelegt, beginnen die Knoten an der Unterseite zu wachsen; sie richten den Sproß so wieder in die Senkrechte auf. Meist sind mehrere Knoten an der Reaktion beteiligt.

Perzeption und Reaktion auf den Schwerereiz sind auf den Knoten beschränkt. Selbst isolierte Grasknoten oder kleine Gewebestücke davon können auf die Schwerkraft reagieren. Allerdings ist das Reaktionsvermögen eines Grasknotens auf eine bestimmte Phase der Differenzierung beschränkt. Nach Ende dieser Kompetenzphase krümmt sich der Grasknoten nicht weiter. Der nächst jüngere, weiter oben am Sproß gelegene Grasknoten übernimmt dann das Krümmungswachstum.

Auch in Grasknoten lassen sich Amyloplasten nachweisen, die auf einen Schwerereiz mit einer Verlagerung reagieren. Anders

als bei Wurzel und Sproß beruht die Entstehung des Hormongradienten nicht auf einer Querverschiebung von Phytohormonen, sondern auf einer lokalen Regulation der Hormonkonzentration. Es wird vermutet, daß Gibberellin in eine gebundene Form übergeht oder Auxin aus einer unwirksamen Form freigesetzt wird.

Sonderformen des Gravitropismus

Bei den bisher geschilderten Beispielen für Gravitropismus stellen sich die Organe parallel zum Schwerkraftvektor ein. Neben diesen Ortho-Gravitropismen gibt es jedoch viele Organe, die einen bestimmten Winkel relativ zur Schwerkraft beziehungsweise zum ortho-gravitrop wachsenden Achsenorgan anstreben. Seitenäste von Bäumen, einzelne Blätter und Seitenwurzeln folgen diesem Prinzip. Solche Orientierungsmuster nennt man plagio-gravitrop.

Beim Plagio-Gravitropismus wirken Schwerkraft und endogene Komponenten zusammen. Wird die einseitig wirkende Schwerkraft durch Rotation einer Pflanze auf dem Klinostaten als richtende Komponente ausgeschaltet, so überwiegen die endogenen Faktoren. Bei den Blättern der Buntnessel (*Coleus* spec.) führt dies zur Vergrößerung des Winkels zwischen dem Blattstiel und dem Sproß – ein als Epinastie bezeichneter Vorgang. Auch im Weltraumlabor reagieren Pflanzen deutlich epinastisch.

Einen Sonderfall des Plagiotropismus stellt der Dia-Gravitropismus von Rhizomen und mancher Seitenäste von Bäumen dar. Rhizome sind unterirdisch wachsende Sproßorgane, wie beim Buschwindröschen oder dem Salomonssiegel, die ihr Wachstum genau senkrecht zur Richtung der Schwerkraft einstellen. In der Regel kriechen sie also parallel zur Erdoberfläche. Neigt man sie

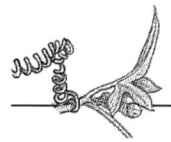

aus der Horizontalen, so stellten sie durch eine Wachstumsbewegung ihre ursprüngliche Orientierung wieder ein. Sie reagieren jedoch nicht, wenn man sie um 180 Grad dreht. Die aus den Seitenknospen der Rhizome auswachsenden Sprosse sind demgegenüber negativ gravitrop. Die Rhizome sind durch diese Orientierung optimal an ihre Funktion als Überwinterungsorgan angepaßt.

Manche Baumwurzeln im tropischen Regenwald zeigen ein merkwürdiges Verhalten. Einige Wurzeln wachsen aus dem oberflächennahen Wurzelgeflecht aus dem Erdboden heraus. Sie klettern an der Borke anderer Bäume empor und können dabei Höhen von bis zu 13 Metern erreichen. Dies bezeichnet man als Apogravitropismus. Da bis zu sieben Prozent des jährlichen Niederschlags entlang der Baumstämme abfließt, dürfte die Aufgabe dieser Kletterwurzeln darin bestehen, dem Abflußwasser die im Regenwald enthaltenen kostbaren Nährstoffe zu entziehen. Genauere Untersuchungen ergaben jedoch, daß sich die Wurzeln gar nicht im eigentlichen Sinne gravitrop, sondern eher chemotrop verhalten. Errichtete man nämlich künstliche „Bäume", zwei Meter hohe Plastikröhren, die von oben mit herablaufenden Nährstoffen versorgt wurden, wo wuchsen die Kletterwurzeln dort am höchsten, wo die Nährstoffversorgung am besten war.

Die hängenden Zweige vieler Trauerformen von Bäumen, beispielsweise die Trauerweide, scheinen überhaupt nicht auf Schwerkraft zu reagieren. Diese agravitropen Pflanzen „fallen" einfach aufgrund ihres Gewichts nach unten. Auch die Tertiärwurzeln, das sind die von Seitenwurzeln abzweigenden Seitenwurzeln, verhalten sich agravitrop. Sie durchdringen das Erdreich unter verschiedenen Winkeln relativ zur Schwerkraft.

Einzellige Schweresinnesorgane

Neben höheren Pflanzen gibt es zahlreiche Beispiel aus der Gruppe der niederen Pflanzen, die gravitrop reagierende Zellen aufweisen. Das am besten untersuchte Objekt sind die Rhizoide der Armleuchteralge *Chara*. Mit diesen einzelligen, wurzelähnlichen Gebilden kann sich die Pflanze am Substrat festheften. Knapp oberhalb der Rhizoidspitze befinden sich kleine, mit Bariumsulfat gefüllt Vakuolen, die an Elementen des Cytoskeletts aufgehängt sind. In Normallage transportieren Golgi-Vesikel Zellwandmaterial an den Vakuolen vorbei zur Spitze und bewirken dort ein gleichmäßiges Wachstum. In horizontaler Reizlage dagegen fallen diese Vakuolen auf die untere Zellwand und „versperren" so den Weg für die Vesikel. Dadurch kommt es fast nur noch im oberen Wandbereich zur Einlagerung von Zellwandmaterial. Die Rhizoidspitze wächst folglich positiv gravitrop nach unten.

4.1 Bäume richten sich mit ihrem Stamm stets senkrecht zur Schwerkraft aus. Kommt es zu Hangrutschungen, so versuchen die kleinen Bäume, sich im Verlauf mehrerer Jahre wieder aufzurichten. Dabei bildet sich ein Wachstumsknie aus, das während des gesamten Baumlebens die Bodenrutschungen anzeigt.

4. Auch Bäume
können sich noch krümmen

Auf Wanderungen im Gebirge fällt auf, daß Bäume unabhängig von der Hangneigung stets senkrecht nach oben wachsen. Einige haben jedoch keine geraden Stämme, sondern sind im basalen Bereich mit einer Art Knie in die Lotrechte gekrümmt. Erst aufgrund dieser Wachstumskorrektur erhebt sich die Krone ins Licht und schafft so die Voraussetzung für eine optimale Lichtausnutzung der Blätter. Was ist nun Auslöser für diese Krümmung, und wie kommt der Knick in dem verholzten, festen Stamm zustande?

Die Bäume mit dem Krümmungsknick stehen fast ausschließlich an Hängen. Hangrutschungen haben dazu geführt, daß die Bäume ein Stück weit mitgenommen wurden und nun schräg in die Höhe wachsen. In einer über Jahre dauernden gravitropen Reaktion erhebt sich der Baum wieder in die Senkrechte. Normalerweise nehmen die Bäume an Umfang zu, indem das Kambium, ein spezielles Teilungsgewebe aus schmalen, langgestreckten Zellen, sich im Verlauf einer Vegetationsperiode mehrfach in radialer Richtung teilt (das heißt, indem tangentiale Wände eingezogen werden) und neue Zellen nach innen und außen abgegeben werden (Abbildung 4.2). Von Zeit zu Zeit werden auch radiale Wände eingezogen. Die vom Kambium nach innen abgegebenen Zellen differenzieren sich zu Bestandteilen des Holzes; sogenannte Holzfasern dienen als Stützelemente, andere verholzte Ele-

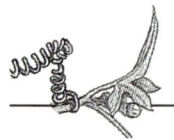
mente der Wasserleitung. Im ausgewachsenen Zustand sind diese wasserleitenden Zellen abgestorben. In unseren Breiten weisen die Holzzellen eine jahreszeitlich bedingte, unterschiedliche Größe auf. Daraus resultieren die Jahresringe der Bäume. Das Holz

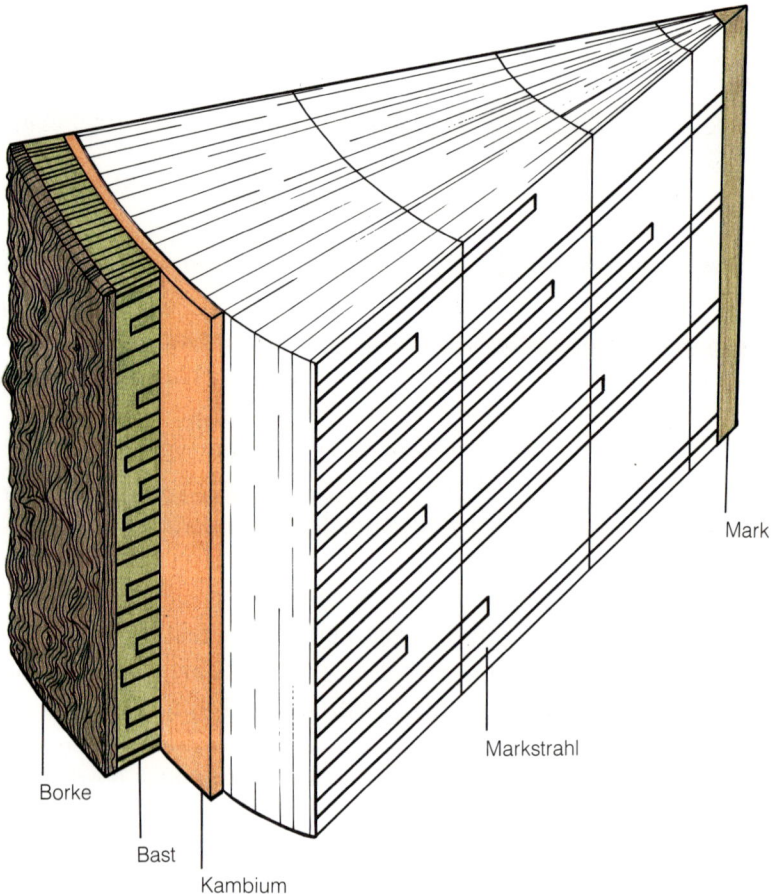

Mark

Markstrahl

Borke

Bast

Kambium

4.2 Segment aus einem vierjährigen Baumstämmchen. Das Bildungsgewebe Kambium gibt durch Zellteilungen Bastzellen (auch Phloem genannt) nach außen ab. Als äußerer Schutz des Stammes entwickelt sich die Borke aus einem eigenen Meristem, einem weiteren Bildungsgewebe. Nach innen zu gibt das Kambium Holzzellen ab, die den Stamm des Baumes bilden. Während die Holzzellen schließlich absterben, bestehen die Markstrahlen aus lebendem Gewebe. Nach Nultsch, W. *Allgemeine Botanik.* Stuttgart (Thieme) 1986.

bekommt seine Festigkeit durch Einlagerung des Holzstoffes Lignin in die Zellwände. Als dreidimensional vernetzte Gitterstruktur durchdringen diese Polymere die gesamte Zellwand.

Nach außen gibt das Kambium die Zellen des Phloems ab. Dort werden die Nährstoffe aus den Blättern in die Speichergewebe abtransportiert. Während der Holzkörper bei großen Bäumen meterdick werden kann, erreicht der Phloemzylinder nur Millimeterstärke. Dieses Breitenwachstum eines Stammes bezeichnet man als sekundäres Dickenwachstum. Verantwortlich für den Krümmungsknick bei Bäumen ist ein koordiniertes Zusammenspiel von Kambium und Zelldifferenzierung im Zuge des sekundären Dickenwachstums. Solche Wachstumszonen bezeichnet man als Reaktionsholz. Nadel- und Laubhölzer unterscheiden sich grundsätzlich im Mechanismus des Aufkrümmens. Nadelbäume bilden sogenanntes Druckholz an der physikalischen Unterseite, Laubbäume Zugholz an der physikalischen Oberseite.

Bei Nadelhölzern bilden sich statt der üblichen Tracheiden, zugespitzten langen Zellen mit rechteckigem Querschnitt, Druckholztracheiden aus, die im Querschnitt rund sind und dickere Wände mit einem höheren Ligninanteil aufweisen. Im Unterschied zum eher hell gefärbten Holzkörper hat das Druckholz rotbraune Farbe; man bezeichnet es daher manchmal auch als „Rotholz". Der Baumstamm vergrößert so aktiv das Holzvolumen auf der Unterseite relativ zur Oberseite, so daß er sich über einen Zeitraum von mehreren Jahren aufkrümmt.

Beim Zugholz der Laubhölzer wird dagegen das Holzvolumen der Oberseite aktiv vermindert. Kleinere Tracheiden mit nicht oder wenig verholzten Zellwänden schrumpfen nach ihrem Absterben merklich zusammen, so daß der Stamm nach oben „gezogen" wird.

Durch Ringelungsexperimente läßt sich nachweisen, daß das Kambium für diese Reaktion verantwortlich ist. Bei diesen Ver-

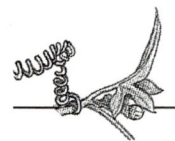

suchen wird Kambium auf nur einer Seite des Stammes entfernt. Nadelhölzer sind nur dann in der Lage sich zu krümmen, wenn das Kambium der Stammunterseite erhalten bleibt; Laubhölzer hingegen benötigen für diese Reaktion das obenliegende Kambium. Bei der Bildung von Druckholz ist die Teilungsaktivität des Kambiums gesteigert.

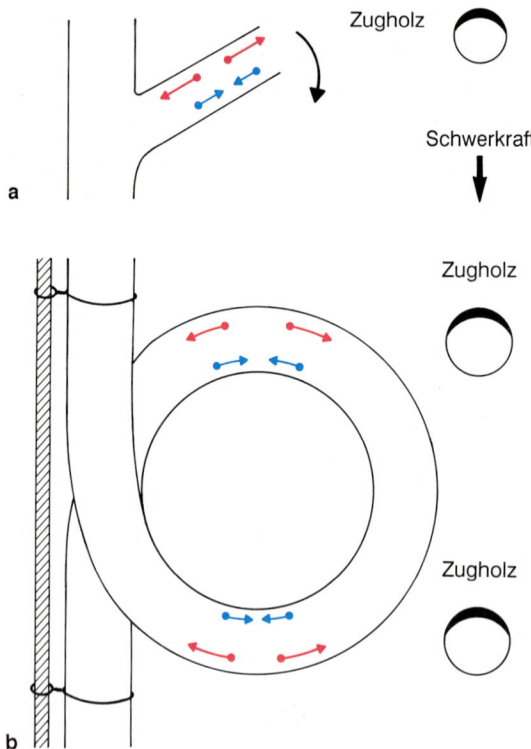

4.3 Mittels Biegeversuchen konnte gezeigt werden, daß Bäume auf die Schwerkraft und nicht unmittelbar auf Scherkräfte reagieren. a) zeigt die Zug- und Druckverhältnisse in einem Laubbaum auf. Durch das große Gewicht eines Astes wird seine Oberseite gedehnt, die Unterseite komprimiert. b) Bindet man den Ast zu einer vertikalen Schleife, werden die jeweiligen Außenflanken gedehnt, die Innenflanken komprimiert. Das Zugholz als Kennzeichen der gravitropen Reaktion wird nur auf den physikalischen Oberseiten gebildet (im oberen Teil der Schleife im gedehnten, im unteren Teil im komprimierten Bereich). Der Baum muß also in der Lage sein, die relativen Positionen seiner Teile zur Schwerkraft wahrzunehmen. Nach Haupt 1977.

Experimentell nachweisen läßt sich die Bedeutung der Schwerkraft bei der Krümmung der Bäume. Als Alternative wäre denkbar, daß sich die Zug- und Druckkräfte im Stamm bei Hangrutschungen ändern und so als mechanischer Streß von der Pflanze wahrgenommen werden, die dann mit der Bildung von Reaktionsholz reagiert. Durch eine Reihe einfacher, aber schlüssiger Biegeexperimente konnte diese Möglichkeit ausgeschlossen werden. Wenn man einen Zweig zu einem kompletten Kreis biegt (Abbildung 4.3), so wirken auf ihn sowohl Schwerkraft als auch mechanischer Streß. An der Außenperipherie des Kreises wird der Zweig stark gedehnt – es treten Zugkräfte auf –, entlang der Innenseite gestaucht – es kommt zu Druckkräften. Die Schwerkraft wirkt gleichförmig auf gedehnte wie gestauchte Zweigabschnitte ein. Das Reaktionsholz bildet sich nun aber nicht entsprechend dem mechanischen Streß, sondern richtet sich allein nach dem Schwerevektor. Beim Zweig von Laubbäumen bildet sich das Zugholz allein auf der jeweiligen Oberseite; bei Nadelbäumen weisen nur die physikalischen Unterseiten des gebogenen Zweiges Druckholz auf (oben entsprechend in der Druckregion, unten in der Zugregion).

Untersuchungen gerader und mechanisch gebogener Zweige auf dem Klinostaten belegten ebenfalls die Bedeutung der Schwerkraft. Ohne eindeutige Richtung des Schwerkraftvektors kam es nie zu Ausbildung von Reaktionsholz.

Gesteuert wird das Wachstum durch Pflanzenhormone. So akkumuliert sich das Wachstumshormon Auxin auf der physikalischen Unterseite des Sprosses. Bringt man Auxin künstlich auf, so kann man bei Nadelhölzern Druckholz induzieren. Bei Laubhölzern vermutet eine Auxinverarmung auf der Oberseite als entscheidenden Faktor bei der Reorientierungsreaktion.

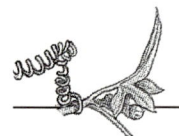

5.1 Licht ist der entscheidende Faktor für das Leben und Überleben von Pflanzen. In der Photosynthese wird Sonnenenergie in chemische, verwertbare Energie überführt. Licht bestimmt aber auch die Wachstumsrichtung vieler pflanzlicher Organe. Sprosse krümmen sich zumeist zur Lichtquelle hin, die Wurzeln einiger Pflanzen wenden sich davon ab. Blätter orientieren ihre Spreiten vorwiegend senkrecht zum Lichteinfall, um so optimal das Sonnenlicht auszunutzen.

5. Pflanzenorgane auf dem Weg zum Licht – Phototropismus

Grüne Pflanzen sind in starkem Maße von Licht abhängig, da sie in der Lage sind, Strahlungsenergie in chemische Bindungsenergie (in Form von Kohlenhydraten) umzuwandeln (siehe Exkurs „Die Photosynthese" in Kapitel 13). Die zentrale Bedeutung des Lichtes für das Leben der Pflanzen wird durch die zahlreichen Mechanismen unterstrichen, die Organe in eine möglichst günstige Position relativ zum Licht bringen. Die verschiedenen Teile einer Pflanze reagieren unterschiedlich auf den Lichteinfall (Abbildung 5.1): Die oberirdischen, grünen Organe wie Sproßachsen und Blattstiele wachsen zum Licht hin (positiver Phototropismus), während sich die Wurzel zumeist vom Licht abwendet (negativer Phototropismus). Die ökologische Bedeutung dieses Verhaltens ist augenfällig: Die Wurzeln dienen der Verankerung und der Wasser- beziehungsweise Nährstoffaufnahme aus dem Boden, dagegen versuchen die Blätter als die Photosyntheseorgane der Pflanzen eine optimale Lichtausnutzung zu erreichen. Zumeist sind die Blätter senkrecht zum Licht ausgerichtet, was man als Diaphototropismus bezeichnet. Perzipiert wird das Licht von bestimmten Rezeptormolekülen, welche Informationen über Lichteinfall, -dauer und -intensität weiterleiten können (Abbildung 5.2).

Die Keimlinge der tropischen Liane *Monstera gigantea* besitzen ein besonders flexibles phototropes Reaktionssystem. Bei schwa-

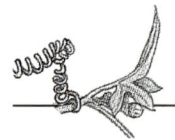

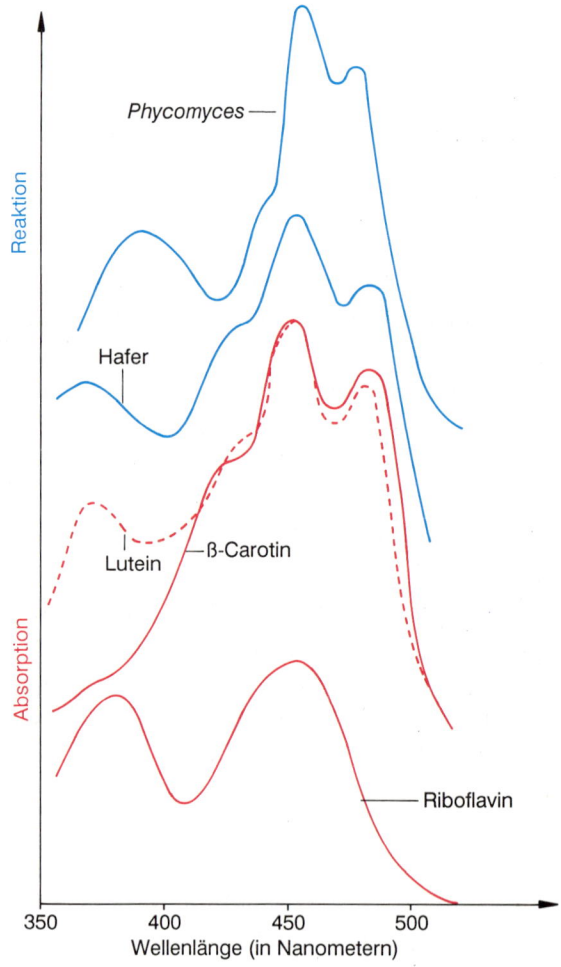

5.2 Der Pilz *Phycomyces* und die Haferkoleptile zeigen unterschiedliche phototrope Reaktionen auf Licht bestimmter Wellenlänge. Dies läßt sich als Wirkungsspektrum in Form der gezeigten Kurven darstellen. Die stärkste Reaktion erfolgt im Blaulichtbereich. An den Absorptionsspektren einiger Pigmente erkennt man, daß sie gut mit den Wirkungsspektren korrelieren und somit für die Lichtperzeption in Frage kommen. Die Kurve des Riboflavins gilt für Wasser als Lösungsmittel; in Öl ist die Kurve im Blaubereich zweigipflig. Wegen des ähnlichen Verlaufs der Kurven galt beta-Carotin lange Zeit als Rezeptorpigment. Versuche mit Mutanten haben jedoch seine Rolle in Zweifel gezogen. Für den UV-Bereich werden neuerdings die Pterine diskutiert (vergleiche Abbildung 2.2). Nach Haupt 1977.

chem Lichteinfall wachsen sie zum Licht hin, Starklicht ruft dagegen eine negativ phototrope Reaktion hervor. Dieses scheinbar widersprüchliche Verhalten ist sinnvoll, da die Keimlinge dieser Art einen Baum finden müssen, an dem sie hochklettern können. Die junge *Monstera*-Pflanze wächst aufgrund des negativen Phototropismus in Richtung des dunkelsten Abschnitts ihres Horizontes – unter natürlichen Bedingungen wird dies der Schatten eines Baumstammes sein – und verfügt damit über einen wirkungsvollen Suchmechanismus. Sobald die Keimlingsspitzen einen Baumstamm erreicht haben, „schalten" sie ihre Bewegungsrichtung „um": Jetzt reagieren sie positiv phototrop, wachsen also dem Licht zu, und klettern am Stamm empor.

Bei der Behandlung des Phototropismus stellen sich drei zentrale Fragen: Welches Pigment ist für die Reizaufnahme verantwortlich? Wie wird die Lichtrichtung wahrgenommen? Und: Wie wird das Lichtsignal in das differentielle Wachstum umgesetzt? Besonders gut untersucht hinsichtlich der drei zentralen Fragen sind zum einen die Reaktionen der Koleoptile, eine die Blätter als schützende Hülle umgebende Keimscheide, des Hafers sowie der Sporangienträger des Schimmelpilzes *Phycomyces*.

Die Haferkoleoptile

Die Koleoptile des Hafers (*Avena* spec.) erfüllt nur während eines bestimmten Zeitabschnitts im Zuge der Keimung ihre Funktion: Als für Gräser charakteristische Keimscheide umgibt sie die jungen Blätter von Gräsern (Abbildung 5.3). Bei der Keimung durchdringt die Koleoptile den Boden und schützt so die empfindlichen inneren Gewebe vor Verletzungen. Kurz danach stellt sie jedoch ihr Wachstum ein, wird von den größer werdenden Primärblättern durchstoßen und stirbt schließlich ab. Die Kole-

99

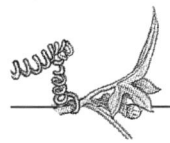

Exkurs: Photobiologische Grundlagen

Beim Durchtritt durch die Erdatmosphäre wird der größte Teil der Sonnenstrahlung von Molekülen in der Luft absorbiert. Auf der Erdoberfläche kommen deshalb hauptsächlich Wellenlängen zwischen 300 und 800 Nanometern (nm) an. Dies ist nicht nur ungefähr der Bereich der elektromagnetischen Strahlung, den wir mit unseren Augen als Licht wahrnehmen können, sondern auch etwa jener Teil der Sonnenstrahlung, auf den Pflanzen zu reagieren vermögen.

Licht kann als elektromagnetische Welle aufgefaßt werden mit bestimmter Wellenlänge (lambda), Frequenz und Schwingungsebene. Andererseits besitzt das Licht Teilchennatur, wobei ein einzelnes Teilchen (Lichtquant) als Photon bezeichnet wird (Welle-Teilchen-Dualismus). Die Quantenenergie errechnet sich nach $E = h \times c \times \lambda^{-1}$, wobei h die Plancksche Konstante ($6{,}626 \times 10^{-34}\,J \times s$) und c die Lichtgeschwindigkeit ($3 \times 10^8\,m \times s^{-1}$) repräsentiert. Aus dieser Formel läßt sich ableiten, daß langwellige Strahlung energieärmer ist als kurzwellige Strahlung. Photonen des violetten Spektralbereichs (ungefähr 400 nm) tragen fast doppelt soviel Energie wie Photonen des dunkelroten Spektralbereichs (ungefähr 700 nm).

Unter der Dosis versteht man die Gesamtmenge der absorbierten Photonen, bezogen auf die Fläche. Im Experiment kann die Dosis variiert werden, indem entweder die Bestrahlungsdauer oder die Lichtintensität geändert wird. Die Dosis wird als das Produkt aus Beleuchtungsstärke und Zeit angegeben.

Da der Energiebetrag der Lichtquanten von der Wellenlänge abhängt, werden in quantitativen Experimenten die Meßgrößen auf bestimmte Wellenlängen bezogen. Durch die Auswahl bestimmter Wellenlängenbereiche wird außerdem die Empfindlichkeit der jeweiligen Photorezeptoren berücksichtigt. Der Experimentator wird im Idealfall mit monochromatischem Licht (Licht einer einzigen Wellenlänge) arbeiten. In der Praxis werden aber meistens Filter verwendet, die Licht in einem engen Wellenlängenbereich durchlassen.

Pflanzen sind in ihrer natürlichen Umgebung meistens weißem Licht ausgesetzt, einer Mischung von Licht aller Spektralfarben. Am Morgen und gegen Abend oder im lichten Schatten eines Blätterdaches ändert sich jedoch jeweils die spektrale Zusammensetzung des Lichtes.

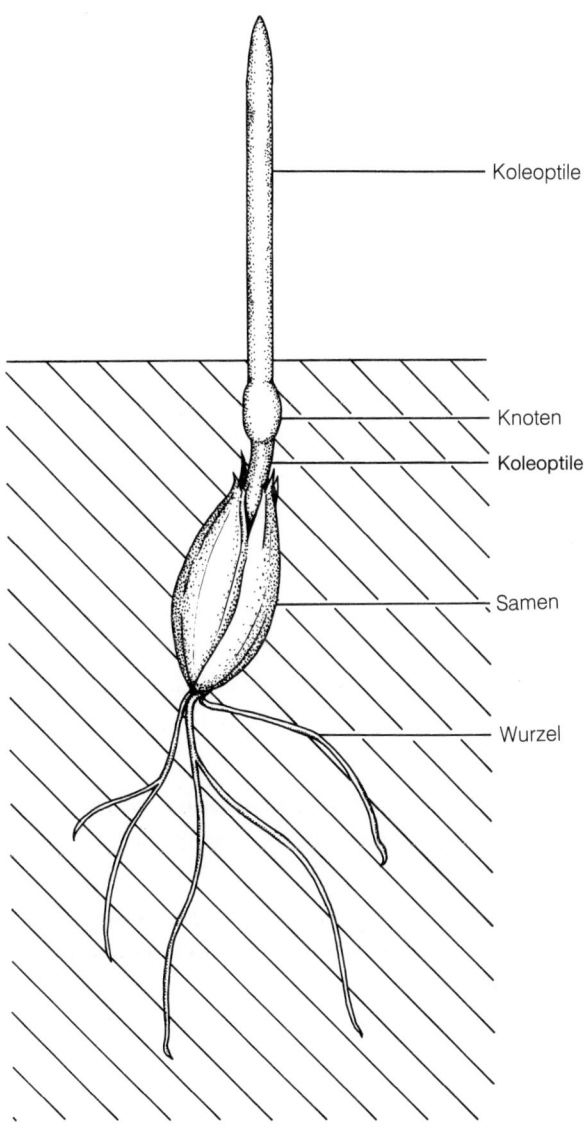

Koleoptile

Knoten

Koleoptile

Samen

Wurzel

5.3 Der Aufbau eines auskeimenden Grassamens. Oberhalb des ersten Knotens wächst das Primärblatt, das erste Blatt am Sproß, aus. Es wird von der scheidenartigen Koleoptile umhüllt. Kurz nach dem Durchbrechen des Erdbodens stellt die Koleoptile ihr Wachstum ein.

101

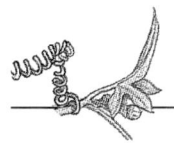

optile gleicht einem Hohlzylinder mit ovalem Querschnitt und abgerundeter Spitze.

Die Haferkoleoptile ist das klassische Untersuchungsobjekt für Phototropismus bei höheren Pflanzen. Schon Charles und sein Sohn Francis Darwin legten in ihrem 1880 erschienenen Buch *The Power of Movement in Plants* dar, daß die Koleoptilenspitze der Ort sein müsse, an dem die Richtung des einfallenden Lichtes wahrgenommen wird. Das daraus resultierende Krümmungswachstum findet allerdings weiter basal statt. In der Praxis hat sich die Koleoptile vor allem deswegen bewährt, weil sie über relativ lange Zeit ein konstantes und gleichmäßiges Streckungswachstum aufweist. Notwendig dazu ist allerdings das Wachstum in Dunkelheit, in der die Plastiden der Parenchymzellen (der Zellen des Grundgewebes) nicht ergrünen (dies bezeichnet man als Etiolement).

Koleoptilen krümmen sich unter natürlichen Bedingungen zum Licht hin, reagieren also positiv phototrop. Im Detail hat sich das Krümmungsverhalten aber als sehr komplexer Vorgang erwiesen (Abbildung 5.4). Werden Haferkoleoptilen einseitig mit Licht steigender Dosis bestrahlt, so erfolgt die Krümmung zunächst zum Licht hin (1. positive Reaktion). Bei steigender Dosis nimmt die Krümmung wieder ab, es kommt sogar zur Krümmung vom Licht weg (1. negative Reaktion). Wird die Dosis noch weiter erhöht, reagiert die Koleoptile wieder mit positivem Phototropismus (2. positive Reaktion), dann wieder mit Rückgang der Krümmung und schließlich mit einer 3. positiven Reaktion. Dieses seltsame Verhalten zeigen Koleoptilen sowohl bei Weißlicht als auch bei Blaulichtbestrahlung. Wie man heute weiß, beruhen diese gegenläufigen Reaktionen auf unterschiedlichen Mechanismen: Im Bereich der 1. positiven Reaktion reagiert vor allem der Spitzenbereich der Koleoptile (Spitzenreaktion). Die nachfolgenden, positiven Reaktionen kommen durch ein differentielles Wachstum der Koleoptile an der Basis zustande (Basisreaktion). Während der Krümmung wird die Koleoptile

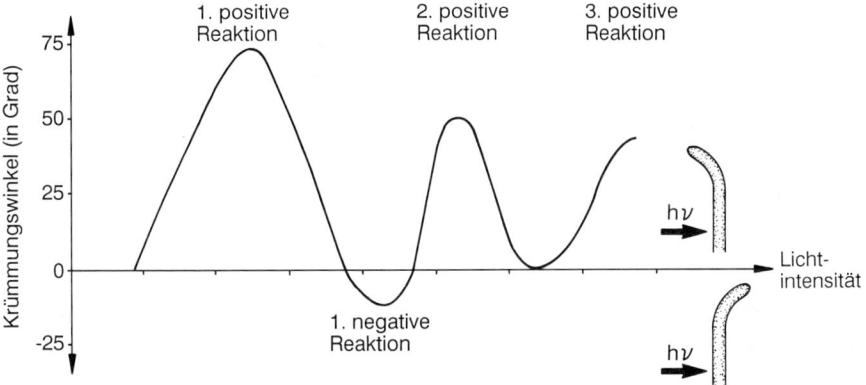

5.4 Schematisierter Verlauf der Krümmungsreaktion von Haferkoleoptilen. Mit zunehmender Lichtensität reagieren die Koleoptilen zunächst mit positiver, dann mit negativer phototroper Krümmung. Steigt die Intensität weiter an, folgen eine zweite und eine dritte positive Reaktion. Nach Tevini und Häder 1985.

ständig durch die Schwerkraft beeinflußt, da sie sich von der Senkrechten abweichend bewegt. Entsprechend reagiert sie mit einer Orientierungsbewegung (siehe Kapitel 4), die der phototropen entgegengesetzt ist. Daß die Erdschwerkraft beteiligt ist, ließ sich an Koleoptilen nachweisen, die auf einem horizontal rotierenden Klinostaten einseitig durch Licht gereizt wurden. Sie zeigen eine stärkere Reaktion als die stationären Exemplare.

Die Stärke einer dosisabhängigen Reaktion wird bei gleicher Dosis immer konstant sein, gleichgültig, ob die Lichtintensität oder die Bestrahlungsdauer variiert werden. Daher gilt für solche Reaktionen das Reizmengengesetz: Reizmenge = Intensität (I) x Einwirkungszeit (t) (siehe Kapitel 2). Und eben aufgrund der Gültigkeit dieses Gesetzes unterscheiden sich die geschilderten Reaktionen. Während in der 1. positiven Reaktion die Krümmung streng von der Dosis abhängt, also auch kurze Lichtpulse (im Bereich weniger Minuten bis Sekunden) mit hoher Stärke wirksam sind, sind die 2. und 3. positive Reaktion nur von der Dauer der Bestrahlung abhängig, gehorchen also nicht dem Reizmengengesetz.

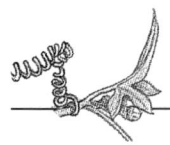

Trotz intensivster Bemühungen konnte noch nicht geklärt werden, welches Pigment als Photorezeptor für den Phototropismus der Koleoptile dient. Wellenlängen des UV und der Blaubereichs rufen eine deutliche Reaktion hervor. Das Wirkungsspektrum zeigt im Blaubereich zwei Maxima. Dies deutet auf Carotinoide als potentielle Rezeptoren hin (Abbildung 5.2). Damit läßt sich aber die Lichtperzeption im UV-Bereich noch nicht erklären. Dort besitzt das Absorptionsspektrum von Riboflavin einen deutlichen Gipfel, es weicht jedoch im Blaubereich vom Verlauf des Wirkungsspektrums ab. Je nach Molekülstruktur und dem verwendeten Lösungsmittel können Flavoproteine auch im Blaubereich mehrgipfelig Licht absorbieren. Da die beteiligten Pigmente nicht eindeutig bekannt sind und unter Umständen weitere Rezeptorpigmente (diskutiert werden unter anderem Pterine) beteiligt sind, hat der provisorische Name „Cryptochrom" auch heute noch seine Berechtigung.

Wie nimmt die Koleoptile nun die Lichtrichtung wahr? Ein einfaches, aber sehr aussagekräftiges Experiment lieferte die ersten

Exkurs: Photorezeptoren

Photorezeptoren haben die Aufgabe, der Pflanze den Informationsgehalt des Lichtes zugänglich zu machen. Die dem Licht immanenten Informationen sind die spektrale Zusammensetzung, die Lichtintensität, die Dauer der Einstrahlung und schließlich die Lichtrichtung.

Alle Photorezeptormoleküle (Pigmente) sind in der Lage, bestimmte Wellenlängen des Lichtes zu absorbieren. Bringt man Pigmente in Lösung und bestrahlt diese mit Licht, so ruft der nicht absorbierte Teil des einfallenden Lichtes in unseren Augen einen Farbeindruck hervor. Chlorophylle haben ihr Absorptionsmaximum im blauen und roten Bereich und erscheinen deshalb grün, Carotinoide absorbieren Wellenlängen zwischen 400 und 550 nm und sehen in Lösung gelb bis orangegelb aus.

Absorption bedeutet, daß ein Lichtquant seine Energie an ein Elektron eines Atoms oder eines Moleküls abgibt. Dabei wird das Elektron in einer Alles-oder-Nichts-Reaktion in eine höhere Elektronenschale mit höherem Energieniveau gehoben. Das Atom ist dadurch im „angeregten" Zustand. Da ein Atom mehrere Schalen mit unterschiedlichem Energieniveau besitzt, gibt es verschiedene Anregungszustände. Der Energiegehalt des absorbierten Photons muß genau der Anregungsenergie für einen bestimmten Zustand entsprechen (Zwischenzustände sind „verboten"). Schließlich kehrt das Elektron in seine ursprüngliche Schale zurück und setzt dabei die aufgenommene Energie in Form von Wärme oder Fluoreszenzstrahlung wieder frei.

Angeregte Einzelatome sind durch scharfe Absorptionslinien gekennzeichnet, die dem Energiegehalt der absorbierten Photonen entsprechen. Bei Molekülen, besonders bei Pigmenten, sind die Absorptionslinien aber zu Absorptionsbanden verbreitert. Dies läßt sich dadurch erklären, daß die einzelnen Energieniveaus durch intramolekulare Bewegungen wie Rotation und Vibration in verschiedene Unterzustände aufgefächert sind. Alle biologischen Pigmente besitzen sogenannte konjugierte Doppelbindungen (eine Anordnung, in der sich Einfach und Doppelbindungen abwechseln). Bei diesem Bindungstyp sind die sogenannten p-Elektronen leicht beweglich und können schon durch das relativ energiearme sichtbare Licht angeregt werden.

Die Absorptionseigenschaften der Pigmentmoleküle führen zu recht komplizierten „Absorptionsspektren". Man bestimmt sie, indem man ein Pigment in Lösung bringt, die Probe mit monochromatischem Licht bestrahlt und die Absorption mit einem Photometer mißt. Anschließend werden die Ergebnisse in einer Kurve darstellt, welche die Absorption in Abhängigkeit von der Wellenlänge zeigt (siehe beispielsweise Abbildung 5.2). Experimentell ermittelte Absorptionsspektren lassen sich aber nicht direkt auf die Verhältnisse im lebenden Gewebe übertragen. Dort liegen die Rezeptorpigmente nicht als gelöste Einzelmoleküle vor, sondern sind im allgemeinen an Proteine gebunden. Auch der Einbau in eine Membran verändert die photochemischen Eigenschaften eines Pigments. In einem vielzelligen Gewebe sind die Absorption durch sogenannte Schattenpigmente sowie die Lichtstreuung weiterere wichtige Faktoren.

Voraussetzung für jede Reaktion auf Licht ist ein Photorezeptor, der den Lichtreiz für die Pflanze zugänglich macht. Indem man das „Wirkungsspektrum" für eine bestimmte phototaktische oder phototrope

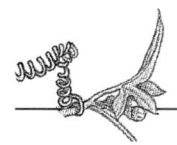

Reaktion aufstellt, kann man herausfinden, welches Pigment als Photorezeptor fungiert. Wirkungsspektren werden wie Absorptionsspektren dadurch erstellt, daß Licht einer bestimmten Wellenlänge eingestrahlt wird.
In diesem Fall ist jedoch die Pflanze selbst das „Meßgerät". Gemessen
wird eine gut bestimmbare, reproduzierbare Größe, die in direktem Zusammenhang mit dem untersuchten Phänomen steht. Um ein Wirkungsspektrum zu erstellen, stellt man zunächst Dosis-Effekt-Kurven auf; das
Objekt wird mit unterschiedlichen Dosen von Licht konstanter Wellenlänge bestrahlt und anschließend die Reaktion erfaßt (Abbildung E.5.1). Dies
wird für eine Reihe von Wellenlängen durchgeführt. Sodann trägt man in
einer Graphik die Dosis, die notwendig ist, um eine bestimmte Stärke der
Reaktion zu erreichen, gegen die Wellenlänge auf und erhält das Wirkungsspektrum der untersuchten Reaktion.

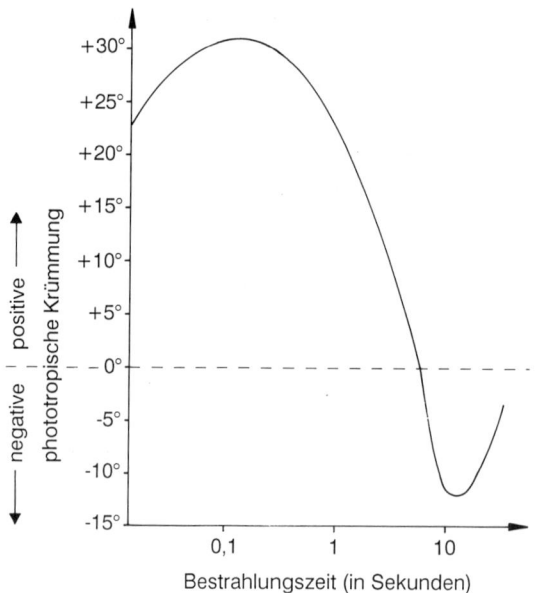

E.5.1 Phototrope Dosis-Effekt-Kurve etiolierter Haferkoleoptilen. Die Koleoptile wurde mit Blaulicht der Wellenlänge 436 Nanometer unterschiedlich
lange, aber mit konstanter Intensität bestrahlt. Je nach Dauer krümmt sich
die Koleoptile in unterschiedlichem Maße (erste positive und erste negative
Reaktion; vergleiche Abbildung 5.4). Nach Haupt 1977.

Hinweise: Man beleuchtete eine Koleoptile von nur einer Seite und schattete den Strahlengang so ab, daß nur eine Längshälfte der Koleoptile im Licht stand (Abbildung 5.5). Die resultierende Krümmung verlief nicht etwa auf die Lichtquelle zu, sondern senkrecht dazu. Dies bedeutet, daß nicht die Lichtrichtung, sondern der Helligkeitsunterschied perzipiert wurde. Unter normalen Bedingungen muß also innerhalb des reizaufnehmenden Gewebes durch Streuung oder Absorption ein Helligkeitsgradient entstehen. Mit sensibler Glasfaseroptik konnte dieser Lichtgradient auch direkt gemessen werden (er beträgt 1:4 zwischen der beschatteten und der belichteten Seite in der kuppelförmigen Spitze der Koleoptile). Bestimmte Mutanten von Mais (*Zea mays*) können keine Carotinoide bilden. Das Licht wird dadurch weniger stark absorbiert und der entstehende Gradient zwischen Licht und Schattenseite demnach schwächer ausgeprägt. Werden Koleoptilen solcher Pflanzen mit Licht bestrahlt, so krümmen sie sich weniger stark als der Wildtyp.

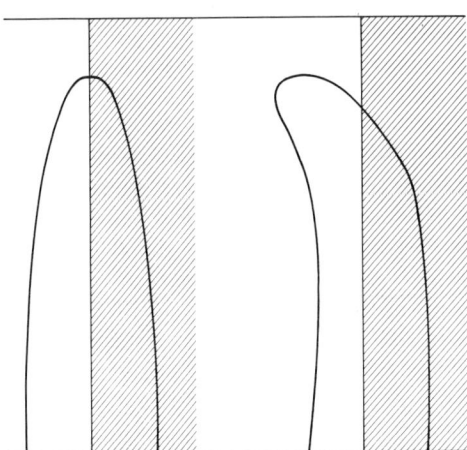

5.5 Krümmungsreaktion einer halbseitig beschatteten Koleoptile. Die Lichtquelle strahlt senkrecht zur Papierebene von vorne ein. Die Koleoptile krümmt sich nicht zur Lichtquelle hin, sondern aus dem Schatten heraus, das heißt, die beschattete Seite ist in ihrem Wachstum gefördert. Nach Haupt 1977.

Der Helligkeits- beziehungsweise Absorptionsgradient muß in eine Wachstumsreaktion umgesetzt werden. Die klassische „Lichtwachstumshypothese" nach O. H. Blaauw erklärte das

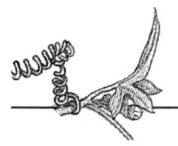

Krümmungswachstum der Koleoptile im Licht einfach dadurch, daß Belichtung das Wachstum hemmt. Eine halbseitige Beleuchtung hätte eine Wachstumshemmung auf der belichteten Seite und damit eine Krümmung ins Licht zur Folge. Es gibt allerdings eine Reihe von Ergebnissen, die diese Hypothese in Frage stellen. So besitzt die Lichtwachstumshypothese zwar Gültigkeit in bezug auf das „Geradeauswachstum", beim Krümmungswachstum geht die Hemmung auf der belichteten Seite aber mit einer leichten Wachstumsförderung auf der Schattenseite einher. Gerichtetes Krümmungswachstum dürfte daher auf einer geänderten Verteilung des Wachstums beruhen.

Die Koleoptile ist jenes klassische Untersuchungsobjekt, an dem es dem Pflanzenphysiologen F. W. Went gelang, die Bildung pflanzlicher Wuchsstoffe, der sogenannten Phytohormone, und deren Wirkung nachzuweisen. Wie sich zeigen läßt, ist das Phytohormon Auxin für die Wachstumssteuerung in Haferkoleoptilen verantwortlich, das in der Koleoptilenspitze synthetisiert wird. Wird der Keimling nämlich dekapitiert, hört das Streckungswachstum auf. Ersetzt man nun die Spitze durch ein Agarblöckchen mit verschiedenen Testsubstanzen, so setzt bei Applikation eines mit dem Auxin IES (Indol-3-yl-essigsäure) getränkten Blöckchens das Wachstum wieder ein. (Damit die Primärblätter den Nachweis nicht durch Bildung eigener Stoffe stören, entfernt man diese zuvor an ihrer Basis.)

Im sogenannten *Avena*-Krümmungstest (Abbildung 5.6) setzt man das mit der Testlösung getränkte Agarblöckchen asymmetrisch auf den Koleoptilenstumpf auf. Die Substanz diffundiert in das darunterliegende Gewebe, wird basalwärts transportiert und stimuliert einseitig das Streckungswachstum. Je nach der in der Lösung enthaltenen Auxinkonzentration fällt die Stärke der Krümmungsreaktion aus. Durch Eichkurven, die mit Hilfe von Auxinlösungen bekannter Konzentration erstellt werden, kann man nun die Auxinkonzentration der aufgebrachten Lösung bestimmen.

Den Zusammenhang zwischen einseitiger Belichtung und Krümmungswachstum versucht die Cholodny-Went-Theorie zu erklären. Danach hat der Absorptionsgradient eine Querverschiebung von Auxin in der Koleoptilspitze zur Folge. Unterstützt wird die

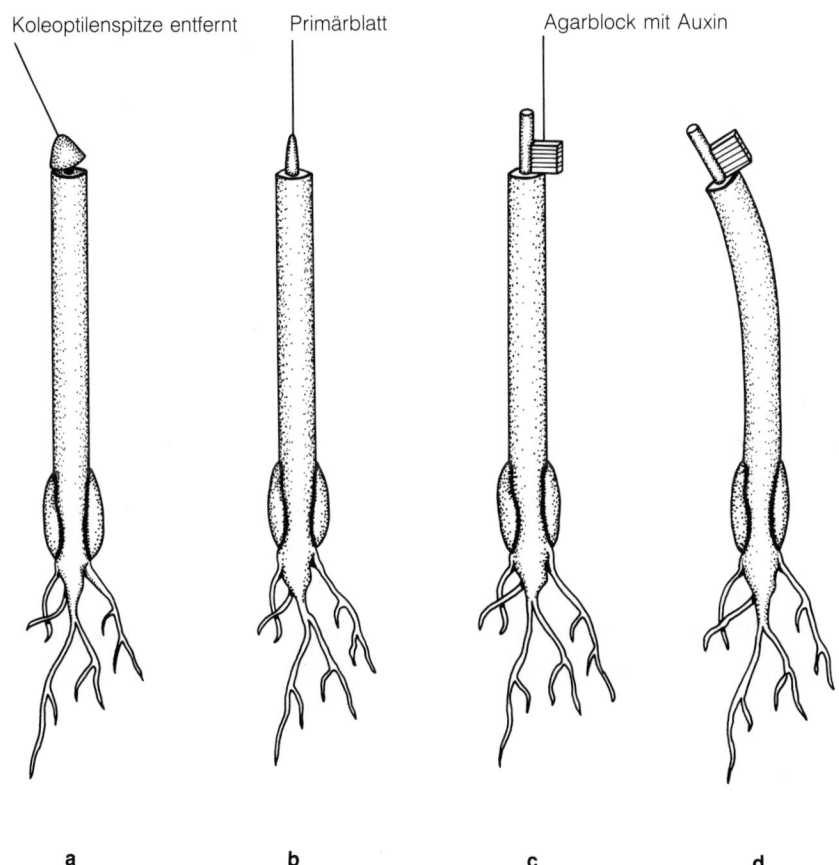

Koleoptilenspitze entfernt   Primärblatt   Agarblock mit Auxin

a   b   c   d

5.6 Die Wachstumsreaktion einer Koleoptile nach ungleicher Versorgung mit Auxin. Mit einer Rasierklinge wird die Koleoptilenspitze abgeschnitten und das Primärblatt etwas herausgezogen. Ein Agarblöckchen, das mit Auxinlösung getränkt wurde, wird seitlich aufgeklebt. Das Wuchshormon diffundiert in das Koleoptilengewebe und ruft ein einseitiges Wachstum hervor. Vor der Entwicklung biochemischer Nachweismethoden war dieser Haferkrümmungseffekt (*Avena*-Koleoptiltest) das Mittel der Wahl, um wachstumsfördernde Hormone nachzuweisen. Nach Mohr und Schopfer 1978.

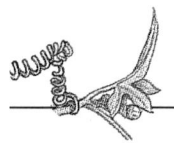

Hypothese durch folgendes Experiment: Teilt man eine einseitig belichtete Koleoptile senkrecht zum Lichteinfall durch ein dünnes Plättchen, so tritt keine Krümmungsreaktion auf und es lassen sich auch keine Konzentrationsunterschiede von Auxin feststellen. Auswirkungen durch Verletzungen bei Einsetzen des Plättchens scheinen dabei keine Rolle zu spielen, da die Gesamtmenge an produziertem Auxin im Dunkeln unverändert bleibt. Läßt man die Spitze allerdings unversehrt und setzt die Glimmerplättchen tiefer ein, so treten zwischen Licht und Schattenseite Unterschiede in der Auxinkonzentration in der Größenordnung von 1:2 bis 1:3 auf. Die Gesamtmenge an Auxin, die von der Koleoptilspitze abgegeben wurde, ist jedoch nach wie vor unverändert.

Der Sporangienträger von *Phycomyces*

Phycomyces ist ein Schimmelpilz, dessen Mycel (Geflecht von Zellfäden, sogenannten Hyphen) kriechend über nährstoffreiche Substrate wächst. Seine Hyphen sind eine einzige, riesige Zelle mit einer Vielzahl von Zellkernen. Die ungeschlechtliche Fortpflanzung dieses Pilzes erfolgt mit Hilfe von Sporen, die in speziellen Sporangien (Sporenbehältern) gebildet werden. Diese sitzen auf Sporangienträgern und überragen so die Ebene des Hyphengeflechts. Während der Entwicklung des Sporangienträgers durchläuft die Hyphe eine Reihe von Wachstumsphasen. Zunächst verlängert sie sich durch Spitzenwachstum. Etwa 24 Stunden nach Beginn der Differenzierung verringert die Hyphe ihr Längenwachstum, und es entsteht an ihrer Spitze ein kugelig anschwellendes Sporangium, das durch eine Querwand von der Trägerhyphe abgetrennt ist. Die Reifung des Sporangiums ist äußerlich an einer dunklen Verfärbung zu erkennen. Am dritten und vierten Tag nimmt die Wachstumsgeschwindigkeit des Spo-

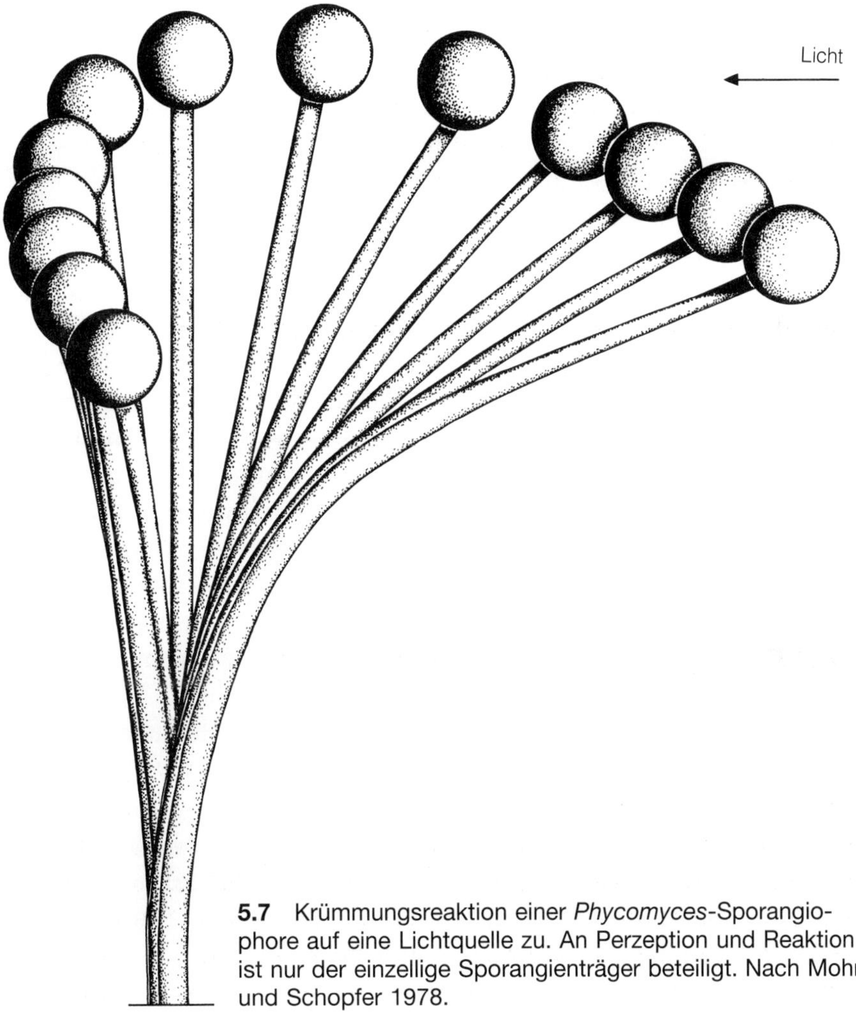

Licht

5.7 Krümmungsreaktion einer *Phycomyces*-Sporangiophore auf eine Lichtquelle zu. An Perzeption und Reaktion ist nur der einzellige Sporangienträger beteiligt. Nach Mohr und Schopfer 1978.

rangienträgers wieder stark zu und hebt das Sporangium weiter nach oben. Die Einlagerung neuen Zellwandmaterials – Voraussetzung für das Wachstum – ist beschränkt auf eine wenige Millimeter lange Zone unterhalb des Sporangiums. Die Hyphe wächst also interkalar. Weiter basal erstarkt die Zellwand, trägt jedoch nicht zur Zellverlängerung bei.

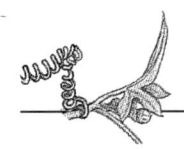

Die Trägerhyphe zeigt in zwei Phasen ihrer Entwicklung eine positiv phototropische Reaktion: zum einen in der Frühphase vor der Differenzierung des Sporangiums und zum zweiten während der intensiven Wachstumsphase nach der Sporangienbildung. Physiologisch interessant und daher besonders gut untersucht ist dieser letzte Entwicklungsabschnitt.

Wie die Haferkoleoptile, so zeigt auch die Trägerhyphe von *Phycomyces* bei einseitiger Belichtung ein kontinuierliches Krümmungswachstum auf das Licht zu (Abbildung 5.7). Da die Trägerhyphe ein einzelliges Organ ist, entfällt die Notwendigkeit einer Erregungsleitung wie auch ein Hormontransport. Vermutlich wird die Geschwindigkeit, mit der das Krümmungswachstum erfolgt, unmittelbar durch die Lichtintensität beeinflußt. Reduziert man die Lichtintensität plötzlich („stepdown"), so kommt es zu einer vorübergehenden Hemmung des Wachstums. Entsprechend führt die Erhöhung der Lichtintensität („stepup") zu einem Anstieg der Wachstumsgeschwindigkeit. Nach etwa 20 Minuten pendelt sich das Wachstum jedoch wieder auf das normale Maß ein. Dieser Effekt nach stufenförmiger Änderung der Beleuchtungsstärke tritt auch dann ein, wenn die Lichtintensität nur kurzzeitig erhöht und dann wieder auf Normalniveau gesenkt wird. Die Trägerhyphe reagiert zunächst mit einem Anstieg der Wachstumsgeschwindigkeit (entsprechend der „stepup" Reaktion), dann mit einem Absinken unter das normale Niveau (entsprechend der „stepdown" Reaktion) und steigt dann wieder auf Normalniveau an.

Diese Anpassung der Wachstumsgeschwindigkeit innerhalb von etwa 20 Minuten steht in scheinbarem Widerspruch zu der kontinuierlich ablaufenden Krümmungsreaktion bei seitlich einfallendem Licht. Dieser Widerspruch läßt sich relativ leicht ausräumen: Die Adaptation der *Phycomyces*-Hyphe bei einseitiger Belichtung wird durch schraubenartiges Wachstum vermieden. Dadurch werden immer neue Sektoren der Trägerhyphe in den schmalen Brennstreifen (siehe unten) geführt. Hinzu kommt, daß sich die

Trägerhyphe nie genau in Richtung des Lichtes krümmt, sondern um einen geringen Winkelbetrag davon abweicht. Aus der Summe der einzelnen, aufeinander folgenden Lichtwachstumsreaktionen der nacheinander belichteten Wandstreifen resultiert die sichtbare Krümmung. Dieser Mechanismus konnte experimentell bestätigt werden: Durch eine langsame Drehung der Hyphe wurde erreicht, daß immer dieselbe Wandregion in der Fokussierungslinie lag. Diese Versuchsanordnung führte, wie erwartet, zu einer Hemmung der Krümmungsreaktion.

Ein Phänom deutet darauf hin, daß die Lichtwachstumshypothese – Licht hemmt das Streckungswachstum, was bei einseitiger Belichtung zu einem verstärkten Wachstum auf der dem Licht abgewandten Seite führt – möglicherweise nicht ausreicht, um den Phototropismus von *Phycomyces* zu erklären. Sporangienträger krümmen sich nämlich auch nach nur kurz andauernder Belichtung kontinuierlich ins Licht. Es muß also offen bleiben, in welchem Umfang die ursprüngliche Hypothese modifiziert werden muß.

Im Gegensatz zur Haferkoleoptile wird bei *Phycomyces* durch halbseitige Belichtung eine Hyphenkrümmung in den Schatten hinein induziert (Abbildung 5.8a). Das bedeutet, die belichtete Halbseite wächst stärker als die beschattete – obwohl der Sporangienträger positiv phototrop reagiert! Der scheinbare Widerspruch läßt sich mit der Anatomie des Sporangienträgers erklären: Dieser wirkt als Sammellinse und bündelt so das einfallende Licht auf der lichtabgewandten Seite (Abbildung 5.8b,c). Das kann man nachweisen, indem man das Medium Luft durch Öl ersetzt und damit die Brechungsverhältnisse ändert. Normalerweise wird Licht beim Übergang von Luft (Brechungsindex 1) ins wäßrige Medium der Zelle (geschätzter Brechungsindex 1,37) gebündelt; beim Übergang von Öl mit seinem höheren Brechungsindex (für Paraffinöl liegt er bei 1,47) ins wäßrige Medium der Zelle wird das Licht dagegen zerstreut. Unter diesen Bedingungen ist die Lichtintensität auf der lichtzugewandten Seite höher als auf

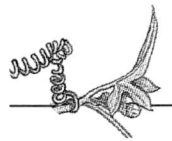

der Gegenseite, die Krümmungsrichtung kehrt sich um, und der Sporangienträger reagiert in diesem Experiment tatsächlich negativ phototrop.

Betrachten wir das Wirkungsspektrum von *Phycomyces*, so fällt auf, daß es dem der Haferkoleoptile sehr ähnlich ist. Beide reagieren im Blau- und im UV-Bereich. Photorezeptor bei *Phycomyces* könnte ein gelbes, im Zellsaft gelöstes Pigment, ein Flavoprotein sein, das auch bei den Haferkoleoptilen diskutiert wird. Besonders die Tatsache, daß carotinfreie Mutanten des Schimmelpilzes in ihrer phototropen Reaktion nicht verändert sind, unterstreicht die Rolle dieses Flavoproteins. Daneben treten allerdings auch verschiedene Pterine als Pigmente auf, die

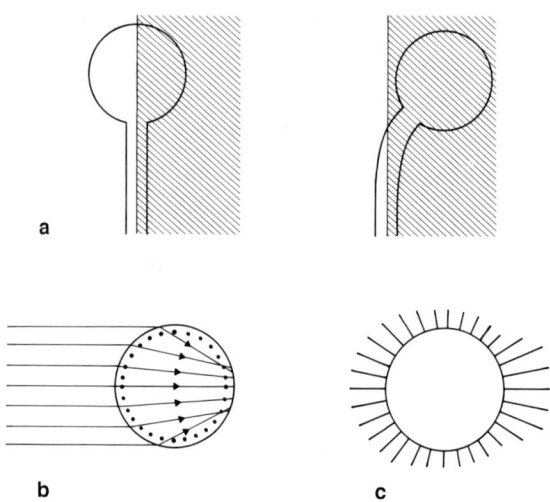

5.8 a) Krümmungsreaktion einer *Phycomyces*-Sporangiophore bei halbseitiger Belichtung (vergleiche Abbildung 5.5). Die Sporangiophore krümmt sich in den Schatten hinein, das heißt, die belichtete Seite ist in ihrem Wachstum gefördert. b) Strahlengang von Blaulicht bei einseitiger Belichtung. Der Sporangienträger ist im Querschnitt dargestellt. Das Organ wirkt wie eine Sammellinse und bündelt die Strahlen auf die lichtabgewandte Seite. Dort werden die meisten Photorezeptoren angeregt — es resultiert die Krümmung zum Licht hin. c) Die unterschiedliche Länge der Striche symbolisiert das Ausmaß der Lichtabsorption. Nach Mohr und Schopfer 1978.

Absorptionsmaxima bei 270 und 330 nm besitzen und zusammen mit Flavin für die Perzeption verantwortlich sein könnten. Gestützt wird dies durch die Tatsache, daß man bei *Phycomyces* eine Reihe von Mutanten kennt, bei denen sowohl der Pteringehalt als auch die phototrope Reaktion vom Wildtyp abweichen.

Da der Sporangienträger von *Phycomyces* auf polarisiertes Licht je nach Schwingungsebene reagiert (dies bezeichnet man als Polarotropismus), nimmt man an, daß die Rezeptormoleküle nicht zufallsverteilt im Cytoplasma, sondern in einer bestimmten Anordnung vorliegen. Vermutlich sind sie im Bereich der Plasmamembran und/oder des angrenzenden Cytoplasmas lokalisiert und strukturgebunden. Sie nehmen polarisiertes Licht dann wahr, wenn die Längsachse der Moleküle senkrecht zur Richtung des einfallenden Lichtes und parallel zur Schwingungsebene des polarisierten Lichtes liegen.

Exkurs: Chloroplastenbewegung

Neben freien Ortsbewegungen und den Bewegungen stationärer Pflanzenorgane verfügen viele Pflanzen über die Fähigkeit, intrazelluläre Bewegungen durchzuführen. Die Grundsubstanz der Zellen, das Cytoplasma, ist in kontinuierlicher Bewegung. Diese Plamaströmung wird durch äußere Reize wie Licht, Chemikalien oder mechanische Verletzung induziert.

Besonders gut sind die Orientierungsbewegungen von Chloroplasten untersucht. Die Chlorplasten als Organellen der Photosynthese sind bestrebt, das Sonnenlicht möglichst optimal auszunutzen. Bei starkem Licht müssen sie versuchen, sich vor zu viel Strahlung zu schützen. Bei schwachem Licht hingegen, wenn der Photosyntheseapparat noch nicht mit Licht „gesättigt" ist, versuchen sie, ihre Membranen (siehe Exkurs in Kapitel 13) möglichst günstig zum Licht hin auszurichten, um möglichst viel Licht aufnehmen zu können. Neben der Wahrnehmung der Lichtin-

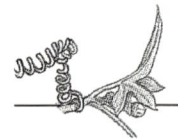

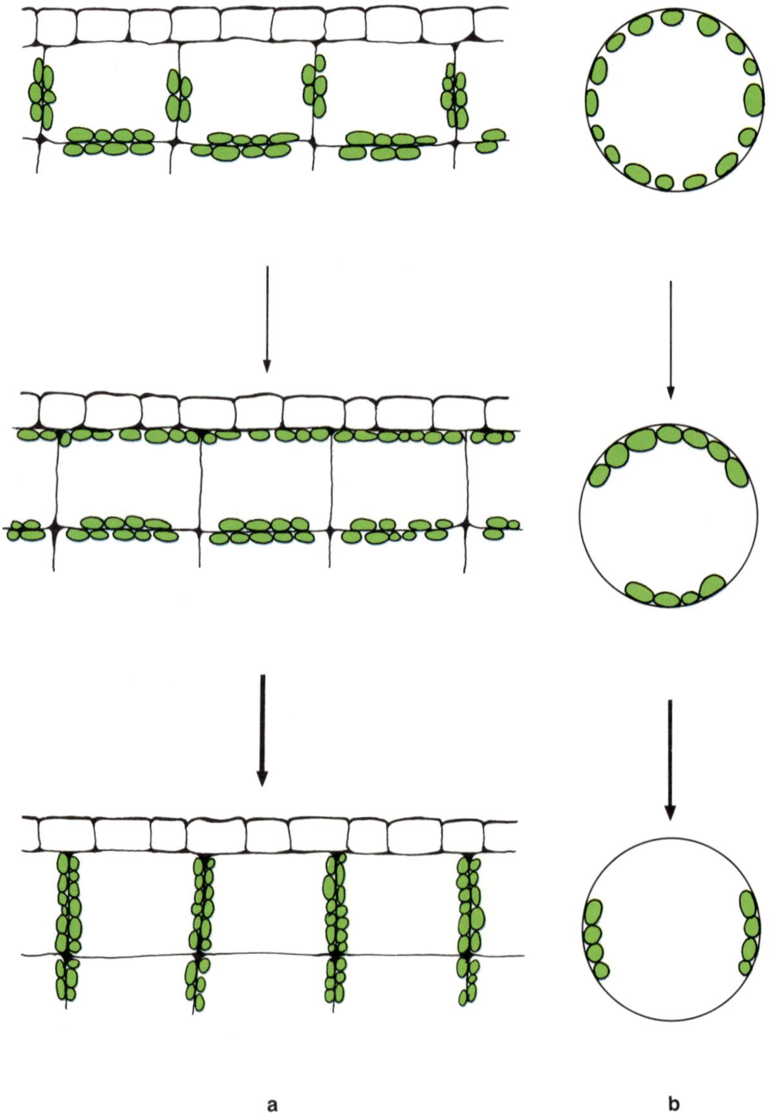

E.5.2 Chloroplastenverteilung in Zellen der Wasserlinse *Lemna* (a) und der schlauchförmigen Alge *Vaucheria* (b). Oben ist jeweils die Situation in Dunkelheit dargestellt. Im schwachen Licht (Mitte) nehmen die Chloroplasten eine Position senkrecht zum Lichteinfall ein. Im Starklicht (unten) ordnen sie sich entlang der Zellflanken an. Nach Haupt und Scheuerlein 1990.

tensität spielt für die Orientierungsbewegung die Perzeption der Lichtrichtung eine Rolle.

Bei Dunkelheit sind die Chloroplasten in den Zellen der Wasserlinse (*Lemna trisulca*) im Cytoplasmabereich in etwa gleich verteilt (Abbildung E.5.2a). Bei Schwachlicht stellen sie sich so ein, daß sie an den Zellwänden liegen, die senkrecht zum Licht stehen. Bei hoher Lichtintensität dagegen liegen sie den parallel zur Lichtrichtung stehenden Wänden an. Ähnliche Umorientierungen von Chloroplasten finden sich bei Algen (zum Beispiel der Grünalge *Vaucheria*; Abbildung E.5.2b), Moosen oder Farnen (zum Beispiel dem Venushaar-Farn *Adiantum*).

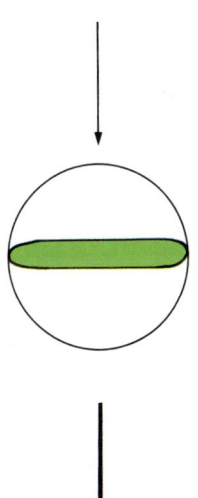

Auf die Lichtintensität vermögen auch Algenzellen mit nur einem Chloroplasten zu reagieren. *Hormidium* beispielsweise besitzt einen wandständigen Chloroplasten, der im Schwachlicht seine größte Fläche zum Licht ausrichtet, sich im Starklicht aber seitlich zum Licht stellt. Besonders eindrucksvoll sind die Orientierungsbewegungen plattenförmiger Chloroplasten, die mit Kantenstellung auf Stark-, mit Flächenstellung auf Schwachlicht reagieren (Abbildung E.5.3).

Intrazelluläre Transport und Bewegungsvorgänge, damit auch die Chloroplastenorientierung, werden durch das Zellskelett, das Cytoskelett, angetrieben. Das Protein Aktin erzeugt im Zusammenspiel mit dem Protein Myosin unter Energieverbrauch (mit Hilfe von Adenosintriphosphat, ATP) die notwendige Bewegungsenergie. Entsprechend lassen sich intrazelluläre Bewegungen mit Zellgiften, die gezielt auf Aktin wirken, zum Beispiel mit Cytochalasinen, hemmen. Aktin und Myosin sind auch in den Muskelzellen der Tiere für die Bewegung verantwortlich.

E.5.3 Der plattenförmige Chloroplast der Alge *Mesotaenium* (entsprechend verhält sich der Chloroplast von *Mougeotia*) bietet im Schwachlicht (oben) der Lichtquelle seine Breitseite. Im Starklicht (unten) ändert er seine Position in Kantenstellung. Nach Haupt und Scheuerlein 1990.

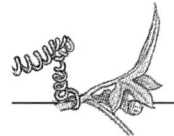

Die Aktinfilamente haften bei der Alge *Mougeotia*, die gut untersucht wurde, den Kanten des einzelnen Chloroplasten an und ziehen zur Zellperipherie. Als Widerlager der Bewegung dürfte die Zellperipherie, wahrscheinlich sogar die Plasmamembran, dienen. Eine Chloroplastenbewegung käme demnach dadurch zustande, daß sich die Aktinbindungsstellen entlang der Plasmamembran verschieben (beziehungsweise ihre Bindungsaktivität ändern) und so den Chloroplasten über die Filamente in eine neue Position ziehen. An der Steuerung der Bewegung sind Calcium und das Molekül Calmodulin beteiligt.

Das Licht, von dem die Chloroplastenbewegung abhängt, wird bei den Pflanzen von unterschiedlichen Photorezeptoren wahrgenommen. Bei der Wasserlinse *Lemna* ist es ein Blaulichtrezeptor, während bei der Alge *Mougeotia* das Phytochrom (siehe Exkurs in Kapitel 6) diese Aufgabe übernimmt.

Im Fall der Alge *Mougeotia* gibt es eine gut untermauerte Hypothese über den Mechanismus zur Wahrnehmung der Lichtrichtung. Die Phytochrommoleküle liegen mit ihren lichtabsorbierenden Achsen parallel zur Zelloberfläche. Bei Bestrahlung werden nun vorwiegend jene Phytochrommoleküle in ihre dunkelrotabsorbierende Form (Pfr; siehe Exkurs in Kapitel 6) überführt, die entlang der senkrecht zum Lichteinfall stehenden Wänden verankert sind. Es bildet sich so ein Phytochromgradient zwischen den Zellflanken und der Vorder- beziehungsweise der Rückseite der Zelle. Der Phytochromgradient wird über das Cytoskelett in die Bewegung der Chloroplasten umgesetzt.

Die Pfr-Moleküle liegen nicht — wie Pr — parallel der Zelloberfläche, sondern „klappen um" und stehen nun senkrecht. Dieser sogenannte Flip-Flop-Dichroismus sorgt dafür, daß der Phytochromgradient im schwachen Licht erhalten bleibt: Auch entlang der Zellflanken wird letztlich Pr in Pfr umgewandelt. Da die neu entstandenen Pfr-Moleküle wiederum senkrecht zur Einfallsrichtung des Lichtes stehen, werden sie wieder in Pr (die inaktive Form) überführt — der Gradient bleibt stabil.

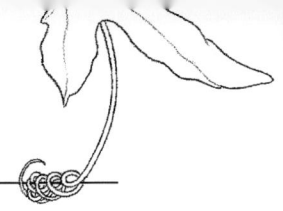

Das Resultantengesetz
beim Phototropismus

Wie die Haferkoleoptile gehorcht auch *Phycomyces* dem Resultantengesetz (vergleiche Kapitel 1).Werden beispielsweise eine Haferkoleoptile oder eine Trägerhyphe von *Phycomyces* mit zwei Lichtquellen bestrahlt, so lassen sich beide Reize als Vektoren auffassen, wobei die Länge der Lichtintensität und die Orientierung der Richtung es einfallenden Lichtes entspricht. Die Krümmung erfolgt dann in Richtung der Resultante dieser beiden Vektoren. Der nahe verwandte Schimmelpilz *Pilobolus* (siehe Kapitel 9) stellt jedoch eine ökologisch eindrucksvolle Ausnahme dar.

Pilobulus gedeiht normalerweise in Pferdemist, daher wäre eine Krümmung in Richtung der Resultante häufig nicht sinnvoll. Tatsächlich wächst der Sporangienträger auf die stärkste Lichtquelle zu – auf eine Lücke im Substrat. Für die herausfliegenden Sporen erhöht sich dadurch die Chance, in einiger Entfernung von dem Mutterpilz neues Substrat zu erreichen.

6.1 Als Schutz gegen die heiße Mittagssonne orientieren manche Pflanzen, wie der Stachellattich (*Lactuca serriola*), ihre senkrecht gestellten Blattspreiten in Nord-Süd-Richtung. Während die intensive Sonnenstrahlung so nur auf die Blattkanten trifft, profitieren die Blattflächen vom schwächeren Licht des Vor- und Nachmittags.

6. Sonnenschutz und Kompaßpflanzen – Blattstellungen und -bewegungen

Plinius der Ältere (23–75 nach Christus) hat in seiner Naturgeschichte, der *Naturalis historia,* darauf hingewiesen, daß sich die Blätter des Klees (wahrscheinlich meinte er den Sauerklee *Oxalis*) beim Nahen eines Unwetters schließen (Abbildung 6.2). Pflanzen sind zwar keine „Wetterfrösche", die Vielfalt der Orientierungsbewegungen von Blättern ist aber erstaunlich groß: Kompaßpflanzen richten ihre Blätter in Nord-Süd-Richtung aus und bieten dadurch den Sonnenstrahlen weniger Angriffsfläche. Bestimmte Eucalyptus-Arten setzen nur die Kanten ihrer Blätter der Sonnenstrahlung aus – so entstehen die „Schattenlosen Wälder" Australiens. Pflanzen schattiger Standorte haben das entgegengesetzte Problem; sie richten ihre Blätter senkrecht zum einfallenden Licht aus, um einen möglichst großen Anteil der Sonnenstrahlung zu absorbieren und für die Energiegewinnung zu nutzen. In einigen Pflanzenfamilien vermögen die Blätter sogar dem Gang der Sonne zu folgen (das sogenannte *solar tracking*).

Voraussetzung für eine rasche Anpassung der Blattstellung an Lichtintensität und Sonnenstand ist die spezielle Anatomie der reaktionsfähigen Blätter. Jede Pflanze verfügt über ein arttypisches, im genetischen Material verankertes Entwicklungsprogramm, das ihre Morphogenese (Gestaltbildung) steuert. Blattform, -größe und -stellung sind ein Teil dieses Programms. Je nach Umweltbedingungen können diese Muster allerdings variiert werden.

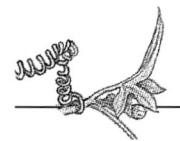

Um das Sonnenlicht als Energiequelle der grünen Pflanzen optimal zu nutzen und eine bestmögliche Photosyntheserate zu erzielen, helfen neben der Blattanatomie und -stellung die Anord-

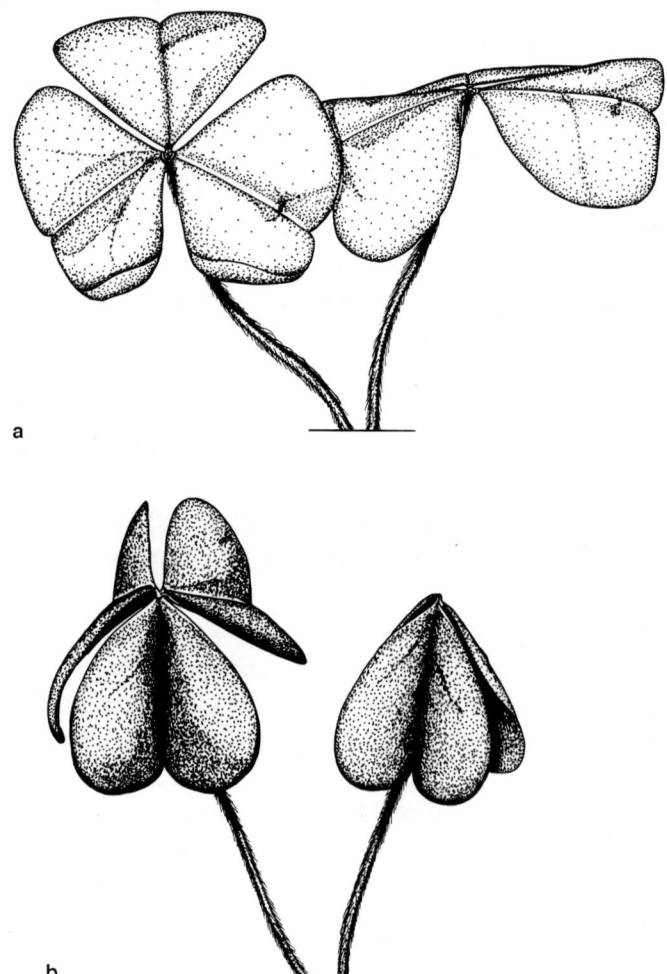

a

b

6.2 Der Sauerklee (*Oxalis acetosella*) ist eine Pflanze des Waldschattens. Am Tage richtet er seine Fiederblättchen schirmartig auf (a). Bei stärkerer Sonneneinstrahlung und als Schlafstellung in der Nacht werden sie nach unten geklappt (b). Der Klappmechanismus dient somit sowohl dem Schutz vor starker Strahlung wie auch der tagesperiodischen Rhythmik.

nung der Photosyntheseorganellen (Chloroplasten) in den einzelnen Blattzellen (siehe Exkurs in Kapitel 5) und eine Reihe physiologischer Anpassungen. Denn nicht immer wird eine Orientierung der Blätter und Chloroplasten senkrecht zur Einfallsrichtung des Lichtes angestrebt, da sich beispielsweise die Oberflächen frei stehender Pflanzen um die Mittagszeit weit über die Lufttemperatur erhitzen können. Die folgenden Beispiele mögen dies verdeutlichen: Am Scheitel der mittelamerikanischen Kaktee *Ferocactus wislizenii* wurden 45 Grad Celsius gemessen; die Umgebung war dabei 13 Grad Celsius kälter. Noch extremer sind die Verhältnisse bei manchen Alpenpflanzen. In der Blattrosette des Hauswurzes *Sempervivum montanum* stellte man mittägliche Temperaturen von über 50 Grad Celsius fest. Sogar Pflanzen in weniger exponierter Lage werden an heißen Tagen durch die Sonneneinstrahlung um die Mittagszeit relativ stark belastet: Auf einer Sommerwiese ist die Temperatur an der Oberfläche der Pflanzen etwa sechs Grad höher als die der Luft.

Eine Möglichkeit, sich gegen die Gefahr der Überhitzung zu schützen, zeigen die sogenannten Kompaßpflanzen. *Silphium laciniatum*, die eigentliche Kompaßpflanze, oder der heimische Stachellattich *Lactuca serriola* besitzen Blätter, deren Flächen (Spreiten) senkrecht stehen und deren Blattlängsachsen nach Norden oder Süden weisen (Abbildung 6.1). Damit sind die Blattspreiten dem weniger intensiven Sonnenlicht des Vor- und Nachmittags ausgesetzt, beim mittäglichen Sonnenhöchststand weisen aber die Blattkanten der Sonne entgegen. Da diese Arten je nach Standort Unterschiede in der Blattausrichtung aufweisen, dürfte hier ein echter Tropismus vorliegen. Im Schatten stehende Pflanzen zeigen nämlich keine solche Ausrichtung der Blattspreiten, es kann in Hanglage sogar vorkommen, daß die beschatteten Blätter horizontal orientiert sind, die besonnten Blätter aber die senkrechte Nord-Süd-Ausrichtung aufweisen. Die Umorientierung der Blattspreite kommt bei Kompaßpflanzen durch eine Wachstums- und Torsionsbewegung des Blattstieles zustande. Daher bleibt die Spreitenstellung nach Abschluß des Wachstums erhalten.

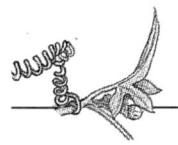
Blattbewegungen durch Wachstum

Neben den Kompaßpflanzen seien noch einige weitere Beispiele von Pflanzen genannt, die auffällige Blattstellungen aufweisen, deren Blattbewegungen allerdings kaum erkennbar sind. Dies Phänomen beruht auf einem langsamen Wachstum des Stieles; die einmal eingestellte Spreitenstellung bleibt – durch Wachstum als irreversiblem Vorgang – in der Regel erhalten. Einige Windepflanzen, wie die Zaunwinde (*Calystegia sepium*), können alle Blätter dem Licht zuwenden. Dabei geht die Blattbewegung mit einer Drehung des Blattstieles einher. Dreht man eine solche Pflanze, so daß die Blätter vom Licht wegweisen, so wird man eine erneute Krümmung der Blattstiele und somit eine dem Licht zugewandte Orientierung feststellen können. Besonders wichtig ist diese Ausrichtung der Blätter zum Licht bei Schattenpflanzen, die an Baumstämmen oder Mauern emporklettern. Die Blätter beim Efeu beispielsweise ordnen sich so an, daß alle Spreiten in der gleichen Fläche zu liegen kommen.

Deutlich wird die optimale Lichtnutzung auch bei Pflanzen mit kreuzgegenständiger (dekussierter) Blattstellung, etwa bei der Schneebeere *Symphoriocarpus albus* (Abbildung 6.3). Neben der hier bereits genetisch festgelegten Blattstellung zur optimalen Lichtausnutzung drehen sich die Blattstiele waagerechter Zweige immer so, daß die Spreiten senkrecht zum Lichteinfall ausgerichtet sind.

Ähnlich verhalten sich viele Bäume oder Büsche, bei denen das Laubwerk durch Orientierungsbewegungen der einzelnen Blätter

6.3 Die Schneebeere (*Symphoricarpus albus*) hat gegenständige Blätter, das heißt, die Blattpaare aufeinanderfolgender Knoten stehen im Winkel von 90 Grad zueinander (a). Bei waagerecht stehenden oder herabhängenden Zweigen ändert sich die Orientierung der Blattspreiten: Alle richten sich nun nahezu senkrecht zum Lichteinfall aus (b). ▶

a

b

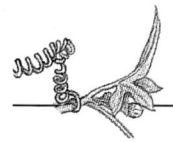

zu einem fast geschlossenen „Blattmosaik" verschmilzt. An freien Standorten richten sie ihre Blattspreiten annähernd horizontal aus. Betrachtet man die Zweige von unten, so ist leicht der dichte, fast lückenlose Schluß der Blätter zu erkennen. Bei aufmerksamer Beobachtung auf Spaziergängen lassen sich noch viele weitere solcher Phänomene beobachten.

Bei solchen lichtabhängigen Orientierungsbewegungen stellt sich natürlich die Frage nach dem Perzeptionsort. Woher wissen die Pflanzen und ihre Blätter, in welche Richtung sie wachsen sollen? Zunächst einmal sind Blätter in ihrer Reaktion auf das Licht autonom, sie wachsen also unabhängig voneinander und vom Rest der Pflanze. Selbst abgeschnittene Blätter sind noch in der Lage, die Lichtrichtung wahrzunehmen. Läßt man die schildförmigen Blätter der Kapuzinerkresse (*Tropaeolum majus*) auf einer Wasseroberfläche schwimmen und belichtet sie, dann zeigen die Blattstiele die gleiche phototrope Reaktion wie an der intakten Pflanze. Da die Orientierungsreaktion von Blättern auch dann stattfindet, wenn die Blattstiele beschattet werden, muß das Licht in der Spreite perzipiert werden. Allerdings erfolgt die Krümmungsreaktion im Blattstiel. Die ausgewachsene Blattspreite wird schließlich einen Winkel einnehmen, der eine optimale Nutzung photosynthetisch wirksamen Lichtes ermöglicht.

Weitgehend ungeklärt ist, wie eine flach ausgebreitete Spreite unterschiedliche Lichtrichtungen wahrnehmen kann. Eine Möglichkeit zeigt der Pflanzenanatom und -physiologe W. Haberlandt in seinem bereits kurz nach der Jahrhundertwende erschienenen Anatomiebuch: Papillenartig vorgewölbte Epidermiszellen (Zellen, welche die Oberfläche von Blättern und Sprossen bilden) vermögen das einfallende Licht zu bündeln. Werden sie abgelöst und belichtet, entstehen Lichtflecke, die sich auf Photopapier nachweisen lassen. Die Orientierungsbewegungen von Blättern könnten daher eventuell durch einen Absorptionsgradienten ausgelöst werden. Als weiteren Beleg für diese Hypothese sieht Haberlandt die Beobachtung an, daß Schattenblätter eher solche als

Sammellinsen wirkende Epidermispapillen aufweisen als Sonnenblätter. Wenn Blattepidermiszellen glatt nach außen hin abschließen, könnten nach Auffassung von Haberlandt kuppelförmig nach innen weisende Zellwände eine differentielle Lichtperzeption ermöglichen. Der Botaniker beschreibt außerdem „Ocellen", einzelne Zellen oder Zellgruppen, die in der Art von „Blattaugen" das Licht wahrnehmen sollen (Abbildung 6.4). Dieses Kuriosum ist heutzutage in den Botaniklehrbüchern zwar nicht mehr aufgeführt, doch wäre durchaus denkbar, daß tatsächlich solche lichtperzipierenden Strukturen existieren. So besitzt das tropische Aronstabgewächs *Fittonia verschaffeltii* große Einzelzellen, die sich über die Ebene der Blattoberfläche erheben (in einer Dichte von 120–200 je Quadratmillimeter) und an ihrer Spitze jeweils eine kleinere, linsenförmige Zelle besitzen, die als Art Sammellinse das Licht bündeln könnte. So könnte man sich eine Richtungswahrnehmung der großen Zelle vorstellen.

Gesteuert wird die Orientierungsbewegung der Blätter durch die gleichen Pigmentsysteme, die auch bei anderen phototropen Reaktionen den Lichtreiz perzipieren, nämlich durch das Phytochromsystem (Details hierzu im Exkurs).

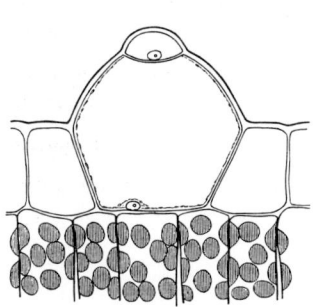
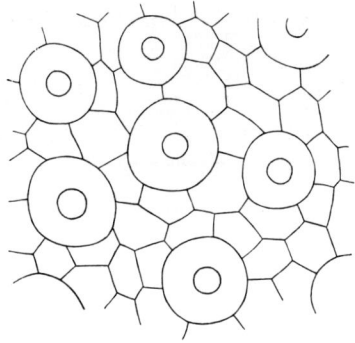

6.4 Als sogenannte Lichtsinnesorgane oder „Ocellen" bezeichnete der Pflanzenanatom und -physiologe W. Haberlandt Zellen und Gewebe, die wie Sammellinsen Licht bündeln. Bei der Art *Fittonia verschaffeltii* erheben sich große Epidermiszellen über die Blattoberfläche. Die kleinen Zellen an deren Spitzen sollen als Sammellinse wirken. Aus Haberlandt 1909.

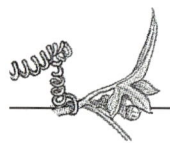

Exkurs: Das Phytochromsystem

Für eine Pflanze ist eine günstige Position im Licht von zentraler Bedeutung. Neben der möglichst vorteilhaften Ausrichtung der Pflanze und ihrer Organe und Organellen, um eine optimale Versorgung im Rahmen der Photosynthese zu erzielen — einem Hauptthema dieses Buches —, ist Licht aber auch für die Entwicklung der artspezifischen Gestalt einer Pflanze (Morphogenese) erforderlich. So bilden auskeimende Kartoffeln im Dunkel lange, bleiche Sprosse mit kleinen, weißlichen Blättern. Gelangt ein solcher Sproß ins Licht, ergrünt er rasch, die Blätter vergrößern sich, und die Pflanze nimmt ihr normales Aussehen an.

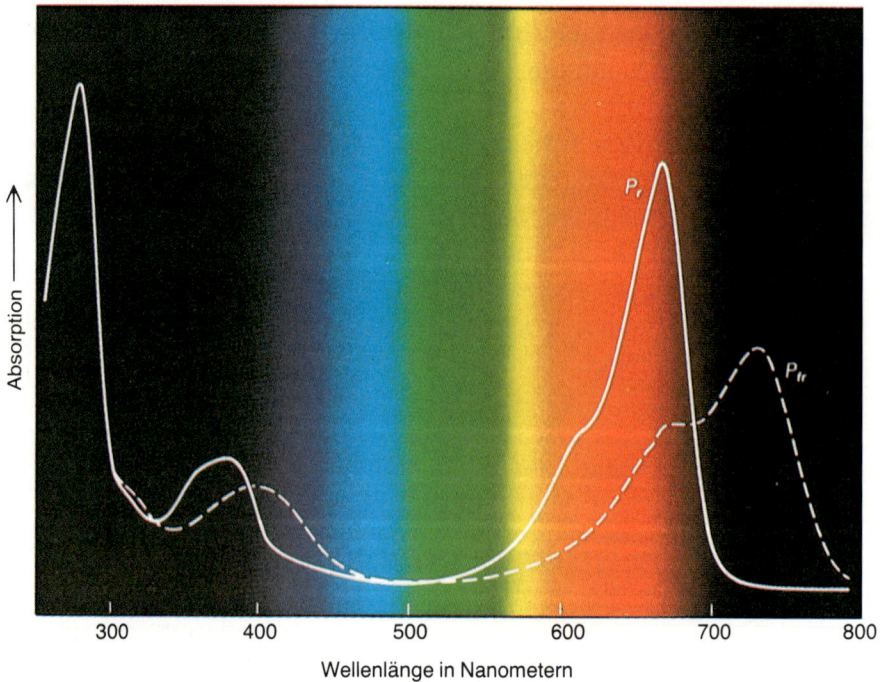

E.6.1 Je nach Wellenlänge nehmen das Phytochrom in der Form Pr (hellrotabsorbierende Form) und in Pfr (dunkelrotabsorbierende Form) unterschiedliche Mengen Licht auf. Dies ist als Absorptionsspektrum dargestellt.

Das Phytochromsystem ist der Photorezeptor bei diesen komplexen Umbauprozessen. Phytochrom besteht aus einem Protein und einem daran gekoppelten Pigment, das chemisch dem Chlorophyll ähnelt. Es vermag zwischen zwei verschiedenen Zustandsformen zu wechseln, zwischen der Hellrot- und der Dunkelrotform.

Die Hellrotform des Phytochroms (Pr) besitzt ein Absorptionsmaximum im Bereich des hellroten Lichts (HR) der Wellenlänge 665 nm (Abbildung E.6.1). Durch Bestrahlung mit HR wird Pr in die Dunkelrotform (Pfr) überführt. Pfr absorbiert maximal bei dunkelrotem Licht (DR) der Wellenlänge 735 nm und geht nach Belichtung mit dieser Wellenlänge in die Hellrotform (Pr) über. Die aktive Form ist das Pfr; liegt es in ausreichender Konzentration im Gewebe vor, induziert es eine Kette molekularer Prozesse (Abbildung E.6.2), die schließlich zu den äußerlich sichtbaren Veränderungen führen — beispielsweise zum Auskeimen von Salatsamen (*Lactuca sativa*), morphogenetischen Prozessen oder zu den Blattbewegungen, von denen dieses Kapitel handelt.

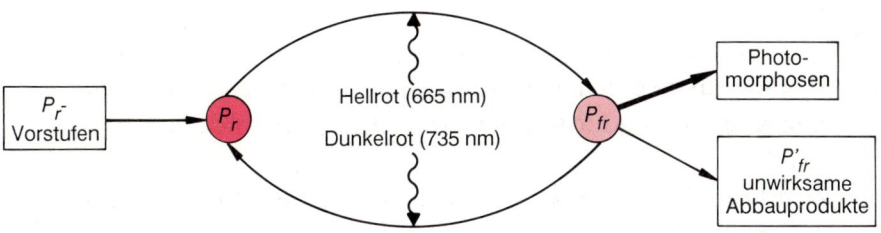

E.6.2 Das reversible Phytochromsystem. Die inaktive Phytochrom-Pfr-Form geht nach Hellrotbestrahlung in die aktive Pfr-Form über. Durch Bestrahlung mit Dunkelrot bildet sich wiederum Pr.

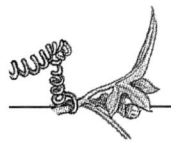

Klappbewegungen der Blätter mit Hilfe spezieller Gelenke

Pflanzen, die an Standorte mit wenig Licht angepaßt sind, die sogenannten Schattenpflanzen, sind danach bestrebt, die Blattspreiten möglichst senkrecht zum einfallenden Licht auszurichten, um die geringe Lichtmenge zu nutzen. Diese Ausrichtung der Blätter nennt man diaphototrop. Bereits im Schwachlicht und bei geringen Lichtstärken erreichen sie ihre maximale Photosyntheserate. Nimmt die Beleuchtungsintensität dagegen in ungewöhnlichem Maße zu, besteht die Gefahr einer irreversiblen Schädigung des Photosyntheseapparats.

Ein typisches Beispiel für die Reaktion von Schattenpflanzen stellt der Sauerklee *Oxalis acetosella* unserer heimischen Wälder dar. Er kann seine Fiederblättchen wie einen kleinen Sonnenschirm hoch- und runterklappen (Abbildung 6.2), im Gegensatz zu einem Sonnenschirm klappt er die Fiedern allerdings bei zu hoher Strahlungsintensität nach unten. Hierbei hilft ihm ein spezielles Blattgelenk, der Pulvinus, der auch bei vielen anderen Pflanzen mit ähnlichen Blattbewegungen vorkommt. Ein solches Gelenk kann entweder das gesamte Blatt oder, wie beim Sauerklee, einzelne Blattfiedern in der Ausrichtung verändern.

Bei den Blattgelenken handelt es sich um zylindrische, verdickte Gewebe, die es einer Pflanze erlauben, durch Veränderung ihres Turgors (siehe Exkurs in Kapitel 7), die Blätter beliebig oft aufzurichten, zu senken oder zu verdrehen und so die Spreitenstellung in Abhängigkeit von Außenfaktoren zu optimieren. Im Gegensatz dazu orientieren Blätter ohne Pulvinus ihre Spreiten in einer (langsamen) Wachstumsbewegung des Blattstieles und behalten diese Ausrichtung normalerweise dauerhaft bei.

Da die Bewegung der Fiederblättchen beim Sauerklee durch die Struktur des Pulvinus fest vorgegeben ist, liegt hier kein Photo-

tropismus (wie bei den Kompaßpflanzen), sondern eine Photonastie vor.

Die Sojabohne (*Glycine max*) klappt ihre Blätter bei hoher Strahlungsintensität ebenfalls ein. Dadurch hat sie nicht nur die Möglichkeit, einer erhöhten Blattemperatur und damit einhergehender stärkerer Verdunstung (Transpiration) von Wasser sowie einer Abnahme des Turgors (siehe Exkurs in Kapitel 7) – typischen Phänomenen bei Wasserstreß – vorzubeugen, sondern kann auch weiterhin den für die Photosynthese erforderlichen Gasaustausch von Kohlendioxid gegen Sauerstoff durchführen: Sie schließt nur die für den Gasaustausch (und damit auch den für Verdunstung) verantwortlichen Spaltöffnungen auf der Oberseite der Blätter, läßt jedoch jene auf der Unterseite der eingeklappten Blätter – und damit im Schatten – geöffnet, so daß sich die Pflanze selbst ein günstiges Mikroklima schafft.

Der adäquate Reiz einer solchen Schutzbewegung scheint der Photonenfluß zu sein. Bei der Sojabohne ließ sich die Abhängigkeit der Blattbewegung vom Photonenfluß unter Bedingungen eines konstanten Wasserstresses unmittelbar nachweisen. Verhindert man die Blattbewegung durch künstlich horizontal gehaltene Spreiten, so kann der Photosyntheseapparat geschädigt werden, es kommt zur Photoinhibition. Durch die gezielte Verlagerung von Ionen ändert sich lokal der Turgor im Blattgelenk. Es reagiert mit einseitigem Schrumpfen oder Schwellen und ändert dadurch die Position der Blattspreite oder der Fiedern.

Neben der nastischen Klappbewegung spielen bei einigen Pflanzen zusätzlich phototropische Bewegungen eine Rolle, wenn sich die Pulvini um ihre Längsachse verdrehen und so – begrenzt – auf die Lichtrichtung reagieren können. Bei *Stylosanthes humilis* etwa, einem Schmetterlingsblütler, orientieren sich alle drei Blattfiedern unabhängig voneinander zur Lichtquelle hin. Perzipiert wird das Licht in den drei Pulvini, die sich auf der belichteten Seite kontrahieren und damit in einer positiv phototro-

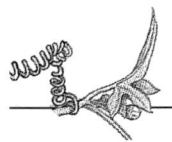

pen Reaktion die Spreite der Blattfieder zum Lichteinfall hin ausrichten.

Blätter mit Pulvinus führen häufig neben lichtabhängigen auch tagesperiodische Blattbewegungen durch. Dabei arbeiten zwei Pigmentsysteme Hand in Hand: Der Blaulichtrezeptor induziert die Öffnungsbewegung am Morgen und ist wahrscheinlich auch für die kontinuierliche Aufrechterhaltung des ausgebreiteten Zustandes mitverantwortlich. Bei *Oxalis oregana*, einem Verwandten des Sauerklees, hängen die Ausbreitung der Blätter am Morgen und das bestrahlungsinduzierte Einklappen vom selben Photorezeptor ab. Das Wirkungsspektrum der beiden Reaktionen hat ein Maximum zwischen 450 und 485 Nanometer, also im blauen Bereich (siehe Kapitel 5). Das zweite beteiligte Pigmentsystem ist wiederum das Phytochrom (siehe Exkurs). Die Rolle des Phytochroms ist wohl vor allem die Phaseneinstellung der endogenen Uhr (siehe Kapitel 7), während der Blaulichtrezeptor die eigentlichen Orientierungsbewegungen steuert.

Solar tracking

Die Blätter einiger Pflanzen folgen in ihrer Orientierung dem Gang der Sonne. Dieses Phänomen wird als *solar tracking* („Sonnenverfolgung") bezeichnet und kommt in vielen Pflanzenfamilien vor. Während des Tages steht die Blattspreite stets in einer bestimmten Orientierung zur Lichtrichtung, was wiederum durch Blattgelenke möglich ist. In der Nacht richten sich die Blätter so aus, daß ihre Blattspreiten am nächsten Morgen in Richtung der aufgehenden Sonne weisen. Solche Pflanzen müssen also über eine Art „Gedächtnis" verfügen, das in der Lage ist, räumliche Daten zu speichern. Der dieser Informationsspeicherung zugrundeliegende Mechanismus ist noch völlig unbekannt.

Diaphototrope Blätter richten bei dieser Blattfolgereaktion ihre Spreiten stets so aus, daß sie etwa senkrecht zur jeweiligen Einfallsrichtung des Sonnenlichtes stehen. Die meisten Malven und viele Lupinenarten zeigen diese Reaktion (Abbildung 6.5). Paraphototrope Blätter dagegen folgen dem Sonnenstand in Kantenstellung. Gelegentlich findet man auch bei diaphototropen Blättern eine Kantenstellung: Zur Zeit der maximalen Sonneneinstrahlung um die Mittagszeit und damit zur Vermeidung von Wasserstreß orientieren sie sich als Schutzreaktion parallel zum Licht, werden also paraphototrop. *Lupinus arizonicus* beispiels-

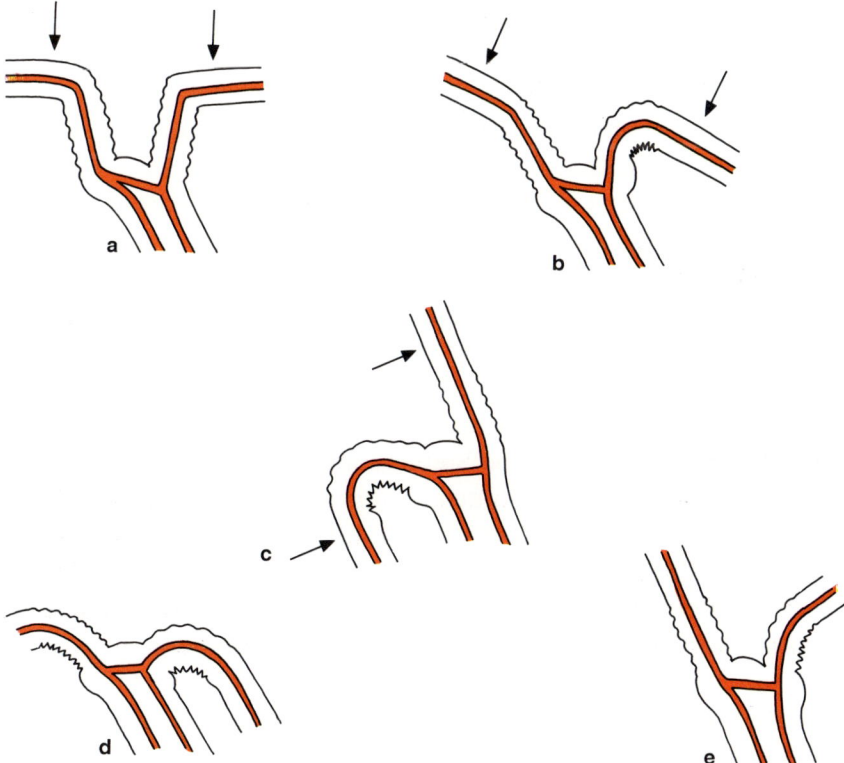

6.5 Die Stellung der Fiederblättchen der Lupine *Lupinus palaestinus* bei unterschiedlicher Beleuchtung. Dargestellt sind jeweils zwei Blattgelenke; die Pfeile geben die Richtung des Lichteinfalls an. a) Licht trifft von oben auf, b) Schräglicht in Richtung der Blattspitzen, c) in Richtung der Blattbasen, d) Blattstellung in Dunkelheit und e) nach Bestrahlung der Gelenke mit Glasfaseroptik. Nach Werker et al. 1991.

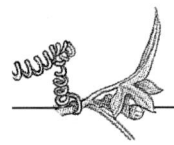

weise hat fingerartig gefiederte Blätter wie unsere einheimische
Lupine, wobei jede Fieder mit einem eigenen Pulvinus mit dem
Stiel verbunden ist. Jede einzelne Blattfieder vermag somit
individuell dem Sonnenstand zu folgen. Um die Belastung durch
zu viel Licht und Überhitzung zu reduzieren, kann jede der
Blattfiedern mit Aufrichten in Kantenstellung reagieren.

Die Präzision, mit der manche Blätter dem Sonnenstand folgen,
ist erstaunlich. Etwa eine bis zwei Stunden nach Sonnenaufgang
beginnt bei Malvenblättern die Folgebewegung der Spreite, wobei die Blätter zu keinem Zeitpunkt mehr als 15 Grad vom jeweiligen Sonnenstand abweichen. Bezogen auf die Einstrahlung
photosynthetisch aktiven Lichtes bedeutet dies, daß maximal drei
Prozent der potentiellen Strahlungsenergie verloren gehen. Auch
bei den einzelnen Blattfiedern von *Lupinus succulentus* ist diese
hohe Präzision der Orientierung zum Licht nachgewiesen.

Wie für Reaktionen von Blättern mit Pulvinus typisch, ist auch
für das *solar tracking* der Blaulichtrezeptor verantwortlich. Zumindest für *Lavatera cretica* ist erwiesen, daß diese Blattfolgereaktion kontinuierliche Einstrahlung von Licht erfordert. Bei *Lupinus succulentus* reicht für die Orientierungsreaktion der Blattfiedern in die diaphototrope Stellung jedoch schon eine Belich-
tungsdauer von 60 Minuten aus. Wahrnehmungsort ist dabei der
Pulvinus selbst; eine alleinige Bestrahlung der Blattfiedern kann
hier die Orientierungsbewegung nicht auslösen. Wie allerdings
neuere Untersuchungen an *Lupinus palaestinus* vermuten lassen,
können zumindest einige Pflanzen die Lichtrichtung über die
Blattspreite perzipieren. In diesem Fall wäre dann ein Informa-
tionsfluß von der Spreite zum Pulvinus zu fordern. Teilweise Beschattung von Blatträndern oder -zentren haben keinen Einfluß
auf die Perzeption der Lichtrichtung. So genügt bei den Blättern
von *Lavatera cretica* auch eine halbseitige Bestrahlung und selbst
eine Belichtung von der Seite statt von oben, damit sich das gesamte Blatt diaphototrop orientieren kann. Allerdings scheinen
nur Zellen oberhalb der Leitbündel für die Perzeption der Licht-

richtung verantwortlich zu sein. Die Epidermiszellen der übrigen Blattspreite sind daran nicht beteiligt.

Aus kinetischen Untersuchungen wurde die Hypothese abgeleitet, daß die Rezeptormoleküle innerhalb solcher Zellen anisotrop ausgerichtet sind, das heißt, daß die konjugierten Doppelbindungen der Moleküle gleichartig angeordnet sind und so je nach Einfallsrichtung des Lichtes identisch angeregt werden. Wie sich bei *Lavatera* mit polarisiertem Licht, das heißt solchem mit nur einer Schwingungsebene, nachweisen ließ, orientieren sich die Blätter so, daß die Schwingungsebene des Lichtes parallel zu den Leitbündeln verläuft. Möglicherweise liegen die Photorezeptoren an den Zellpolen einer Reihe von Leitbündeln. Wie der Signalfluß zu den Blattgelenken geleitet wird, ist weiterhin völlig offen.

Änderungen in der Lichtintensität hingegen werden über die Pulvini perzipiert: Beschattet man im Experiment nur die Blattgelenke von *Lupinus palaestinus*, so nehmen die Fiedern ihre Schlafstellung ein (Abbildung 6.5e). Da aber die Flächen der Fiedern konstant beleuchtet werden, folgt das „schlafende" Blatt weiterhin der Sonne.

Blattbewegungen unabhängig von der Lichtrichtung

Blattbewegungen können neben der Lichtrichtung auch durch andere Reizqualitäten ausgelöst werden. Dazu gehören beispielsweise die Schwerkraft und indirekt vom Licht abhängige Reize wie Extremtemperaturen oder Wasserstreß. Ebenso wie die Umorientierung der Spreiten relativ zum auftreffenden Licht einen Überhitzungsschutz darstellt, kann Temperatur auch unmittelbar wirken.

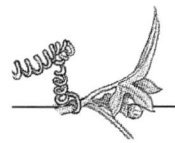

Sonnenschutz ausgelöst durch Wasserstreß – Rollblätter

Gräser trockener Standorte verfügen über einen ebenso einfachen wie sinnreichen Mechanismus, der sie vor allzu starker Sonneneinstrahlung und damit auch vor zu starker Verdunstung schützt. Nadelblätter haben eigentlich die ideale Form, um den Sonnenstrahlen möglichst geringe Fläche zu bieten. Durch eine Einrollbewegung können die Blätter mancher Gräser, etwa des Schafschwingels (*Festuca ovina*), der Rasenschmiele (*Deschampsia cespitosa*) oder des Haarfedergrases (*Stipa capillata*) aus dem ausgebreiteten in einen „nadelartigen" Zustand übergehen (Abbildung 6.6). Auch das Heidekraut (*Calluna vulgaris*) ist in der Lage, seine Blattoberfläche einzurollen.

Diese Fähigkeit beruht auf der speziellen Anatomie der Blätter: An der Blattunterseite befindet sich ein rippenartiges Versteifungsgewebe, das vergleichbar mit einer Uhrfeder unter Spannung steht. Bei ausreichendem Wassergehalt des Blattes wirkt der Turgordruck (siehe Exkurs „Osmose und Turgor" in Kapitel 7) der Blattoberseite als Widerlager, das Blatt bleibt daher ausgebreitet. Wenn die Pflanze unter Wasserstreß gerät, nimmt der Turgordruck ab. Dadurch wird die Spannung der rippenartigen Versteifungen stärker als der Widerstand der Blattoberseite, und es kommt zur Einrollbewegung der Blattspreite.

a

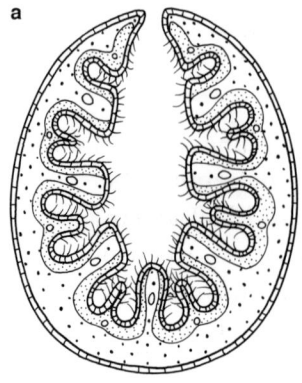

b

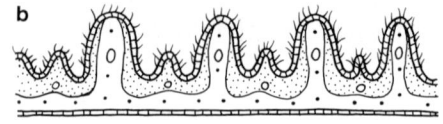

6.6 Das Rollblatt des Federgrases *Stipa capillata*. Bei starker Einstrahlung und entsprechend hohem Wasserstreß rollt sich das Blatt ein (a), um die Transpiration zu vermindern. Bei ausreichender Wasserversorgung ist die Blattspreite flach ausgebreitet (b). Nach Kerner von Marilaun, A. *Pflanzenleben*. Leipzig (Bibliographisches Institut) 1896.

Diese Bewegung ist nicht allein wegen der Reduktion der Ein-
strahlungsfläche ökologisch sinnvoll. Rollblätter besitzen auf der
Blattunterseite fast keine Spaltöffnungen. Die Spaltöffnungen der
Blattoberseite werden durch das Einrollen in den Binnenraum
des Blattes eingeschlossen. Da die gesamte Transpiration des
Blattes nun über diesen Mikrobereich erfolgt, herrscht dort eine
relativ hohe Luftfeuchtigkeit und ist er weitgehend frei von austrocknenden Konvektionsströmen (Luftbewegungen). Durch diese beiden Faktoren wird der transpirationsbedingte Wasserverlust auf ein Minimum beschränkt.

Blattbewegungen als Schutz vor Kälte

Daß Blattbewegungen ihre Ursache auch in Veränderungen der
Temperatur haben können, zeigt *Senecio brassica*, die auf dem
Mount Kenya, also fast genau am Äquator, wächst. Hier dient
die Blattbewegung in erster Linie dem Frostschutz. Als tropische
Hochgebirgspflanze muß sie mit tiefen Nachttemperaturen fertig
werden, die bis unter null Grad absinken können. Eine jahreszeitliche Ruhephase, wie etwa die winterliche Knospenruhe unserer Breiten, gibt es in den Tropen nicht. Bis zu 100 Blätter umgeben als Rosette ein zentrales, äußerst empfindliches Meristem
(Bildungsgewebe), das die jungen Blätter hervorbringt. Während
der Nachtfröste wird den (lebenden!) Zellen der Rosettenblätter
das Zellwasser entzogen und in Form von Eis gebunden. Bei – 6
Grad Celsius sind 85 Prozent des Gewebewassers gefroren. Wegen des Wasserentzugs lassen Zellturgor und Gewebespannung
nach, als Folge krümmen sich die Rosettenblätter knospenartig
über dem Meristem. Diese Blattbewegung schafft eine Art Isolie-
rung für die empfindlichen zentralen Gewebe, die Temperatur
des Meristems sinkt so nie unter null Grad Celsius ab. In den ersten Sonnenstrahlen des Tages tauen die Rosettenblätter wieder
auf, entwickeln erneut ihre Gewebespannung und biegen sich
nach außen um. Der Vorgang läuft rein physikalisch (Einfrieren,
Auftauen) ohne aktive Beteiligung des Stoffwechsels ab.

7.1 Blattbewegung der Robinie (*Robinia pseudoacacia*). Bei starker Sonnen-einstrahlung richten sich die Fiederblättchen auf (oben). Die exponierte Blatt-fläche wird wirkungsvoll reduziert. Im diffusen Tageslicht sind die Fiederblätt-chen dagegen weit ausgebreitet (Mitte), um das Licht optimal zu nutzen. In der Nacht „schläft" das Blatt der Robinie, die Fiederblättchen hängen herab (unten).

7. Blätter als Uhrzeiger – Schlafbewegungen

Einem Naturfreund, der in einer hellen Vollmondnacht über eine Wiese geht, bietet sich ein ungewohnter Anblick: Viele Pflanzen scheinen plötzlich welk, die Blätter, die noch am Tag zuvor in vollem Saft standen, hängen jetzt traurig herab. Dabei handelt es sich um eine ganz normale Erscheinung, die sich Nacht für Nacht wiederholt. Die Veränderung der Blattstellung in der Nacht wird als Schlafbewegung bezeichnet. Der Begriff geht auf Carl von Linné zurück, der 1755 vom „Schlaf der Pflanzen" schrieb. A. de Candolle merkte 1838 dazu an: »Die Ähnlichkeit mit dem Schlaf der Tiere ist nur scheinbar, denn die Stellung, die die Blätter annehmen, ist eine ganz bestimmte, und die Starrheit ihrer Blattstiele läßt sich nicht mit der Erschlaffung und Biegsamkeit, die unsere Glieder während des Schlafes zeigen, vergleichen.«

Die dreifach gefiederten Blättern des Hornklees (*Lotus* spec.) beispielsweise richten sich zur Nacht fast senkrecht nach oben. Auch bei den mehrfach gefiederten Blättern der Kronwicke (*Coronilla varia*) findet man diese Stellung. Der umgekehrte Fall eines nächtlichen Abklappens ist etwa bei der Bohne (*Phaseolus* spec.; Abbildung 7.2), beim dreizähligen Blatt des Sauerklees (*Oxalis* spec.) oder beim Fiederblatt der Robinie (*Robinia pseudoacacia*) verwirklicht.

Der ökologische Wert der tagesperiodischen Blattbewegungen dürfte in der optimalen Exposition der Blattspreiten zum Licht

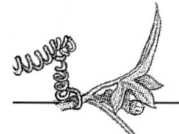
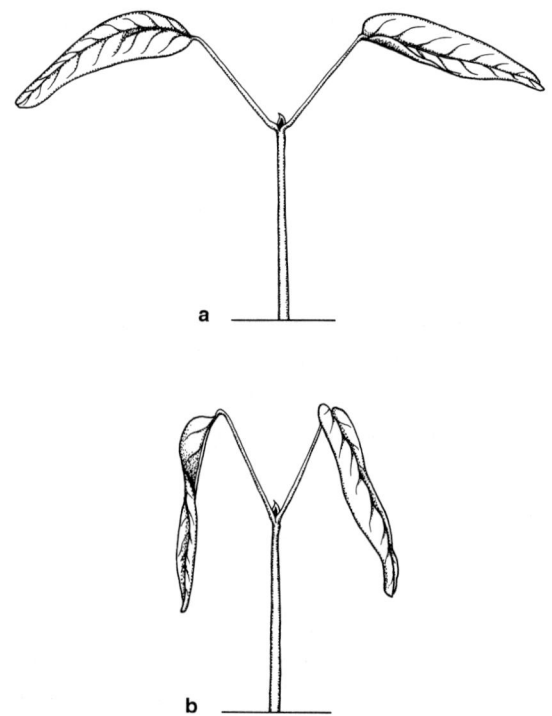

7.2 Die Blätter der Bohne (*Phaseolus* spec.) sind tagsüber an abgesenkten Blattstielen waagerecht ausgebreitet (a). In der Nacht heben sich die Blattstiele, und die Blattspreiten werden abgesenkt (b).

zu sehen sein. Am Tage richten sie sich senkrecht zum Sonneneinfall aus, um die Photosynthese zu optimieren. In der Nacht legen sie sich an, um die Abstrahlung zu reduzieren und so einen allzu starken Wärmeverlust zu vermeiden.

Bereits 1729 hat der Pariser Astronom De Mairan beobachtet, daß die „Schlaf"bewegungen auch dann bestehen bleiben, wenn die Pflanzen kontinuierlich im Dunkeln bleiben. Eine von ihm in einem Wandschrank gehaltene Mimose klappte regelmäßig ihre Fiederblättchen ein und wieder aus. Er schrieb: »Die Mimose fühlt also die Sonne, ohne sie im geringsten zu sehen.« Bei den Schlafbewegungen handelt es sich demnach um ein rhythmisches

Phänomen, dessen Steuerung von inneren, also endogenen, Vorgängen abhängig ist.

Bei rhythmischen Bewegungen unterscheidet man Periode und Phase. Die Periode beschreibt den Bereich zwischen zwei gleichen Zuständen und damit die Zeitabhängigkeit des Bewegungsverlaufs. Ihr Beginn kann willkürlich festgelegt werden. Bei den Hebe- und Senkbewegungen der Bohnenblätter beginnt eine Periode beispielsweise mit der mittäglichen Position der gehobenen Blattspreite, dauert während der Schlafbewegung in der Nacht an und endet, sobald die mittägliche Stellung wieder erreicht ist. Die Phase beschreibt demgegenüber den Zustand der betrachteten Schwingung zu einem bestimmten Zeitpunkt. In unserem Beispiel wäre die Phase also die Blattstellung der Bohne zu einer bestimmten Tageszeit.

Zwei Bohnenpflanzen, die unter gleichen Hell-Dunkel-Bedingungen wachsen, bewegen ihre Blätter in etwa synchron − sie schwingen „in Phase" (Abbildung 7.3). Wird eine davon in Dauerdunkelheit oder Dauerlicht überführt, so ändert sich der Rhythmus ihrer Hebe- und Senkbewegungen zeitlich etwas − die beiden Pflanzen sind „phasenverschoben". Dies liegt daran, daß sich die Periode der endogen gesteuerten Blattbewegungen an dem 24-Stunden-Rhythmus mit Tag-Nacht-Wechsel orientiert

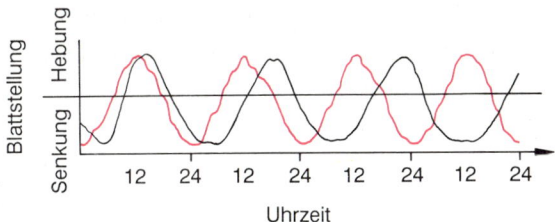

7.3 Blattbewegung einer Bohne (*Phaseolus multiflorus*). Im Normaltag mit Hell-Dunkel-Wechsel gleicht die Pflanze ihre Blattstellung den herrschenden Lichtverhältnissen an (rote Kurve). Wird die Pflanze demgegenüber in schwachem Dauerlicht gehalten, verschiebt sich die Phase — die endogene Rhythmik gewinnt die Oberhand (schwarze Kurve). Nach Mohr und Schopfer 1978.

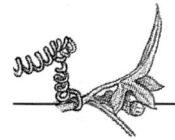

und diesen exogenen Faktoren angleicht. Schaltet man den regelmäßigen Hell-Dunkel-Wechsel aus, dann pendeln sich die Bewegungszyklen bei *Phaseolus coccineus* auf eine freilaufende Periode zwischen 23 und 26 Stunden ein. Einen solchen ungefähr der Tageslänge entsprechenden Rhythmus bezeichnet man als circadian (von lateinisch *circa* für „ungefähr" und *dies* für „Tag").

Die Periodenlänge einer individuellen Pflanze ist relativ konstant und festgelegt im genetischen Programm. Bestäubt man Pflanzen über mehrere Generationen immer wieder mit ihrem eigenen Pollen (Selbstung), so bleibt die Periode bei Dauerlicht oder -dunkel bei allen Nachkommen konstant. Diese genetische Disposition wird nach den Mendelschen Regeln vererbt. Kreuzt man nämlich Pflanzen mit 23stündiger Periode mit solchen einer 26stündigen Periode, so liegt die Periodenlänge der ersten Tochtergeneration mit 25 Stunden etwa in der Mitte. In späteren Generationen findet man dann auch die Periodenlängen der Eltern wieder.

Die Existenz solcher endogener Rhythmen sind der Beweis dafür, daß Pflanzen eine innere Uhr besitzen. Über deren biochemische Natur ist noch wenig bekannt. Es gibt zwar eine Reihe von Enzymen, deren Aktivität und damit Reaktionsgeschwindigkeit sich durch Erhöhung der Temperatur erhöht, doch sind die tagesperiodischen Blattbewegungen weitgehend temperaturunabhängig. (Ihr Q_{10}-Wert – ein Maß für die Reaktionsgeschwindigkeit in Abhängigkeit von der Temperatur – liegt bei 1; ein Wert von 2 würde bedeuten, daß sich die Reaktiongeschwindigkeit bei einer Temperaturerhöhung um 10 Grad Celsius etwa verdoppelt.) Dies erscheint bei den Temperaturschwankungen, die unter natürlichen Bedingungen herrschen, auch durchaus sinnvoll, würde doch sonst die innere Uhr je nach Lufttemperatur vor oder nachgehen.

Das Phytochromsystem als Mittler zwischen innerer Uhr und 24-Stunden-Rhythmus

Wie kommt es nun unter natürlichen Bedingungen trotz des eigenen Rhythmus der inneren Uhr zu einem Öffnen und Schließen der Blätter im 24-Stunden-Rhythmus? Die innere Uhr muß offenbar mit dem natürlichen Tag-Nacht-Rhythmus synchronisiert werden. Dies geschieht über die Lichtintensität, die dabei als Zeitgeber fungiert. Vermittelt wird dies der Pflanze über das Phytochromsystem (siehe Exkurs „Das Phytochromsystem" in Kapitel 6). Phytochrom wird je nach Rotlichtanteil des Lichtes in die aktive oder die passive Form überführt. Dominiert der Hellrotanteil oder entspricht er seinem Anteil wie im Sonnenlicht, dann wird das Pigment Phytochrom in seine aktive Form überführt; bei Dunkelrot und auch in der Dunkelheit wird die inaktive Pigmentform gebildet.

Anschaulich demonstrieren läßt sich dies an Bohnenkeimlingen (zum Beispiel an der Gartenbohne *Phaseolus vulgaris*). Im Dauerdunkel angezogen, zeigen sie keinerlei Hebe- und Senkbewegungen ihrer Blätter. Induziert werden die circadianen Blattbewegungen erst, wenn man die Pflanzen ins Licht stellt. Das gleiche gelingt, wenn man einen im Dauerdunkel gehaltenen Keimling mit Rotlicht bestrahlt. (Allerdings zeigen die Pflanzen erst unter den natürlichen Tag-Nacht-Bedingungen einen damit synchronisierten Rhythmus.) Interessanterweise reicht eine nur fünfminütige Bestrahlung mit Hellrotlicht aus, um bei Bohnenkeimlingen eine Phasenverschiebung der inneren Uhr hervorzurufen. Bestrahlt man allerdings gleich darauf mit Dunkelrot, so läßt sich dieser Effekt wieder aufheben.

Bei vielen Pflanzen ist zusätzlich ein Blaulichtrezeptor beteiligt. Bestrahlung mit Blaulicht wirkt dort wie ein Licht-an-Schalter und dient damit der Synchronisation mit dem Hell-Dunkel-Wechsel.

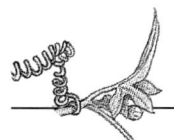

Der Bewegungsablauf

Verbindet man eine Blattspreite mit einem Schreiber, läßt sich die Blattbewegung kontinuierlich aufzeichnen. Unter Bedingungen eines normalen Hell-Dunkel-Wechsels (12 Stunden Licht, 12 Stunden Dunkelheit) erreicht die Spreite der Bohne *Phaseolus coccineus* kurz nach Mittag die höchste Stellung. Danach senkt sich das Blatt kontinuierlich ab, bis es gegen Mitternacht seine tiefste Position erreicht. Nun setzt die entgegengesetzte Bewegung ein, die gegen Mittag wieder zum Erreichen der Ausgangsposition führt. Das Bohnenblatt bewegt sich also kontinuierlich zwischen zwei Extrempositionen. Bei gleichbleibendem Belichtungsprogramm läuft die Oszillation ohne Änderungen weiter.

Werden die Pflanzen in Dauerdunkel oder Dauerlicht überführt, so hält die rhythmische Bewegung zunächst über mehrere Tage an, allerdings wird sich die Periodenlänge allmählich den durch die innere Uhr und damit genetisch festgelegten Rhythmen angleichen. Schließlich nimmt allmählich die Amplitude der Bewegungen ab. Die Blätter heben und senken sich weniger weit als während des Lichtprogramms mit regelmäßigem Hell-Dunkel-Wechsel. Daraus hat man geschlossen, daß die Bewegung eine Art Nachschwingung repräsentiert. Die tagesperiodische Bewegung ist dieser Sichtweise zufolge mit einem Pendel vergleichbar, das ohne Zufuhr neuer kinetischer Energie allmählich ausschwingt. In letzter Konsequenz könnte diese Beobachtung sogar die Existenz einer inneren Uhr in Frage stellen.

Mit einem weiteren Versuch kann man allerdings zeigen, daß eine innere Uhr wirksam sein muß (Abbildung 7.4): Setzt man die Schwertbohne (*Canavalia ensiformis*) für längere Zeit einem Beleuchtungsprogramm von 8 Stunden Licht und 8 Stunden Dunkelheit aus, dann paßt sich die Blattbewegung mit entsprechender kürzerer Periodenlänge an die veränderte Situation an. Überführt man die Pflanze danach in Dauerdunkel oder Dauer-

licht, verlängert sich die Periode so lange, bis sie schließlich wieder der endogenen, circadianen Rhythmik entspricht.

Eine solche Veränderung der Periode der Blattbewegung durch kürzere oder längere Licht-Dunkel-Phasen kann man den Pflanzen aber nur in einem bestimmten Rahmen aufzwingen. *Canavalia*

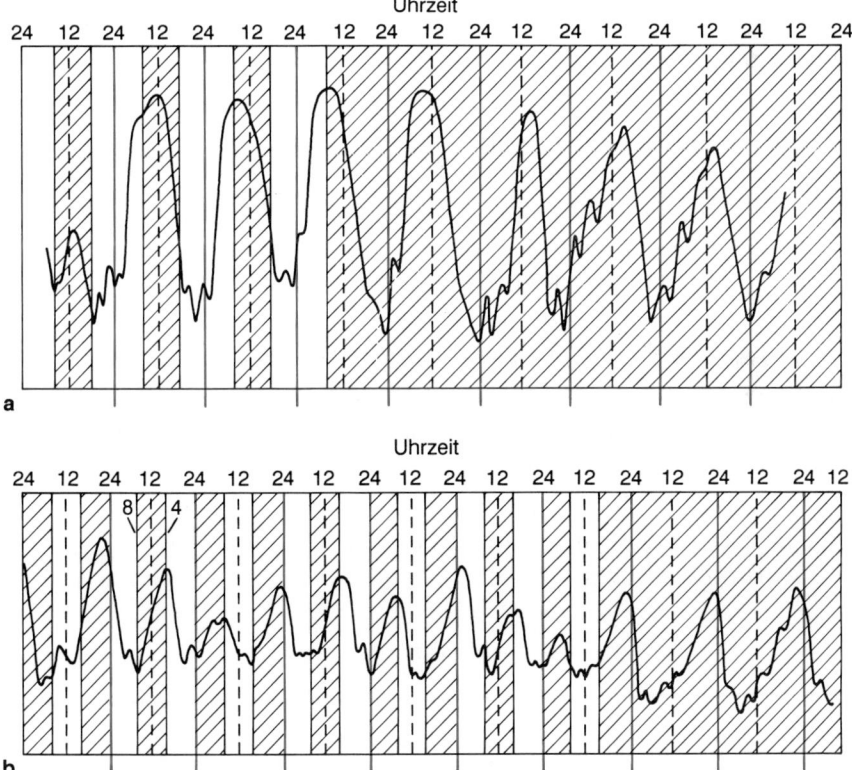

7.4 Blattbewegung der Schwertbohne (*Canavalia ensiformis*). a) Im Gewächshaus wurde durch Abdunkeln am Tag und Belichtung in der Nacht der tagesperiodische Rhythmus umgekehrt (Hebung des Schreibers bedeutet Senken des Blattes). Dieser inverse Rhythmus bleibt auch im Dauerdunkel erhalten. b) Bei Verkürzung der Hell-Dunkel-Phase auf einen Acht-Stunden-Rhythmus gleicht sich die Blattbewegung der Schwertbohne dem Belichtungsprogramm an. Im anschließenden Dauerdunkel kehrt die Pflanze aber wieder zu ihrem endogenen, circadianen Rhythmus zurück. Nach Bünning 1977.

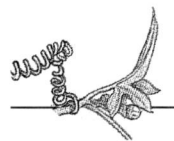

beispielsweise erreicht mit 8 Stunden Licht und 8 Stunden Dunkel beziehungsweise – als anderes Extrem – 18 Stunden Licht und 18 Stunden Dunkel die Grenzen ihrer Periodenlänge. Darunter oder darüber vermag sie mit ihren Blattbewegungen sich nicht mehr diesem Rhythmus anzupassen. Dies läßt einen interessanten Rückschluß auf die Evolution der Tagesrhythmik zu: Als Anpassung an den natürlichen Tag-Nacht-Wechsel hat sich die Präzision der inneren Uhr so weit entwickelt, daß die Tagesrhythmik mit Hilfe des exogenen Zeitgebers jederzeit auf die Tageslänge einstellbar war.

Die Orientierung der Schlafbewegungen wird bei vielen Pflanzen durch die Schwerkraft beeinflußt. Bestimmte Arten führen auf dem Klinostaten keine tagesperiodischen Bewegungen durch. Die Abhängigkeit der Blattausrichtung von der Schwerkraft läßt sich an auf den Kopf gestellten (invertierten) Bohnenpflanzen zeigen. Sie kehren die Bewegungsrichtung ihrer Blätter um. Normalerweise heben sich die Fiedern, bis sie mittags waagerecht stehen; nachts zeigen sie dagegen senkrecht nach unten. Nach Inversion der Pflanze „hebt" sich die Blattspreite zwar immer noch relativ zur Schwerkraft, um in die Tagstellung zu kommen, senkt sich aber relativ zur Pflanzenachse. Umgekehrt entspricht das Heben der Blätter in der Nacht einem Senken in Hinblick auf die Schwerkraftrichtung.

Die Bewegungsmechanik

Die tägliche Wiederholung der Schlafbewegungen legt die Schlußfolgerung nahe, daß sie durch reversible Turgoränderungen hervorgerufen werden (siehe Exkurs „Osmose und Turgor"). In der Tat besitzen die meisten Pflanzen, die solche Bewegungen ausführen, ein besonderes Blattgelenk (Pulvinus), das auf Verän-

derungen des osmotischen Druckes reagiert (siehe auch Kapitel 5). Voraussetzung dafür ist die spezielle Anatomie des Pulvinus mit mehreren Lagen parenchymatischer Zellen. Die starren Leitbündel mit den verholzten, wasserleitenden Zellen sind ins Innere verlagert (wie auch bei der Mimose; siehe Kapitel 12). Dies ist insofern ungewöhnlich, weil die Leitbündel im eigentlichen Blattstiel, der an der Bewegung nicht beteiligt ist, peripher angeordnet sind. Einer Biegung wird aber so wesentlich weniger Widerstand entgegengesetzt als bei der peripheren Anordnung.

Die Bohne besitzt sogar zwei Gelenke im Blattbereich. Mit dem Primärgelenk inserieren die Blattstiele an der Sproßachse, über das Sekundärgelenk sind Blattspreite und Stiel verbunden. In der Nachtstellung ist der Blattstiel im Primärgelenk aufgerichtet, die Spreite im Sekundärgelenk nach unten geklappt. In der Tagstel-

Exkurs: Osmose und Turgor

Moleküle in einer Lösung haben die Tendenz, sich gleichmäßig im zur Verfügung stehenden Raum zu verteilen. Wird klares Wasser so vorsichtig auf eine wäßrige Farbstofflösung geschichtet, daß sich die beiden Flüssigkeiten nicht miteinander mischen, so werden allmählich mehr und mehr Farbstoffmoleküle in das übergeschichtete Wasser übertreten, bis schließlich beide Lösungen gleichermaßen eingefärbt sind. Diesen Vorgang bezeichnet man als Diffusion. Die Ursache dafür liegt im sogenannten chemischen Potential des Farbstoffes, das in der Lösung höher ist als in reinem Wasser (dort ist es zu Versuchsbeginn Null). Das chemische Potential einer gelösten Substanz ist abhängig von ihrer Konzentration und Ladung, außerdem von Temperatur, Druck und Schwerkraft. Für Pflanzenphysiologen wichtiger ist das Wasserpotential, die Differenz zwischen dem chemischen Potential einer bestimmten Lösung und reinem Wasser. Wasser fließt immer vom Ort des höheren Wasserpotentials (hier

147

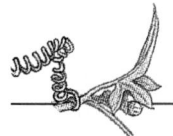

also reinem Wasser) zum Ort des niedrigeren Wasserpotentials (hier der Farbstofflösung).

Durch gedankliche Weiterführung des Experiments können wir uns den Verhältnissen in einer Pflanzenzelle nähern: Jetzt werden die beiden Phasen durch eine Membran getrennt, deren Poren gerade so groß sind, daß nur das Wasser, nicht aber die großen Farbstoffmoleküle durchtreten können. Da das Wasserpotential des reinen Wassers höher ist als das der Lösung, werden Wassermoleküle in die Lösung übertreten. Die Diffusion von Wasser durch eine „selektiv permeable Membran" wird als Osmose bezeichnet. Je höher die Konzentration gelöster Teilchen in der Farbstoffphase ist, desto größer ist die Differenz der Wasserpotentiale.

Die klassische Versuchsanordnung der Pfefferschen Zelle ist ein Modell der Verhältnisse in der Pflanzenzelle (Abbildung E.7.1). Eine Tonzelle, an die ein Steigrohr angeschlossen ist, wird innen mit einer selektiv permeablen Membran ausgekleidet. Sie wird mit einer Lösung osmotisch aktiver Moleküle, die die Membran nicht passieren können, gefüllt und anschließend in reines Wasser getaucht. Da das Wasser im Außenmedium in höherer Konzentration vorliegt (höheres Wasserpotential), wird es entlang seines Konzentrationsgradienten in die Zelle eindringen. Dort nimmt das Volumen zu; folglich steigt die Lösung im Steigrohr empor und übt hydrostatischen Druck aus, der schließlich so groß wird, daß er einer weiteren Wasseraufnahme entgegenwirkt. Im Gleichgewicht ist die Höhe der erreichten Wassersäule ein Maß für den potentiellen osmotischen Druck — das osmotische Potential — der Lösung.

Osmotisch wirksame Lösung in der Pflanzenzelle ist der Zellsaft in der Zentralvakuole. Für das osmotische Potential des Zellsaftes sind vor allem Salze, aber auch organische Moleküle verantwortlich. In der Pfefferschen Zelle werden die Plasmamembran durch die selektiv permeable Membran, die wasserhaltigen Zellwände durch die Tonzelle repräsentiert. Der Zellinhalt übt aufgrund der osmotischen Wasseraufnahme Druck (Turgor) auf die Zellwand aus. Der elastische Gegendruck der Zellwände begrenzt die Wasseraufnahme. Dieser Wanddruck entspricht in der Pfefferschen Zelle der Druck der Wassersäule. Die Fähigkeit einer Zelle, Wasser aufzunehmen, Saugkraft genannt, wird durch die osmotische Zustandsgleichung beschrieben.

$$S_z = O_z - W$$

Dabei ist S_z die Saugkraft der Zelle für Wasser, O_z der osmotische Wert des Zellinhalts und W der elastische Gegendruck der Zellwand.

Eine Erhöhung des osmotischen Wertes durch Aufnahme von Ionen hat eine Steigerung der Saugkraft zur Folge. Die Zelle nimmt solange Wasser auf, bis der Wanddruck eine weitere Wasseraufnahme unterbindet ($S_z = 0$). Daher können Pflanzen ihren Turgor durch Veränderung der intrazellulären Ionenkonzentration aktiv regulieren.

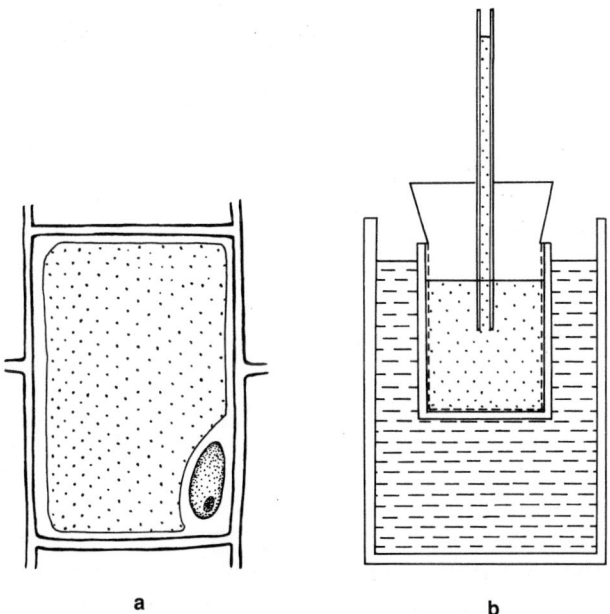

a   b

E.7.1 Eine Pflanzenzelle (a) und das osmotische Modell der Pfefferschen Zelle (b), so benannt nach dem Pflanzenphysiologen W. Pfeffer, im Vergleich. Die Vakuole einer Pflanze, ein membranbegrenzter Saftraum in der Zelle, und der Tonzylinder der Pfefferschen Zelle enthalten die osmotisch wirksame Lösung (gepunktet). Plasmamembran und eine innen auf den Tonzylinder aufgebrachte, selektiv permeable Membran stellen eine Barriere für osmotisch wirksame Moleküle, nicht jedoch für Wasser dar. Im Modell taucht der Tonzylinder in ein Gefäß mit Wasser ein, in der Pflanzenzelle sind die Zellwände von Wasser erfüllt. Der mechanische Gegendruck der Zellwände wird in der Pfefferschen Zelle durch den hydrostatischen Druck des Steigrohres repräsentiert. Nach Mohr und Schopfer 1978.

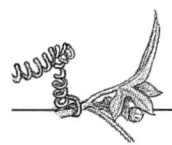

lung ist es umgekehrt. Der Turgor verändert sich beim Senken des Blattstieles im Primärgelenk folgendermaßen: Er nimmt auf der Oberseite des Gelenks zu, auf der Unterseite hingegen ab. Das Gewebe an der Gelenkoberseite wird Extensorgewebe genannt, weil dort eine Ausdehnung stattfindet (von lateinisch *extendere* für „ausweiten"), jenes auf der Unterseite Flexorgewebe (von *flexio* für „Biegung"), da es durch die Abnahme des Turgors einer Biegung nur noch einen geringen Widerstand entgegensetzt.

Durch Einsatz moderner Analysetechniken hat man heute für die physiologischen Hintergründe der circadianen Blattbewegung eine gut untermauerte Hypothese (Abbildung 7.5). Danach läuft die Turgorerhöhung folgendermaßen ab: Im Extensorgewebe werden Pumpen aktiviert, die unter Energieverbrauch Protonen (H^+) aus den Zellen heraustransportieren. Mit empfindlichen Sonden läßt sich die Änderung der Protonenkonzentration bereits binnen 15 Minuten nach experimentell induziertem Tagesanbruch direkt im Gewebe bestimmen. Elektrophysiologisch macht sich die Protonenverschiebung als Hyperpolarisation der Extensorzellen bemerkbar (das Zellinnere wird negativer als das Zelläußere).

Der Protonenausstrom erzeugt über die Membran einen elektrochemischen (die sogenannte *proton motive force*) und einen pH-Gradienten. Diese Gradienten liefern die Treibkraft für den Einstrom von Kalium und Chlorid (in geringerem Ausmaß werden daneben andere Ionen transportiert).

Da die Ionenkonzentration im Cytoplasma nun angestiegen ist, erhöht sich der osmotische Wert der Zellen (siehe Exkurs „Osmose und Turgor"), und es strömt Wasser nach. Dieser Wassereinstrom erhöht den Binnendruck, den Turgor, der Zellen, die sich in der Folge ausdehnen. Aus der Volumenzunahme der einzelnen Zellen resultiert letztlich die Ausdehnung des Extensorgewebes.

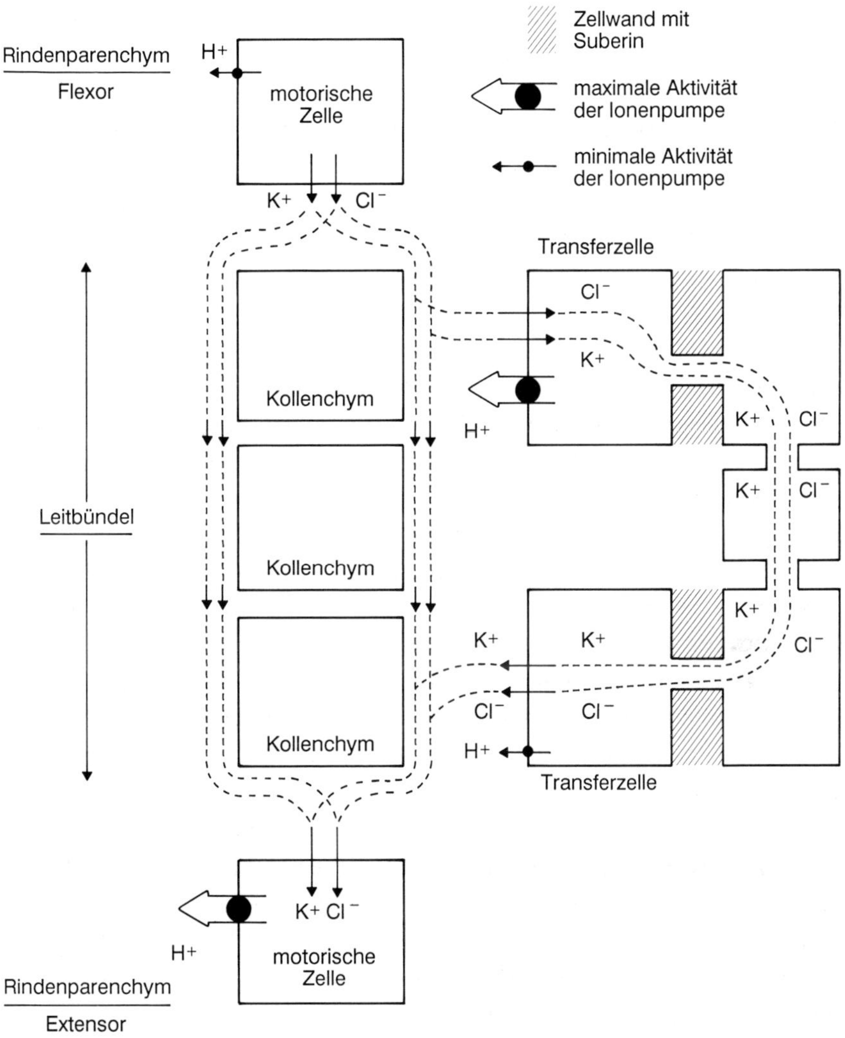

Zellwand mit
Suberin

maximale Aktivität
der Ionenpumpe

minimale Aktivität
der Ionenpumpe

Rindenparenchym

Flexor

H$^+$

motorische
Zelle

K$^+$ Cl$^-$

Transferzelle

Cl$^-$

K$^+$

Kollenchym

H$^+$

K$^+$ Cl$^-$

K$^+$ Cl$^-$

Leitbündel

Kollenchym

K$^+$

K$^+$ K$^+$

Cl$^-$

Kollenchym

Cl$^-$ Cl$^-$

H$^+$

Transferzelle

H$^+$

K$^+$ Cl$^-$

motorische
Zelle

Rindenparenchym

Extensor

7.5 Ionenströme während der Blattbewegung; gezeigt sind die Vorgänge bei der Turgorzunahme des Extensors. Eine Protonenpumpe transportiert unter Energieverbauch H$^+$-Ionen aus den Extensorzellen heraus. Der entstehende elektrochemische und pH-Gradient liefert die Energie für die Aufnahme der osmotisch wirksamen Ionen Kalium und Chlorid. Über die Kollenchymzellen des Leitbündels strömen diese Ionen aus den Flexorzellen nach. In den Transferzellen auf der Flexorseite ist ebenfalls eine Protonenpumpe aktiv und fördert die Aufnahme von Kalium und Chlorid, die gleichfalls Richtung Extensor fließen. Nach Satter und Galston 1981.

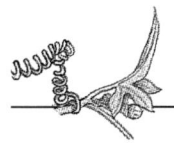

In den Zellen des Flexorgewebes nimmt parallel dazu der Turgor ab. Der notwendige Ausstrom osmotisch wirksamer Ionen scheint aber ohne Einsatz von Energie abzulaufen (also ohne Kopplung an einen Protonenstrom). Vielmehr werden die vorhandenen Ionen innerhalb des gesamten Pulvinus verschoben; der Kaliumeinstrom in das Extensorgewebe macht sich in einem ensprechenden Ausstrom im Flexor bemerkbar. Möglich ist dies, da die Wände aller Zellen miteinander verbunden sind (sie bilden den sogenannten Apoplasten) und auch das Cytoplasma aller Zellen (über Plasmodesmen, feine Plasmaverbindungen) eine physiologische Einheit (den sogenannten Symplasten) bilden. Kalium braucht so nur dem Konzentrationsgradienten zu folgen und diffundiert entsprechend vom Flexor zum Extensor. Die Plasmamembran der Zellen ist dabei ebenfalls kein großes Hindernis für die Kaliumionen, weil die Membranen von Pflanzenzellen für dieses Ion durchlässig (permeabel) sind. Entsprechend reicht der Kaliumgradient von den Flexor- bis in die Extensorzellen. Abbildung 7.6 zeigt die Vorgänge am Beispiel des Weißklees noch einmal in der Gesamtschau.

Nach diesem Modell wäre die Ionenverschiebung vom Flexor zum Extensor ein reiner Diffusionseffekt. Man vermutet aber, daß noch zusätzliche Mechanismen hinzutreten und wahrscheinlich die zentral liegenden Leitbündel daran beteiligt sind.

Wie beim Gravitropismus (Kapitel 4) scheinen Calciumionen auch bei den circadianen Blattbewegungen eine gewisse Rolle zu spielen. Doch sind seine Konzentrationsänderungen in den Zellen so gering, daß ihm keine osmotische Rolle zukommen kann. Vielmehr dürfte Calcium an der Regulation der Bewegung beteiligt sein; eine Erhöhung der Calciumkonzentration fördert den Ablauf der Blattbewegungen, eine Erniedrigung hemmt sie. Für die Beteiligung von Calcium an Regulationsprozessen in Blattgelenken spricht auch, daß ein intrazellulärer Botenstoff (IP3), der Calcium aus zellulären Speichern mobilisiert, im Gewebe von Pulvini gefunden wurde.

Die Richtung der Gelenkbewegung wird neben der Anordnung der Parenchymzellen auch durch den Aufbau der Zellwände im Pulvinus vorgegeben. Cellulose als wesentlicher Bestandteil von Zellwänden besteht aus faserförmigen, meistens parallel angeord-

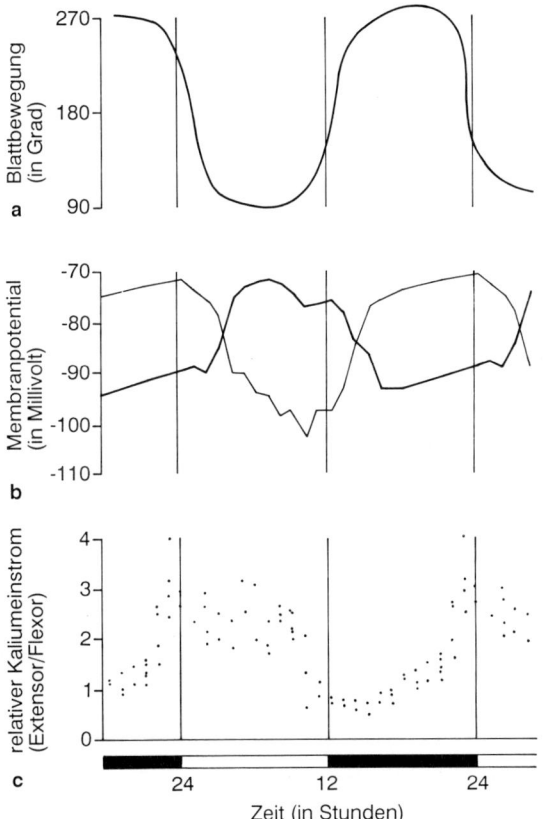

7.6 Die rhythmische Blattbewegung des Weißklees (*Trifolium repens*) im Tageslauf. a) zeigt die Winkelstellung der Endfieder. Von 24.00 bis 12.00 Uhr nimmt der Turgordruck im Extensor zu. Etwas früher (c) steigt auch der relative Kaliumgehalt des Extensors. Von 12.00 bis 24.00 Uhr kehrt sich der Vorgang um; der relative Kaliumgehalt des Extensors sinkt. Das Membranpotential des Extensors erreicht seine niedrigsten Werte vor dem Kaliumeinstrom und wird positiv, ehe der Kaliumausstrom erfolgt. Die Werte für den Flexor sind spiegelbildlich dazu. Nach Findlay, G. P. In: Wilkins, M. B. (Hrsg.) *Advanced Plant Physiology*. London (Pitman) 1984.

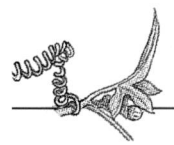

neten Kohlenhydratmolekülen. Diese Fasern sind in Längsrichtung nicht dehnbar, weisen aber in Querrichtung eine gewisse Elastizität auf. Bei der Bohne *Phaseolus* sind die Cellulosefasern vorwiegend senkrecht zur Pulvinusachse ausgerichtet. Die daraus resultierende Dehnbarkeit der Zellwände in Richtung der Pulvinusachse erleichtert die Biegung des Gewebes.

Ungewöhnliche tagesperiodische Blattbewegungen

Die Telegraphenpflanze *Desmodium motorium*, die in Indien, Ceylon und auf den Philippinen vorkommt, zeigt höchst merkwürdige Blattbewegungen. Ihre Blätter sind dreiteilig gefiedert, die Endfieder ist aber deutlich größer als die beiden anderen Fiedern (Abbildung 7.7). Die Endfieder führt die eigentlichen ta-

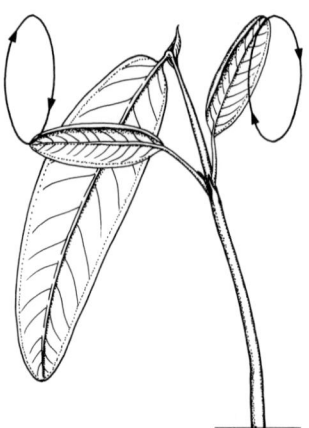

7.7 Blattbewegung der Telegraphenpflanze *Desmodium motorium*. Während die Endfieder sich mit circadianer Rhythmik bewegt, beträgt die Periode der kleinen Fiederblätter nur wenige Minuten. Die Ellipsen umschreiben die Bahn der Blattspitzen. Nach Haupt 1977.

gesperiodische Bewegungen durch. Die beiden kleinen Seitenfiedern bewegen sich ebenfalls, haben jedoch eine Periode von wenigen Minuten, so daß man ihrem Auf und Ab sogar mit bloßem Auge folgen kann. Jedes der kleinen Fiederblättchen beschreibt annähernd eine elliptische Bahn: Einer schnellen Abwärtsbewegung schließt sich eine langsamere Aufwärtsbewegung an. Auf diese Bewegung, die den Signalen eines Flaggentelegraphen ähnelt, spielt der deutsche Pflanzenname an.

Elektrophysiologische Messungen haben ergeben, daß das Membranpotential mit einer ungewöhnlich hohen Amplitude von 100 Millivolt (Spannungsunterschied zwischen positivstem und negativstem Wert) in Phase oszilliert. Es muß aber eingestanden werden, daß zur Zeit noch völlig unklar ist, welche Funktion diese schnelle Gyration eigentlich hat. Sicher ist nur, daß dem ein sehr schneller endogener Rhythmus zugrunde liegt, da diese Bewegung auch im Dauerlicht weitergeht.

8.1 In einer Blumenuhr sind Pflanzen nach der Zeit ihrer Blütenöffnung angeordnet. Der obere Zifferblattkreis stellt den Vormittag dar mit Hundsrose, Klatschmohn, Lein, Wegwarte, Seerose, Huflattich, Ackerwinde, Enzian, Tulpe, Tausendgüldenkraut, Türkenbund, der untere Nachmittag und Abend mit Enzian, Je-länger-je-lieber, Nachtkerze, Stechapfel, Leimkraut und Königin der Nacht.

8. Blumenuhr und Bestäubung – Blütenbewegungen

Die Blüten mit all ihren zum Teil raffinierten Merkmalen – Farbe, Form, Blütezeit und anderen – haben nur eine Aufgabe: die Fortpflanzung der Art zu sichern. Eine ungeheure Vielfalt an Öffnungs- und Schließbewegungen der Blüten ist an diese Bestimmung fein abgestimmt angepaßt und sichert die Bestäubung.

Blüten sind Sproßorgane, die besonders ausgestaltete Blätter tragen und im Dienste der Fortpflanzung stehen. Die Staubblätter (Staubgefäße) sind die Träger der männlichen Geschlechtsorgane. In ihren Pollensäcken entstehen die Pollenkörner, der „Blütenstaub". Die weiblichen Geschlechtsorgane werden durch die Fruchtblätter repräsentiert, die in Ein- oder Mehrzahl zu Fruchtknoten verwachsen sind und die Samenanlagen enthalten. Die Fruchtblätter laufen in einem langen Griffel aus, an dessen Spitze die Narbe liegt und der Aufnahme der Pollen dient. Diese Geschlechtsorgane werden meistens von Kelchblättern und Kronblättern umgeben, die häufig besondere Farben und Formen besitzen, um Bestäuber anzulocken. Bei einigen Pflanzenfamilien sind viele Einzelblüten zu einem Blütenstand zusammengeschlossen. Bei Korbblütlern, zu denen zum Beispiel die Sonnenblume, das Gänseblümchen oder die Aster gehören, ist der Blütenstand so dicht, daß er häufig fälschlicherweise als Blüte bezeichnet wird.

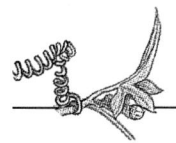

Die Aufgabe einer Blüte besteht in der Produktion und Verbreitung von Samen, die das Überleben der Art gewährleisten. Voraussetzung hierfür ist eine erfolgreiche Bestäubung, die Übertragung von Pollen eines anderen Individuums derselben Art (Fremdbestäubung) auf die Blütennarbe. Eine ursprüngliche Form der Pollenübertragung ist die Verbreitung durch den Wind. Windblütigkeit war bei den ersten Samenpflanzen verwirklicht und wird noch heute von vielen Gruppen benutzt. Bekannte Beispiele hierfür sind Hasel, Pappel und die meisten Gräser. Ob ein Pollenkorn die Narbe einer anderen Pflanze erreicht, ist bei diesem Bestäubungsmechanismus allein dem Zufall überlassen. Allerdings können windblütige Pflanzen dem Zufall etwas unter die Arme greifen, indem sie riesige Pollenmengen produzieren. Das Verhältnis von Pollenzahl zur Zahl der Samenanlagen beträgt bei diesen Pflanzen etwa $1\,000\,000:1$. Der zunächst zufällige Blütenbesuch von Tieren auf der Suche nach Nahrung leitete auf der Seite der Pflanzen eine zunehmende Spezialisierung ein. Durch spezielle Färbung der Blütenorgane, besondere Formen, vielfältige physiologische Anpassungen wie Duft, Nektarproduktion oder besondere Blütenöffnungszeiten, nicht zuletzt auch durch die hier behandelten Bewegungsmechanismen, erreichten die Pflanzen im Zuge der Evolution eine gezielte Anlockung von Tieren. Parallel dazu bildeten sich bei verschiedenen Tiergruppen besondere Fertigkeiten und morphologische Anpassungen aus. Die Folge dieser Coevolution ist die gezielte Pollenübertragung durch bestimmte Tiere. Zu den bestäubenden Tieren gehören vor allem Insekten, wie Bienen, Hummeln und Schmetterlinge, aber auch Vögel (Kolibris) und Fledermäuse. Vielen Blüten sieht man bereits aufgrund ihrer Form an, auf welche potentiellen Bestäuber sie sich „spezialisiert" haben. Daher unterscheiden die Blütenökologen eine Reihe von Blumentypen, etwa die Tagfalterblumen mit langen, engen Kronröhren, Bienenblumen mit guten Landeplätzen und verstecktem Nektarangebot, größere Hummelblumen.

Den vielfältigen Erscheinungen entsprechend, gliedert sich dieses Kapitel in mehrere Abschnitte. Zunächst wird die Stellung der

Blüten an den Blütenstielen beschrieben, es folgt die Behandlung der umfangreichen tagesperiodischen Bewegungen, wobei auch auf zugeordnete periodische Erscheinungen wie Pollenproduktion oder Blütenduft eingegangen wird. Mit einer Auswahl aus diesem reichen Spielfeld der Evolution, wobei die variationsreichen Orchideen gesondert berücksichtigt werden, schließt das Kapitel ab.

Stellung der Blüte am Sproß

Schwerkraft beeinflußt die Position von Blüten und Früchten

Die Position der Blüten relativ zur Sproßachse wird in der Regel durch die Schwerkraft bestimmt. Entsprechend hat man in vielen Blütenstielen Stärkescheiden gefunden, in deren Zellen verlagerbare Amyloplasten vorhanden sind (vergleiche Kapitel 3). Einzelne Blüten sind häufig negativ gravitrop (also senkrecht nach oben) ausgerichtet, während die Blüten innerhalb eines Blütenstandes im allgemeinen plagiogravitrop reagieren und somit einen gewissen Winkel relativ zur Schwerkraft einnehmen. Einige Blütenstände reagieren überhaupt nicht auf die Schwerkraft, sind also agravitrop. So hängen die Blütenstände des Goldregens (*Laburnum anagyroides*) infolge ihres Gewichts frei von dem sie tragenden Zweig herab, die Einzelblüten sind aber diatrop, senkrecht zur Schwerkraft, orientiert.

Im Blütenstand des Blauen Eisenhutes (*Aconitum napellus*) stehen die Blüten in einem Winkel von etwa 45 Grad von der Hauptachse ab. Als Anlockungsorgane fungieren bei dieser Pflanze die blau gefärbten Kelchblätter. Eines davon ist helmförmig nach oben gerichtet, zwei kleinere, seitlich angeordnete, decken Staub und Fruchtblätter ab, und die beiden unteren bilden

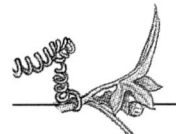

eine Art Landeplattform für Hummeln. Die Kronblätter sind zu
nektarbildenden „Honigblättern" umfunktioniert. Der Plagiogravitropismus läßt sich durch eine Inversion, eine Drehung des
Blütenstandes um 180 Grad nach unten, nachweisen (Abbildung
8.2). Als Reaktion darauf krümmt sich der Blütenstiel bogenförmig auf, dadurch zeigt der vorher nach unten weisende Helm
wieder nach oben. Damit ist die Bewegung aber noch nicht abgeschlossen: Durch eine Drehbewegung (Torsion) des Blütenstieles
orientiert sich die Blüte schließlich wieder mit ihrer Öffnung
nach außen – von der Hauptachse des Blütenstandes weg. Eine
Hummel im Anflug könnte nun wieder ohne Behinderung durch
die Blütenstandsachse an den Nektar gelangen und die Bestäubung durchführen. Wie dieses Beispiel zeigt, ist die Pflanze bestrebt, ihre Blüten so zu orientieren, daß die Chancen für eine
erfolgreiche Bestäubung erhöht werden.

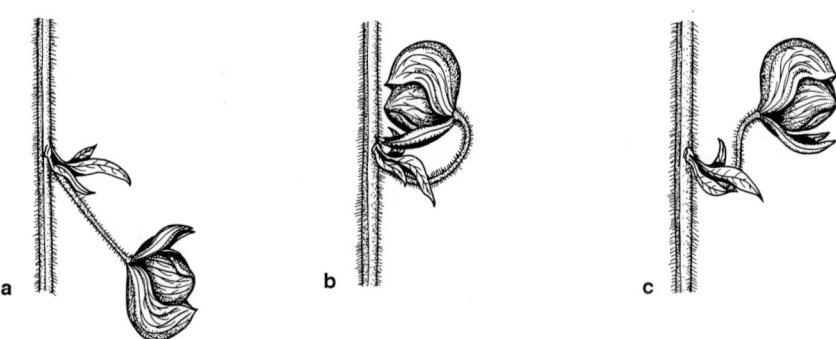

8.2 Der Blütenstand des Eisenhutes (*Aconitum napellus*) wurde auf den Kopf
gestellt (a; gezeigt ist nur eine Einzelblüte). Zunächst richtet sich die Blüte negativ gravitrop auf (b). In einem zweiten Schritt dreht sich auch die Blütenöffnung wieder nach außen (c). Nach Rawitscher 1932.

Blütentorsionen treten nicht nur bei Störung der normalen
Orientierung auf, sondern können durchaus Bestandteil der normalen Blütenentwicklung sein. Bei den Orchideen ist die Drehung der Blüte im Bereich des Fruchtknotens, die sogenannte
Resupination, geradezu ein Familienmerkmal. Die Blütenhülle

besteht dort aus zwei Kreisen mit jeweils drei Blütenblättern. Durch Drehung gelangt das mittlere Blatt des inneren Kreises nach unten. Dieses als Lippe bezeichnete Blatt lockt durch seine Form und Farbe die bestäubenden Insekten oder Vögel an und macht die Schönheit vieler Orchideen aus. Die Lippe der heimischen Bienenragwurz (*Ophrys apifera*) gaukelt durch Zeichnung, Behaarung und Duft so täuschend ein Bienenweibchen vor, daß sich Bienenmännchen zu Kopulationsversuchen hinreißen lassen. Da die Männchen dies zumeist bei mehreren Pflanzen dieser Art wiederholen, sind sie sehr effiziente Bestäuber.

Daß die Schwerkraft an der Blütentorsion beteiligt ist, läßt sich mit Hilfe des Klinostaten (siehe Kapitel 3) nachweisen. Durch dauernde Rotation der gesamten Pflanze unterbleibt die Drehung der Blüte.

Viele Pflanzen zeigen im Laufe ihrer Blütenentwicklung eine Umstimmung im gravitropen Verhalten. Als Beispiel hierfür seien Türkenbundlilie (*Lilium martagon*), Klatschmohn (*Papaver rhoeas*) und Schachblume (*Fritillaria meleagris*) angeführt.

Die Blütenknospe des Türkenbunds ist plagiogravitrop orientiert, die voll ausgebildete Blüte jedoch positiv gravitrop ausgerichtet. Nach dem Fruchtansatz findet eine weitere Änderung des Verhaltens des Blütenstieles statt: Dieser reagiert nun streng negativ gravitrop und hebt die Frucht in einer Wachstumsbewegung senkrecht nach oben.

Die Knospe des Klatschmohns (Abbildung 8.3) zeigt mit der Spitze nach unten. Man mag zunächst vermuten, daß diese Orientierung allein eine Folge ihres Gewichts ist. Tatsächlich richten sich die Stiele auch auf, wenn man die Knospe abschneidet. Ersetzt man die Blüte jedoch durch ein dreimal schwereres Gewicht, so richtet sich der Blattstiel dennoch auf. Ob nun Licht oder Schwerkraft die Neigung des Blütenstieles beeinflussen, weiß man noch nicht. Auf jeden Fall ist das Vorhandensein der

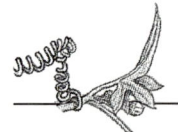

Knospe notwendig, damit der Stiel gekrümmt ist. Die geöffnete
Blüte und die Frucht, die Mohnkapsel, zeigen senkrecht nach
oben.

Ähnlich kompliziert wie beim Klatschmohn ist die Bewegung der
Blüte der Schachblume. Die Blütenknospe zeigt zunächst einen

8.3 Die Blüten des Klatschmohns (*Papaver rhoeas*) verändern während der
Reifung ihre Stellung relativ zur Schwerkraft. Die Blütenknospe weist zunächst
nach unten; Blüte und Mohnkapsel weisen nach oben.

negativen Gravitropismus und neigt sich während des Aufblühens zunehmend nach unten. Da die Krümmung auch stattfindet, wenn die einseitige Schwerkraftwirkung durch Rotation auf dem Klinostaten ausgeschaltet ist, müssen ihr endogene Faktoren zugrunde liegen. Auf die Beteiligung der Schwerkraft deutet die im Querschnitt sichtbare Ausbildung einer Ober- und einer Unterseite des äußerlich runden Blütenstieles (Dorsiventralität) hin – Beispiel für eine Epinastie. Erst im Stadium des Fruchtansatzes richtet sich der Blütenstiel wieder auf.

Reaktion der Blütenstellung auf Licht

Häufig weisen Blüten auch phototrope Eigenschaften auf. Die Blütenstände junger Sonnenblumen können durch eine Wachstumsbewegung dem Gang der Sonne folgen. Bei älteren Pflanzen hört diese Bewegung auf und führt dazu, daß alle Blütenstiele gen Osten ausgerichtet sind. Unternimmt man einen Spaziergang um ein Sonnenblumenfeld, so läßt sich dieses Phänomen besonders eindrucksvoll erkennen: Kommt man von Westen, so sieht man nur die grünen Hochblätter der Blütenstände. Geht man weiter um das Feld herum, zeigen sich die Blütenstände zunächst in Kantenstellung, und schließlich blickt man auf Zehntausende goldgelber, gleichförmig ausgerichteter Sonnenblumen.

Weniger spektakulär, aber ökologisch besonders interessant ist die Blüten und Fruchtbewegung des Zymbelkrautes (*Linaria cymbalaria*). Diese kleine Pflanze mit unscheinbaren blauvioletten Blüten besiedelt Fels oder Mauerspalten. Ihre Blütenstiele reagieren positiv phototrop, recken die Blüten also ins Licht und erleichtern dadurch die Bestäubung. Nach dem Fruchtansatz reagieren die Blütenstiele negativ phototrop und „deponieren" die Früchte mit etwas Glück an einem günstigen Ort in einer Spalte.

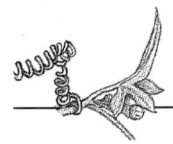
Tagesperiodik und Blumenuhr

Blütenbewegungen wurden bereits von Forschern in der Antike beschrieben. Theophrast behandelt das tagesperiodische Öffnen und Schließen. Die eindrucksvolle Regelmäßigkeit, mit der sich die Blüten einer Pflanze zu bestimmten Tageszeiten öffnen und schließen, fiel bereits Carl von Linné auf. Seine im Jahre 1755 im *Horologium flore confirmandum* veröffentlichte Blumenuhr faßt

Tabelle 8.1: Blumenuhr – Blüten und ihre Öffnungs- und Schließzeiten (Auswahl)

Zeit	Öffnen	Schließen
4.00	Hundsrose (*Rosa canina*) Wiesenbocksbart (*Tragopogon pratense*)	
5.00	Kürbis (*Cucurbita pepo*) Klatschmohn (*Papaver rhoeas*)	
6.00	Acker-Gänsedistel (*Sonchus arvensis*) Wegwarte (*Cichorium intybus*)	
7.00	Huflattich (*Tussilago farfara*) Ackerwinde (*Convolvulus arvensis*)	Leimkraut (*Silene pratensis*)
8.00	Sumpfdotterblume (*Caltha palustris*)	
9.00	Stengelloser Enzian (*Gentiana clusii*)	Stechapfel (*Datura stramonium*)
10.00	Steifer Sauerklee (*Oxalis stricta*) Ehrenpreis (*Veronica chamaedrys*)	
11.00	Ästiges Tausendgüldenkraut (*Centaurium pulchellum*)	
12.00	Aufrechtes Fingerkraut (*Potentilla erecta*)	Acker-Gänsedistel (*Sonchus arvensis*)

(Fortsetzung ▶)

diese Gesetzmäßigkeiten zusammen. Bei dieser Blumenuhr wurden in einem runden Gartenbeet Pflanzen entsprechend der Uhrzeit ihrer Blütenöffnung angepflanzt – eine vom ästhetischen Standpunkt sicher sehr faszinierende Uhr. Linné schrieb darüber: »… damit man, wenn man auch bei trübem Wetter auf freiem Felde sich befindet, ebenso genau wissen könne, was die Glocke sei, als wenn man eine Uhr bei sich hätte.« In Tabelle 8.1 sind die Zeiten der Öffnungs und Schließbewegungen einiger Pflanzen unserer Breiten zusammengestellt.

Tabelle 8.1 (Fortsetzung)

Zeit	Öffnen	Schließen
13.00		
14.00		
15.00		Kürbis (*Cucurbita pepo*)
16.00		Huflattich (*Tussilago farfara*) Steifer Sauerklee (*Oxalis stricta*)
17.00		
18.00	Stechapfel (*Datura stramonium*) Geißblatt (*Lonicera caprifolium*)	Klatschmohn (*Papaver rhoeas*) Wegwarte (*Cichorium intybus*)
19.00	Leimkraut (*Silene pratensis*) Nachtkerze (*Oenothera biennis*)	
20.00	Nickendes Leimkraut (*Silene nutans*)	
21.00	Königin der Nacht (*Selenicereus grandiflorus*)	Sumpfdotterblume (*Caltha palustris*) Ehrenpreis (*Veronica chamaedrys*)
22.00		
23.00		
24.00		Königin der Nacht (*Selenicereus grandiflorus*)

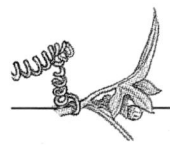

Viele Pflanzen blühen nur für einen einzigen Tag. So das Gemeine Sonnenröschen (*Helianthemum nummularium*), das seine „Eintags"-Blüten zwischen 7 und 8 Uhr öffnet und gegen 14 Uhr wieder schließt. Ähnlich kurzlebig sind auch die Blüten der Akkerwinde (*Convolvulus arvensis*) und des Reiherschnabels (*Erodium cicutarium*); bei beiden öffnen sich die Blüten zwischen 8 und 9 Uhr und schließen sich zwischen 16 und 17 Uhr.

Da das innerhalb eines Tages erfolgende Öffnen und Schließen einen gewissermaßen im Zeitraffer ablaufenden Alterungsprozeß darstellt, dient die Blüte der Winde *Ipomoea tricolor* als „Hauspflanze" vieler Seneszenzforscher. Wachsen und Welken als Jugend und Alter einer Pflanze haben sich als abhängig von dem gasförmigen Pflanzenhormon Ethylen erwiesen (siehe Exkurs in Kapitel 1). Dem Verblühen geht ein steiler Anstieg der Ethylenkonzentration voraus, der begleitet ist von einem Anstieg der Aktivität von Enzymen, die für den Abbau von RNA und DNA verantwortlich sind.

Von besonderer Faszination sind Blüten, die sich des Nachts öffnen. Wer einmal in einem Gewächshaus auf die Blüte der „Königin der Nacht" (*Selenicereus grandiflorus*) gewartet hat, wird dies bestätigen. Zwischen 21 und 22 Uhr öffnen sich die großen, duftenden Blüten, um sich schon Stunden später wieder zu schließen.

Am Beispiel von Blumen, die sich nachts öffnen, läßt sich der blütenbiologische Sinn solcher Öffnungsbewegungen gut verdeutlichen. Bestäuber dieser Pflanzen sind Nachtfalter, beispielsweise Schwärmer oder Eulen. Nachtfalterblumen sind keine einheitliche systematische Gruppe, sondern finden sich in vielen Pflanzenfamilien. Da sich diese Blumen in der Dunkelheit öffnen, spielen Farben für die Anlockung der Bestäuber keine Rolle. Sie sind deshalb häufig von blasser, unscheinbarer Farbe. Beispiele für einheimische Nachtfalterblumen sind die Nachtkerze (*Oenothera biennis*), das Nickende Leimkraut (*Silene nutans*) oder auch das Je-länger-je-lieber (*Lonicera caprifolia*). Die Blüten solcher

Blumen produzieren starke Düfte, die von den Nachtschmetterlingen über weite Strecken wahrgenommen werden.

Auf Madagaskar wurde eine nachtblütige Orchidee, *Anagraecum sesquipedale*, entdeckt, deren Nektar am Boden eines 32 Zentimeter langen Sporns produziert wurde. Diese Tatsache ließ die Zoologen nicht eher ruhen, bis sie den „dazu passenden" Bestäuber auch wirklich entdeckten. Er erhielt den Namen *Xanthopan morgani f. praedicta* (*praedicta* bedeutet „vorhergesagt"). Es handelte sich um einen nachtaktiven Schmetterling, der einen sehr langen Saugrüssel besitzt, um bis zu den Nektarvorräten vorstoßen zu können. Dies ist ein klassisches Beispiel für eine Coevolution zwischen Bestäuber und Pflanze.

Endogene Faktoren lösen Blütenbewegungen aus

Über rhythmische, tagesperiodische Bewegungen wurde bereits in Kapitel 6 berichtet. Viele Öffnungs- und Schließbewegungen sind endogen gesteuerte Rhythmen. Abbildung 8.4 stellt die auch bei Dauerdunkelheit fortlaufende Blütenblattbewegung von *Ka-*

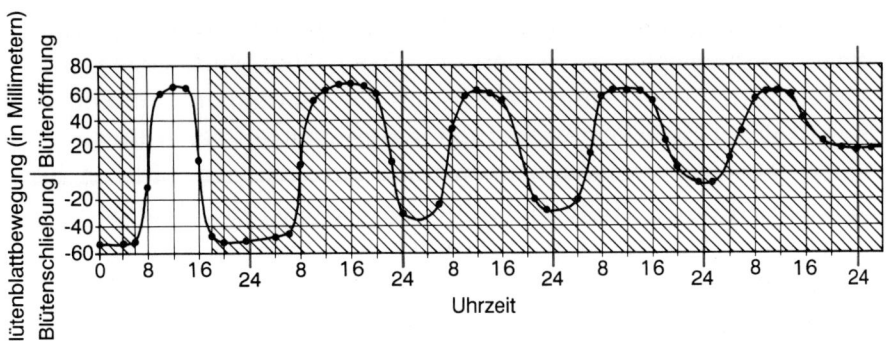

8.4 Die circadiane Bewegung der Blütenblätter von *Kalanchoe blossfeldiana*. Wird eine im Tag-Nacht-Rhythmus wachsende Pflanze in Dauerdunkel überführt, behält sie die rhythmischen Öffnungs- und Schließbewegungen der Blütenblätter bei. Wie in Kapitel 7 ausgeführt, wird die Amplitude der Schwingung jedoch etwas gedämpft. Nach Bünning 1977.

167

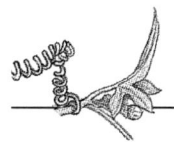

lanchoe blossfeldiana vor, einer tropischen Verwandten der heimischen Hauswurz. Die Bewegung beruht auf Wachstumsvorgängen der Blütenblätter.

Unter Freilandbedingungen öffnen sich die Blütenköpfchen der Wegwarte (*Cichorium intybus*) gegen 6 Uhr morgens. In den heißen Mittagsstunden schließen sie sich wieder, bei bedecktem Himmel etwas später. Am nächsten Tag beginnt der gleiche Zyklus von vorne. Bringt man eine Wegwarte in Dauerlicht, so wird die synchronisierte Bewegung der Blütenstände aufgehoben: Zunächst öffnen sich die Blütenköpfchen einer Pflanze nicht mehr gemeinsam, dann sogar die Einzelblüten innerhalb eines Blütenköpfchens unabhängig voneinander.

Durch Außenfaktoren induzierte Öffnungsbewegungen

Bei einigen Pflanzen wird die Öffnungsbewegung durch Außenfaktoren induziert. So öffnet sich die Seerose nur im hellen Tageslicht (Photonastie). Bei der Tulpe ist es dagegen die Temperatur, die die Kronblätter zu Wachstumsbewegungen veranlaßt (Thermonastie). Zum Öffnen der Blüte wachsen die Zellen der Blattinnenseite stärker als die der Außenseite. Wie erwähnt, sind Wachstumsbewegungen irreversibel. Der Blütenschluß gegen Abend erfolgt daher durch Wachstum der Blattaußenseite. Die Folge solcher mehrfach wiederholter Bewegungen der Blütenblätter läßt sich an einem Tulpenstrauß gut verfolgen. Mit zunehmendem Alter der Blüte nimmt die Größe der Blütenblätter nach und nach zu (um bis zu 100 Prozent), bis schließlich das Wachstum eingestellt wird. Tulpenblüten nehmen Temperaturunterschiede von nur einem Grad Celsius wahr. Der Krokus, dessen Blüten ebenfalls thermonastisch reagieren, spricht sogar auf Temperaturunterschiede von 0,2 Grad Celsius an.

Selbst hygroskopische Bewegungen (siehe Kapitel 9) können an Blütenbewegungen beteiligt sein. Die Blütenköpfchen von Flok-

kenblumen (*Centaurea*-Arten) werden im Zustand der Fruchtreife von trockenen Hochblättern eingehüllt. Die Zellwände auf der Außenseite dieser Hüllblätter sind so konstruiert, daß sie sich beim Austrocknen in Längsrichtung verkürzen. Die Wände der innen liegenden Zellschicht verkürzen sich dagegen vor allem in Querrichtung. Als Folge davon krümmen sich die Hüllblätter bei trockenem Wetter nach außen. Dadurch werden die mit Flugorganen versehenen Früchte der Blütenköpfchen frei und können verbreitet werden. Bei feuchtem Wetter schließen sich dagegen die Hüllblätter über den Blütenköpfchen.

In unseren Gärten wird die im Gebirge heimische Silberdistel (*Carlina acaulis*) manchmal als Zierpflanze angepflanzt. Silbrigglänzende Hochblätter umgeben bei Trockenheit als „Blütenstrahlen" die eigentlichen Blüten im Köpfchen. Bei Regen oder feuchtem Wetter quillt die Unterseite der Hochblätter stärker als deren Oberseite, so daß sie sich über dem Blütenstand schließen. Diese auffällige Bewegung führte zu im Volksmund zur Bezeichnung „Wetterdistel".

Bewegliche Staubblätter

Viele Pflanzen, die von Tieren bestäubt werden, besitzen bewegliche Blütenbestandteile. Damit vermögen sie die Bestäuber mit Pollen einzupudern oder zu bekleben und so die Effektivität der Pollenübertragung zu steigern. Solche Bestäubungsmechanismen kommen in vielen Pflanzenfamilien vor. Dies deutet darauf hin, daß sie im Laufe der Evolution mehrfach, unabhängig voneinander entstanden sind.

Manche dieser Mechanismen beruhen auf aktiven Bewegungen, die bei der Berührung einer sensorischen Struktur ausgelöst wer-

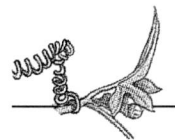

den. Andere Bewegungsapparate sind so konstruiert, daß sie die potentielle Energie eines landenden Insektes (dessen Gewicht) in kinetische Energie (in Bewegung) umwandeln. Bei dem Salbei zum Beispiel kommt es durch einen Hebelmechanismus sogar zur direkten Kraftübertragung (Abbildung 8.6).

Obwohl hier die beweglichen Teile der Blüte im Vordergrund der Betrachtung stehen, sollte nie vergessen werden, daß die Blüte in der Regel Nektar als Belohnung anbietet. Eine erfolgreiche Coevolution basiert nun einmal auf Vorteilen für beide Seiten. Im Laufe der Evolution kam es zur Spezialisierung von Pflanzengruppen auf bestimmte Bestäuber. Bei einer „schwergängigen Mechanik" kommen in unseren Breiten nur die schweren Hummeln als Bestäuber in Frage. Ein solches Ausschlußprinzip erhöht die Chance, daß eine Pflanze mit arteigenem Pollen bestäubt wird. Nur ein Insekt, das vorher schon bei einer anderen Blüte derselben Art „erfolgreich" war, wird den richtigen Pollen mitbringen. Solche Blüten sind im allgemeinen so gebaut, daß die zu leichten „arbeitsscheuen" Vertreter anderer Insektenarten wenig Aussicht haben, an den Nektar zu gelangen.

Pumpmechanismen sind relativ weit verbreitet, sie sollen am Beispiel des Hornklees (*Lotus corniculatus*) erklärt werden. Der Hornklee gehört zu den Schmetterlingsblütern, einer Familie, die sich durch besonders „einfallsreiche" Bestäubungsmechanismen auszeichnet. In einer typischen Schmetterlingsblüte bilden fünf Kronblätter den Schauapparat der Blüte. Das oberste ist zu einer Fahne vergrößert, die beiden seitlichen bilden die Flügel, und die beiden unteren sind zu einem Schiffchen verwachsen. Beim Hornklee sind die Stiele der zehn Staubblätter zu einer Röhre verwachsen und im Schiffchen eingeschlossen. Die Blüte lockt mit ihrem Schauapparat Bienen an, die sich auf den großen, eingeklappten Flügeln niederlassen. Durch das Gewicht einer Biene werden Flügel und Schiffchen nach unten gedrückt und setzen damit den Bewegungsmechanismus in Gang: Die kolbenartig verdickten Staubblätter drücken durch die enge Öffnung des Schiff-

chens den Pollen heraus, der am Bauch der Biene haften bleibt. Fliegt das Insekt wieder weg, ziehen sich die Staubblätter in das wieder hochschnellende Schiffchen zurück. Der Mechanismus wird bei jeder Landung aufs neue ausgelöst. Wenn der gesamte Pollen verbraucht ist, reift die Narbe heran. Landet nun eine Biene auf der Blüte, so wird die Narbe herausgedrückt und ist nun bereit, Pollen aufzunehmen. Die zeitlich versetzte Reifung der Geschlechtsorgane verhindert, daß eigener Pollen auf die Narbe übertragen wird und es zur Selbstbestäubung kommt.

Ein anderes Prinzip ist bei den sogenannten Klappmechanismen verwirklicht, die wiederum bei den Schmetterlingsblütlern auftreten, aber auch bei anderen Familien vorkommen. Beim Wiesenklee (*Trifolium pratense*) ist das Schiffchen oben offen. Die Kronblätter sind in ihrem unteren Teil mit der Staubblattröhre verwachsen. Setzt sich eine Biene oder ein anderes schweres Insekt auf die Blüte, drückt sie Flügel und Schiffchen nach unten. Staubblätter und Narbe klappen nach oben; das Insekt wird dabei mit Pollen eingepudert und die Narbe mit eventuell mitgebrachtem Fremdpollen bestäubt.

Einen Bürstenmechanismus (Abbildung 8.5) findet man bei der Frühlingsplatterbse (*Lathyrus vernus*). Mit Hilfe des bürstenartig ausgebildeten Griffels wird der Pollen aus dem Schiffchen herausgefegt. Die Staubgefäße geben ihren Pollen bereits ab, wenn das Schiffchen noch geschlossen ist. Erst durch das Gewicht eines Insekts schnellt der mit Pollen beladene Griffel heraus und lädt Pollen auf dem Insekt ab.

Mit einem kleinen Stäbchen kann man die Landung eines Insekts simulieren und beobachten, wie der gelbe Pollen bei diesen Schmetterlingsblütlern rein mechanisch herausgepreßt oder herausgeschleudert wird.

Beim Wiesensalbei (*Salvia pratensis*) und einigen anderen Salbeiarten findet man einen sogenannten Schlagbaummechanismus.

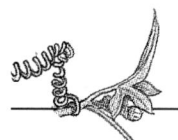

a   b

8.5 Der Bürstenmechanismus der Frühlingsplatterbse (*Lathyrus vernus*). Reife Staubgefäße geben ihren Pollen im Inneren des Schiffchens ab. Er bleibt auf dem Griffel hängen, der mit bürstenartigen Haaren besetzt ist. Landet eine schwere Hummel auf der Blüte, schnellt der mit Pollen bedeckte Griffel heraus. Gleichzeitig bestäubt das Insekt die Narbe mit mitgebrachtem Fremdpollen. Nach Heß 1983.

Die Salbeiblüte besteht aus einer breiten Unterlippe und einer helmartig aufgewölbten Oberlippe. In die Oberlippe ragt ein langer Griffel hinein. Die Staubblätter des Salbei sind im Dienste des Schlagbaummechanismus auf besondere Weise umgewandelt (Abbildung 8.6): Die zwei pollenbildenden Staubblätter weisen stark verlängerte Konnektive (Verbindungsgewebe zwischen den beiden Pollensäcken) auf. Einer der Pollensäcke jedes Staubblattes produziert Pollen, der zweite ist zu einer sterilen Platte umgebildet. Die Platten der beiden Staubblätter sind miteinander verwachsen und versperren den Eingang zu den Nektardrüsen im Innern der Kronröhre. Diese Platte sitzt an einem kurzen Hebelarm, der aus den Konnektiven hervorgegangen ist. Ein Insekt, das auf der Suche nach Nektar ist, drückt mit seinem Rüssel die bewegliche Platte nach hinten. Durch die Hebelwirkung schlagen die langen Anteile der Konnektive mit den Pollensäcken nach unten und pudern den Rücken des Insektes ein. Mit einem spitzen Gegenstand kann man den Schlagbaummechanismus in Vertretung eines Insektes auch selber auslösen. Um eine Selbstbestäubung bei diesem Mechanismus auszuschließen, reifen zuerst die Pollen heran, erst später die weiblichen Geschlechtsorgane, wobei sich die Narbe durch entsprechendes Wachstum des Griffels über den Blüteneingang neigt – diese Vormännlichkeit bezeichnet man mit dem Fachausdruck als Proterandrie.

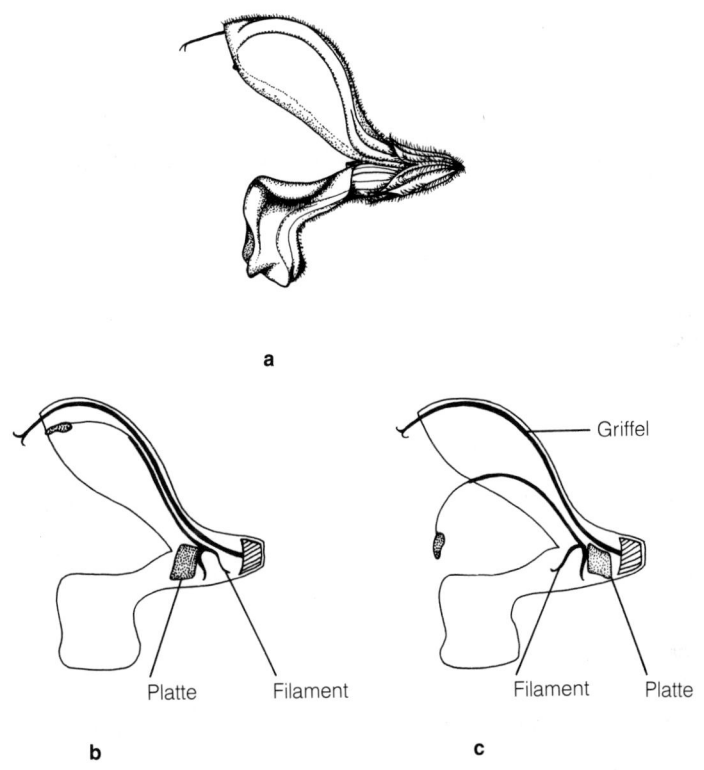

a

b   c

8.6 Der Schlagbaummechanismus des Wiesensalbeis (*Salvia pratensis*). a) zeigt die Blüte in Seitenansicht, b) die aufgeschnittene Blüte. Die Filamente sind mit der Kronröhre verwachsen. Eines der beiden ansetzenden Konnektive verlängert sich in die Blüte und trägt die Staubbeutel. Das andere Konnektiv bildet zusammen mit den umgewandelten Staubbeuteln des zweiten Staubblattes eine Platte. Drückt ein Insekt diese Platte auf der Nektarsuche nieder (c), schlägt ihm der Hebelarm des langen Konnektivs auf den Rücken und pudert es mit Pollen ein. Nach Heß 1983.

Bei Schnellmechanismen (Abbildung 8.7) wird die Gewebespannung in den Dienst der Bestäubung gestellt. In der Schmetterlingsblüte des Besenginsters (*Sarothamnus scoparius*) werden der Griffel und die Staubblätter vom geschlossenen Schiffchen unter Spannung gehalten. Das Gewicht eines schweren Insektes ist groß genug, um Flügel und Schiffchen nach unten zu drücken. Dabei reißt das Schiffchen an der Verwachsungsnaht auseinan-

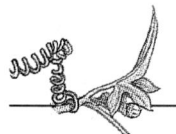

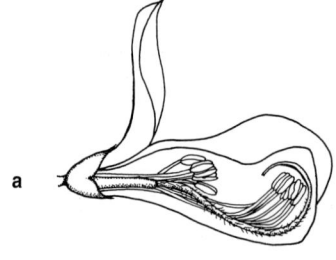

a   b

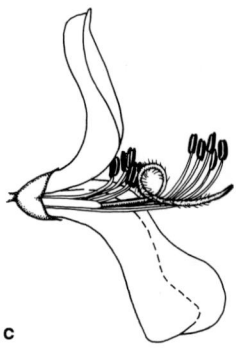

c

8.7 Der Schnellmechanismus des Besenginsters (*Sarothamnus scoparius*). a) zeigt die Blüte in geschlossenem Zustand. Der Griffel, die fünf langen und fünf kurzen Staubblätter stehen im geschlossenen Schiffchen unter Spannung. In b) läßt sich ein schweres Insekt auf der Blüte nieder, das Schiffchen reißt auf, und die Staubblätter schnellen heraus. Die fünf kurzen „treffen" das Insekt am Bauch, die fünf langen am Rücken. Gleichzeitig wird die Narbe mit Fremdpollen bestäubt. c) zeigt die offene Blüte nach dem Insektenbesuch. Nach Heß 1983.

der. Da die Öffnungsbewegung von innen nach außen fortschreitet, schnellen zunächst die fünf kurzen Staubblätter heraus und pudern den Bauch des Insekts mit Pollen ein. Schließlich reißt das Schiffchen auf seiner ganzen Länge auf, und die fünf langen Staubblätter schlagen auf den Rücken des Insekts. Der gleichzeitig herausschnellende Griffel schlägt die Narbe auf den Insektenrücken, nimmt Fremdpollen auf und wird bestäubt. Eigener Pollen, der zwangsläufig mit aufgenommen wird, kann auf der Narbe nicht auskeimen – der Ginster ist selbststeril. Auch dieser Mechanismus läßt sich mit einem spitzen Gegenstand auslösen. Wird der Druck langsam genug ausgeübt, so läßt sich die zweistufige Schnellreaktion deutlich verfolgen.

Einen ähnlichen Schnellmechanismus kennt man von der Luzerne (*Medicago sativa*). Ein Schwellgewebe im unteren Teil der verwachsenen Staubblattröhre führt zu einer Spannung in den Staubblättern, dem als Widerlager das geschlossene Schiffchen

entgegengesetzt ist. Sobald eine Biene oder Hummel Schiffchen und Flügel dieser Schmetterlingsblüte nach unten drückt, schnellen die Staubgefäße nach oben.

Im Gegensatz zu den gerade geschilderten passiven Bewegungen, beruhen die Staubblattbewegungen der Flockenblume (*Centaurea jacea*) auf einem aktiven Mechanismus (Abbildung 8.8). Im Ruhezustand stehen die Stiele der Staubgefäße unter hoher Turgorspannung. Berührt das blütenbesuchende Insekt die Staubblätter, so entspannen sich die Filamente innerhalb von Sekunden und

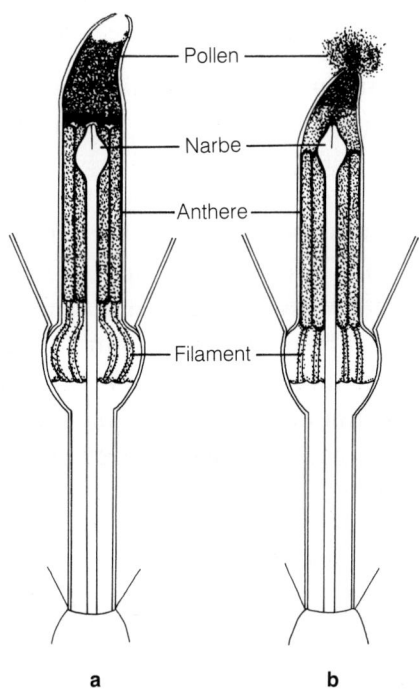

8.8 Die Filamente der Flockenblume (*Centaurea jacea*) stehen im Ruhezustand unter hohem Turgordruck und sind maximal gedehnt (a). Berührt ein Insekt die Staubblätter, entspannen und verkürzen sich die Filamente. Die Staubblattröhre wird nach unten gezogen und Pollen nach oben ausgepreßt (b). Da der Turgor aktiv wieder eingestellt werden kann, kann sich der gesamte Vorgang wiederholen. Nach Strasburger, E. *Lehrbuch der Botanik*. Stuttgart (G. Fischer) 1983.

175

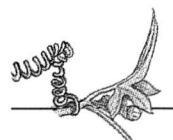

verkürzen sich dabei um 20 bis 30 Prozent. Dabei wird der Pollen nach oben gepreßt und am Insekt „festgeklebt". Innerhalb von wenigen Minuten wird der Turgor in den Filamenten wieder aufgebaut und so die Reizbarkeit des Systems wiederhergestellt. Wir haben es hier mit einer berührungsempfindlichen, aktiven Turgorbewegung zu tun, einer Thigmonastie. Die Staubblattröhre wird in die Blüte hineingezogen und streift dabei an den Fegehaaren der Narbe entlang, an denen die Pollen abgestreift werden. Empfindlich auf den Berührungsreiz reagieren vermutlich sogenannte Fühlpapillen oder -haare, dünnwandige Auswüchse der Epidermiszellen, die sich bei Berührung verbiegen.

Einen aktiven Klappmechanismus besitzt die Berberitze (*Berberis vulgaris*). Über jedem der sechs Kronblätter liegt ein nach außen geneigtes Staubblatt (Abbildung 8.9). Die blütenbesuchenden Insekten versuchen, an den Nektar zu gelangen, der aus zwei Nektarien am Grunde jedes Kronblattes austritt. Dabei berühren sie die Filamente der Staubblätter, die an ihrer Innenseite reizbar sind und bei Berührung nach innen klappen. Diese Thigmonastie läuft sehr schnell ab: Zwischen Berührung der Filamente und dem Beginn des Einklappens vergehen nur 0,02 Sekunden, nach 0,1 Sekunde ist die eigentliche Schlagbewegung abgeschlossen. Dabei stäuben die Antheren das Insekt mit Pollen ein. Auch diese Bewegung läßt sich nach Reizung mit einem feinen Stäbchen gut beobachten.

a   b

8.9 Von der Blüte einer Berberitze (*Berberis vulgaris*) sind nur die Staubblätter, Griffel und Narbe dargestellt. Im Ruhezustand (a) liegen die Staubblätter den Kronblättern an. Nach Reizung der Filamente klappen die Staubblätter blitzschnell nach innen (b). Nach Strasburger, E. *Lehrbuch der Botanik*. Stuttgart (G. Fischer) 1983.

Zur Narbe hin krümmen sich auch die Staubblätter bei Opuntie (*Opuntia vulgaris*), bei Sonnenröschen (*Helianthemum nummularium*) und Zimmerlinde (*Sparmannia africana*) dagegen nach außen, die Pollen werden so über eine größere Fläche verteilt. Da die Krümmung unabhängig ist von der Reizrichtung, spricht man von Thigmonastie, im Gegensatz zu Thigmotropismus, der bei Portulakröschen (*Portulaca grandiflora*) und Zimmerahorn (*Abutilon striatum*) vorkommt. Bei letzterem wird die Bewegungsrichtung durch den Ort der Berührung bestimmt.

Reizbare Narben

Narben, die sich bewegen, sind seltener als reizbare Staubblätter. Die Reizbarkeit von Narben ist bei der Gauklerblume (*Mimulus* spec.), einer bunten Zierpflanze in Gärten besonders gut zu erkennen. Im Ruhezustand klaffen die beiden Narbenlappen weit auseinander. Werden sie berührt, klappen sie in Sekundenschnelle – in fünf bis 15 Sekunden – zusammen und schließen eventuell aufgebrachten Pollen ein. Ist eine Bestäubung erfolgt, so bleiben die Narbenlappen geschlossen und ermöglichen so eine optimale Keimung des Pollens. Sonst öffnen sich die Narbenlappen wieder und können erneut gereizt werden.

Bei der im Gebirge heimischen Buchsblättrigen Kreuzblume (*Polygala chamaebuxus*) ist der massive Griffel hakenförmig nach oben gekrümmt. Umschlossen wird er von einer Röhre aus Kronblättern, die sich vorn kellenartig verbreitert und die eigentliche Bewegung ausführt. Setzt sich ein Insekt auf den kellenartigen Landeplatz, klappt die Kronröhre nach unten, der starre Griffel tritt aus und kann Fremdpollen aufnehmen. Fliegt das Insekt weg, kehrt die Kronröhre elastisch in ihre Ausgangslage zurück und umschließt wieder den Griffel.

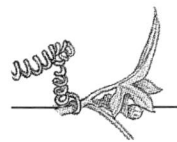

Bestäubungsbewegungen von Narben und Staubgefäßen sind bei der australischen Gattung *Stylidium* verwirklicht. Staubblätter und Griffel sind zu einer Art Säule verwachsen, die nach oben aus der Blütenhülle herauswächst und sich nach unten krümmt. Berührt ein Insekt die Säule, schlägt sie innerhalb von zehn bis

Exkurs: Gravimorphosen

Wie Sproß und Wurzel, so wirkt auch auf die Blütenhülle die Schwerkraft als richtende Komponente. Diese reagiert vielfach mit einer äußerlich erkennbaren Gestalt, einer Gravimorphose. Oftmals ist es die dorsiventrale Form der Blüte mit nur einer Symmetrieachse, die nicht nur durch endogene Faktoren als Ausdruck für das genetische Programm der Art allein, sondern auch durch den Einfluß der Schwerkraft zustande kommt. Ein Beispiel hierfür sind die Blüten der Gladiolen, bei denen ein Blütenblatt eine Art Oberlippe bildet. Entwickelt die Pflanze ihre Blüten auf dem Klinostaten während einer langsamen Rotation (siehe Exkurs Kapitel 4), so bilden sich statt dessen radiärsymmetrische Formen aus — die Blütenblätter sind alle gleich gestaltet, und es existieren nun vielerlei Symmetrieachsen.

Offensichtlich existiert also ein im genetischen Programm festgelegter, flexibler Bauplan. Ist die eindeutige Schwerkraftrichtung als äußerer Reiz vorhanden, entwickelt sich die Blüte dorsiventral. Fehlt sie, erfolgt die Differenzierung im Sinne einer „ursprünglichen", radiärsymmetrischen Blüte.

Gut läßt sich der Einfluß der Schwerkraft auch beim Schmalblättrigen Feuerkraut (*Chamaenerion angustifolium*) mit vier Kelch und vier Kronblättern nachweisen (Abbildung E.8.1). Während die vier Kelchblätter ein schiefes Kreuz bilden (je ein Kelchblatt weist genau senkrecht nach oben beziehungsweise unten, die beiden seitlichen krümmen sich etwas nach oben aus der Waagerechten heraus), sind zwei der vier Kronblätter nach oben, zwei zur Seite gerichtet. Durch Rotation am Klinostaten verliert die Blüte diesen dorsiventralen Aufbau. Die vier Kronblätter bilden nun ihrerseits ein Kreuz, das auf Lücke mit den Kelchblättern steht. Die Schwerkraftabhängigkeit der Blütenentwicklung zeigt sich besonders eindrucks-

20 Millisekunden nach oben, Staubgefäße und Narbe schlagen auf das Insekt und Pollen wird übertragen. Nach dieser Streckung vermag sich die Säule in sechs bis zehn Minuten wieder in U-Form zurückbewegen und ist dann erneut reizbar. Der auslösende Reiz dürfte in der Biegung der elastischen Säule liegen.

voll, wenn sich die Blüten in inverser Lage entfalten: Nun zeigen die ursprünglich oberen, nunmehr unten liegenden Kronblätter stark nach oben, nähern sich also der Horizontalen an; die anderen beiden Kronblätter stehen dagegen auf Lücke mit den kreuzförmigen Kelchblättern.

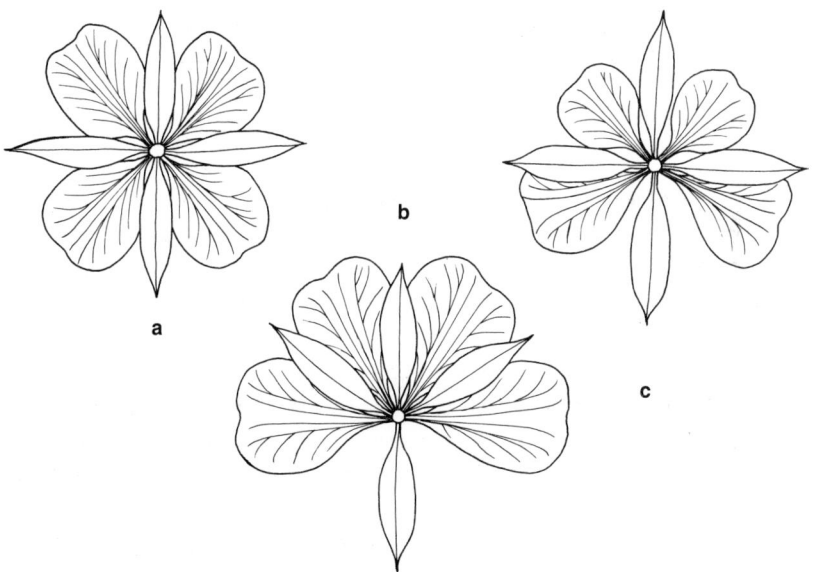

E.8.1 Die Blütensymmetrie des Schmalblättrigen Feuerkrauts (*Chamaenerion angustifolium*) wird durch die Schwerkraft beeinflußt. Wächst die Blüte auf dem Klinostaten heran, bilden Kelch- und Kronblätter jeweils ein auf Lücke stehendes Kreuz (a). Im Normalwachstum weisen zwei der Kronblätter zur Seite, die beiden anderen nach oben (b). Auch die seitlichen Kelchblätter sind leicht nach oben gerückt. Wird die Blüte invertiert, bilden die Kelchblätter wieder ein Kreuz. Die nunmehr physikalisch unteren (physiologisch oberen) Kronblätter rücken nach oben, während die ursprünglich unteren auf Lücke mit den Kelchblättern stehen. Nach Rawitscher 1932.

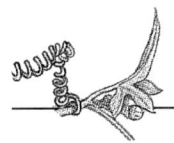

Das Bewegungsgewebe sitzt im Bogen des U's. Im Ruhezustand steht es unter hoher Turgorspannung, die sich nach Reizung schlagartig entlädt. Für den Aufbau des Turgors ist eine hohe Kaliumkonzentration verantwortlich, die sich zwischen Außen- und Innenflanke im Verhältnis 70:30 verteilt. Innerhalb von zwei bis vier Millisekunden verschwindet der Spannungsunterschied nach Auslösen der schnellen Bewegung. Während der Rückbewegung wird durch Ionenverschiebung die Turgorspannung erneut aufgebaut. Dieser langsam ablaufende Pumpmechanismus erfordert im Unterschied zur Schnellbewegung Stoffwechselenergie, stellt also eine aktive Bewegung dar.

Eigenartige periodische Bewegungen im Abstand von zehn bis 30 Minuten zeigt die Pflanze, wenn Blütenhüllblätter entfernt werden. Dabei schwankt das Membranpotential der motorischen Zellen zwischen −180 Millivolt und −50 Millivolt. Eine Erklärung hierfür gibt es noch nicht.

Besondere Bestäubungsmechanismen bei Orchideen

Da die Orchideen ihren gesamten Pollenvorrat als Einheit – in Form von Pollinien – abgeben, sind sie auf besonders effektive Anlockungs und Bestäubungsmechanismen angewiesen.

Auf dem schlagartigen Lösen der Gewebespannung im sogenannten Stielchen beruht der Schnellmechanismus der Orchideengattung *Catasetum*. Bei dieser Gattung liegen männliche und weibliche Geschlechtsorgane in verschiedenen Blüten. Die Staubgefäße bilden zusammen mit sterilen Fruchtblättern ein Säulchen. An dessen oberem Rand finden sich von Charles Darwin als

„Fühlhörner" oder „Antennen" bezeichnete Auswüchse. Sie krümmen sich nach unten in Richtung der flachen Lippe. Berührt ein Insekt diese Antennen, reißen die Pollinien zusammen mit Klebescheiben und Stielchen als Verbindung ab und werden weggeschleudert – normalerweise werden sie auf dem Rücken des bestäubenden Insekts festgeklebt, doch können die Pollenpakete durchaus Schußweiten bis zu 80 Zentimetern erreichen. Für das Wegschleudern der Pollinien sind nicht nur die mechanische

8.10 Bestäubungsmechanismus der Orchidee *Calopogon pulchellus*. Bienen vermuten Pollen auf den gelben Haaren der Lippe und lassen sich darauf nieder (a). Durch das Gewicht der Biene beschwert, klappt die Lippe nach unten und wirft die Biene auf die Narbensäule (b). Bei ihren Befreiungsversuchen nimmt die Biene die Pollinien auf und bestäubt die Narbe mit Fremdpollen. Nach Heß 1983.

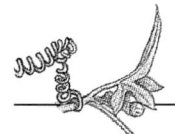

Hebelwirkung von Belang, sondern unter anderem auch Reizung durch Hitze (mit einem Brennglas beispielsweise), Plasmolyse (dabei wird den Zellen das Wasser entzogen) oder Äthernarkose. Den Antennen kommt dabei die Rolle des Sensors zu. Blütenbiologisch besonders interessant ist die Tatsache, daß die Reizbarkeit der Antennen erst einsetzt, sobald die Blüte starken Duft verströmt. Erst dann ist sie für die bestäubenden Insekten „attraktiv". Einen ähnlichen Schnellmechanismus besitzt die Orchidee *Mormodes*. Hierbei müssen allerdings besondere, einzellige Fühlhaare an der Oberseite des Säulchens gereizt werden.

Bei der nordamerikanischen Orchidee *Calopogon pulchellus* klappt die Lippe unter dem Gewicht einer landenden Biene um (Abbildung 8.10). Sie weist nach oben und enthält dichte, gelbe Haare, die den Bienen der Gattung *Augochlora* vorspiegeln, es handele sich um Pollen. An diesem Beispiel für Coevolution wird deutlich, wie fein abgestimmt sich zu bestäubende Pflanze und Bestäuber bei dieser Coevlution entwickelt haben.

Die hier beschriebenen Beispiele stellen nur einen kleinen Ausschnitt aus dem schier unerschöpflichen Repertoir von erfindungsreichen Bestäubungsmechanismen dar. In der Vielfalt der verwendeten Mechanismen spiegelt sich die Spezialisierung der Pflanzen auf bestimmte Bestäuber wider. Ziel der Pflanzen ist dabei, ihre Arterhaltung sicherzustellen, Selbstbestäubung jedoch zu vermeiden.

9.1 Das Drüsige Springkraut (*Impatiens glandulifera*) verbreitet seine Samen mit Hilfe eines Turgormechanismus. Im reifen Zustand sind die Früchte prall gefüllt (oben). Bereits eine leichte Berührung bringt die Frucht zum Platzen, und die Samen fliegen meterweit weg. Nach dem Ausschleudern der Samen bleibt die entspannte, leere Fruchthülle zurück.

9. Schießen, Schleudern, Spritzen –
Samen- und Sporenverbreitung

Um das Überleben ihrer Art zu sichern, müssen die Pflanzen dafür Sorge tragen, daß ihre Nachkommen geeignete Lebensräume zum Keimen finden. Wenn die Fortpflanzungseinheiten nicht direkt neben der Mutterpflanze zu Boden fallen, hat die Art Gelegenheit, ihr Areal zu vergrößern und vermeidet, sich selbst Konkurrenz zu machen. Die Pflanzen haben zur Verbreitung einerseits eigene Mechanismen entwickelt, zum anderen bedienen sie sich bestimmter Transportmöglichkeiten wie des Windes, des Wassers oder der Tiere. Um die Verbreitung zu optimieren, können sie entweder viele, dann zumeist kleine Einheiten ausbilden oder aber wenige große, die gezielt ausgebracht werden. Passive und aktive Bewegungen treten dabei gleichermaßen auf.

Im Unterschied zu den vielfach in Zeitlupentempo oder gar kaum wahrnehmbarer Geschwindigkeit ablaufenden Bewegungsvorgängen bei Pflanzen werden von den Samen und Früchten durch sinnreiche Abschußvorrichtungen oft „tierische" Geschwindigkeiten erreicht.

Als „Fremdtransporteure" kommen Wind, Wasser oder Tiere in Frage, entsprechend spricht man (vorwiegend bei Höheren Pflanzen) von Anemo-, Hydro- oder Zoochorie. Dies ist eine passive Form der Bewegung. Eine ursprüngliche Form der Verbreitung

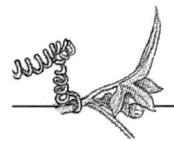

ist die Anemochorie. Viele Samen oder Sporen sind besonders leicht oder haben eine große Oberfläche ausgebildet, um so möglichst weit zu fliegen. Als eindrucksvolles Beispiel sind die Samen der Orchideen zu nennen, die für das Auskeimen auf das Zusammentreffen mit speziellen Pilzen angewiesen sind. Andere Pflanzen haben Zusatzstrukturen als spezielle Flugorgane ausgebildet, wie die kleinen Fallschirme des Löwenzahns („Pusteblume") oder die Flügel bei Birken- oder Ahornfrüchten. Wasser spielt als Medium zur Verbreitung von Samen und Sporen nicht nur für Wasserpflanzen eine Rolle, wie bei den schwimmfähigen Verbreitungseinheiten der Seerose. Weitaus größere Bedeutung kommt Wasser bei der Verbreitung der Sporen niederer Pflanzen wie Moosen oder Farnen zu. Einige Arten haben raffinierte Mechanismen entwickelt: Bei den Regenballisten, wie der Schleifenblume (*Iberis* spec.) oder dem Hirtentäschelkraut (*Thlaspi* spec.), sind die Früchte auf Stielchen federnd gelagert. Unter der Wucht auftreffender Regentropfen werden die Samen fortgeschleudert und fallen in Entfernung von der Mutterpflanze zu Boden.

Große Bedeutung kommt den Tieren als Verbreiter von Früchten und Samen zu. Spezielle Haftmechanismen, wie die Widerhaken der Kletten, seien nur als eine Transportmöglichkeit herausgegriffen. Weitaus größere Bedeutung bei der Samenverbreitung kommt jenen Strukturen zu, die den Tieren einen „Lohn" als Entschädigung für den Transport bieten, zumeist in Form von Nahrung – man denke dabei etwa an die von Vögeln gerne gefressenen Kirschen oder Vogelbeeren.

In diesem Kapitel soll es jedoch vorwiegend um Bewegungserscheinungen gehen, die in die Kategorie der Selbstausbreitung oder Autochorie fallen. Hierbei gibt es sowohl aktive als auch passive Bewegungen. Charakteristisch für die Selbstausbreitung ist, daß die Pflanzen im Laufe ihrer individuellen Entwicklung spezielle Mechanismen ausbilden, die eine aktive oder passive Verbreitung überhaupt erst ermöglichen. Anhand der beteiligten Mechanismen lassen sich diese Bewegungsvorgänge in drei große

Gruppen gliedern, in die Turgor-, die Quellungs- und die Kohäsionsbewegungen.

Die Turgorbewegungen sind aktive Bewegungen, die auf dem Aufbau hoher Spannungs- oder Druckunterschiede in den Geweben beruhen (siehe Exkurs Kapitel 7). Erreicht der Turgor einen kritischen Grenzwert, werden die Verbreitungseinheiten weggeschleudert oder -gespritzt. Neben den eigentlichen spannungserzeugenden Geweben ist ein Widerlager erforderlich, um den für den Bewegungsvorgang notwendigen Gegendruck zu liefern. Sollbruchstellen ermöglichen das Loslösen oder Abreißen der Samen oder Sporen. Ausgelöst wird der „Abschuß" entweder durch die zunehmende Spannung im Gewebe selbst und/oder durch einen äußeren Reiz.

Bei hygroskopischen oder Quellungsbewegungen ist allein die Struktur der Zellwand entscheidend. Wasseraufnahme oder -abgabe durch die Zellwände (Quellung oder Entquellung) führt zu festgelegten, reversiblen Bewegungserscheinungen (siehe Exkurs in diesem Kapitel).

Auch bei Kohäsionsbewegungen ist Wasseraufnahme bzw. -abgabe verantwortlich für die Bewegung. Im Unterschied zu den Quellungsbewegungen dient aber nicht die Zellwand, sondern das Innere abgestorbener Zellen als Wasserreservoir. Sowohl Quellungs- als auch Kohäsionsbewegungen benötigen für die eigentliche Bewegung keine Stoffwechselenergie. Sie beruhen also allein auf physikalischen Vorgängen und gehören somit zur Gruppe der passiven Bewegungen.

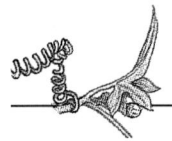
Spritzen und Schleudern –
die Turgorbewegungen

Das Springkraut oder Rühr-mich-nicht-an (*Impatiens noli-tangere*) – der Name ist Programm – soll am Anfang unserer Betrachtungen stehen. Besonders gut untersucht sind die Verhältnisse bei der Art *Impatiens parviflora*. Dessen Samenanlagen sind in fünf Kammern untergebracht, die aus den miteinander verwachsenen Fruchtblättern hervorgegangen sind. Wächst dieser synkarpe Fruchtknoten zur Frucht aus, so verlängern sich die Zellen der Fruchtwand in radialer Richtung. Im Quer- und Längsschnitt durch das Gewebe sehen sie daher palisadenartig aus. Nach außen wird die Fruchtwand durch eine kleinzellige Epidermis, nach innen durch mehrere Lagen von Faserzellen als Festigungsgewebe abgeschlossen. In der Zone der äußerlich sichtbaren Verdikkung liegen die Samen, die Fruchtwand ist an dieser Stelle besonders dünn. Die Palisadenzellen der Fruchtwand nehmen Wasser auf, wodurch sich ein Turgordruck aufbaut. Das osmotische Potential der Zellen erreicht Werte von über –20 bar. Die Faserzellen wirken dabei als Widerlager. Die Palisadenzellen könnten sich sonst in der Breite ausdehnen, und die Fruchtblätter würden sich nach außen wölben. Je größer der Turgordruck wird, desto höher wird die Spannung in den Verwachsungsnähten der Fruchtblätter. Noch verstärkt wird diese Labilität durch die Ausbildung eines Trennungsgewebes entlang der Nähte (mit Auflösung der Mittellamellen; siehe Exkurs in diesem Kapitel).

Sicher haben viele von uns als Kinder diesen „prall gefüllten" Zustand der Springkrautfrüchte herbeigesehnt und immer wieder getestet, ob die Früchte auf leichten Fingerdruck hin aufbrechen. Es genügt eine Berührung der Frucht, um die Samen explosionsartig freizusetzen. Die sich entladende Gewebespannung reißt die Fruchtblätter an ihren Verwachsungsnähten auseinander, die Verbindung mit dem Fruchtstiel löst sich, sie krümmen sich blitzschnell nach innen ein und schleudern die Samen fort. Dabei ver-

längert sich das nunmehr spannungsfreie Schwellgewebe um bis zu 32 Prozent, das gedehnte Widerstandsgewebe, die Schicht der Faserzellen, verkürzt sich um 10 Prozent. Auch ohne Berührung funktioniert der Ausschleudermechanismus, da in jedem Fall der Wert der elastischen Spannung immer größer wird und schließlich die Widerstandskraft der Verwachsungsnähte übersteigt. Dabei lassen sich ganz beträchtliche Schußweiten erzielen: Beim Kleinen Springkraut (*I. parviflora*) werden die Samen bis etwa drei Meter, beim Drüsigen Springkraut (*I. glandulifera*) bis zu sechs Meter weit fortgeschleudert (Abbildung 9.1).

Völlig anders aufgebaut sind die Früchte von *Cyclanthera brachystachya* (syn. *C. explodens*), der Explodiergurke, einer Pflanze des tropischen Südamerikas – das Prinzip ist jedoch identisch. Drei Fruchtblätter sind an einer einzigen Naht miteinander verwachsen und eben dort stehen auch die Samen in zwei Reihen. Auf der von den Samen abgewandten Seite wölbt sich die Fruchtwand unter Aufbau einer Turgorspannung bauchig nach außen. Sind die Samen reif, reißt die Fruchtwand in zwei Längshälften auseinander und schnellt – wie der deutsche Name schon verrät – wie zwei durch Spannung gebogene Metallstreifen nach außen. Dabei wird die gesamte Placenta, die Ansatzstelle der Samenanlagen, ab- und mitgerissen. Durch die Wucht der Schnellbewegung reißen die Samen ab und werden fortgeschleudert. Bei der Explodiergurke zieht sich das eigentliche Schwellgewebe in einem etwa ein Zentimeter breiten Band über die Frucht. Seitlich davon besteht die Fruchtwand aus dünnerem Gewebe. Reißt die Frucht am oberen Ende ein und ist somit das Widerlage ausgeschaltet, dann verlängert sich der Spalt blitzartig entlang des Schwellgewebes. Dieses dehnt sein Volumen um ein Viertel aus.

Einen Schleudermechanismus besonderer Art findet man bei einigen Schaumkräutern (*Cardamine*-Arten). Wie alle Kreuzblütler besitzen sie Schotenfrüchte, die aus zwei, durch eine falsche Scheidewand getrennten Fruchtblättern bestehen. Zur Fruchtreife öffnen sich die Fruchtblätter entlang ihrer Verwachsungsnähte.

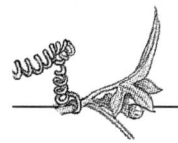

Die Fruchtblätter enthalten eine Schicht langgestreckter Zellen, deren nach innen weisende Wände stark verdickt sind. Im Querschnitt ähneln sie der Struktur von Wellpappe. Die unter Turgorspannung stehenden äußeren Zellen haben die Tendenz, sich abzukugeln, werden aber von der „Wellpappe" daran gehindert. Erst wenn die Turgorspannung zu hoch wird, reißen die Fruchtwände von unter her auf und rollen sich plötzlich nach außen ein. Dabei werden die Samen, die in kleinen Vertiefungen der Fruchtwand eingebettet sind, bis zu einem Meter weit fortgeschleudert. Die Wellpappenstruktur des Widerstandsgewebes ist dabei von entscheidender Bedeutung: Versucht man, eine Wellpappe durchzubiegen, widersteht sie zunächst, um dann aber plötzlich durchzuknicken.

Wie eine Rakete nach dem Rückstoßprinzip funktioniert die Frucht der Spritzgurke (*Ecballium elaterium*), einer Mittelmeerpflanze (Abbildung 9.2). Im Inneren der etwa pflaumengroßen Beerenfrucht befindet sich neben den Samen ein dünnwandiges Gewebe, Parenchym genannt, das einen hohen Turgordruck aufbauen kann (entsprechend einem osmotischen Potential von 15 bar). Zur Reifezeit steht die gesamte Frucht unter sehr hoher Spannung. Die Sollbruchstelle des Systems befindet sich am Ansatz der Frucht an ihrem Stiel. Wird der Druck im Inneren zu hoch, reißt die gesamte Frucht entlang eines Trennungsgewebes ab. Dabei geschieht zweierlei: Zum einen entlädt sich die Spannung explosionsartig, wodurch die Frucht wie eine Rakete abgeschossen wird. Dabei verkleinert sie sich in Längsrichtung um elf, in Querrichtung um 17 Prozent. Zum anderen werden die Samen mitsamt den verschleimten Parenchymzellen aus der entstandenen Öffnung ausgespritzt. Zur Reifezeit ist die Frucht um 40 bis 60 Grad nach unten geneigt (die spätere Abrißöffnung weist nach oben). Das Ausspritzen der Samen erfolgt also entlang einer ballistisch fast idealen Kurve, was sich in Anfangsgeschwindigkeiten von 15 bis 16 Metern pro Sekunde (dies entspricht einer Geschwindigkeit von über 50-Stunden-Kilometern!) und Weiten von über zwölf Metern äußert.

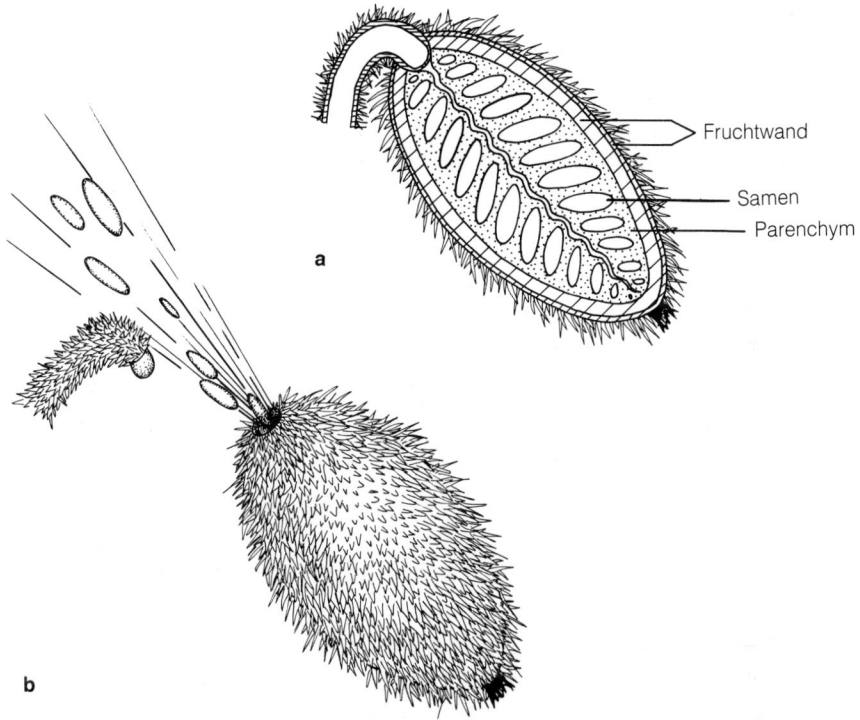

a

Fruchtwand

Samen

Parenchym

b

9.2 Die Frucht der Spritzgurke (*Ecballium elaterium*) im reifen Zustand (a). Das Parenchym, in das die Samen eingebettet sind, steht unter hohem Turgordruck. Übersteigt der Druck einen Schwellenwert, reißt die Frucht ab und wird fortgeschleudert (b). Gleichzeitig werden die Samen aus der entstandenen Öffnung meterweit ausgespritzt. Nach Haupt 1977.

Ein Schnellmechanismus sorgt bei der Brennessel (*Urtica dioica*) nicht für die Verbreitung der Samen, sondern der Pollenkörner. Bei dieser Pflanze sind männliche und weibliche Individuen getrennte Pflanzen, sie ist zweihäusig. Das sogenannte Filament, der Stiel, der die Pollenkapseln (die Antheren) trägt, ist im reifen Zustand stark eingekrümmt und wird vom verkümmerten Fruchtknoten festgeklemmt. Die Krümmung ist so stark, daß die Antheren fast den Blütenboden erreichen. Übersteigt die Spannung im Filament den entgegengesetzten Widerstand, schnellt

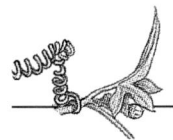

der Stiel nach außen und streut den Pollen weit aus den geöffneten Antheren aus.

Die sogenannte Quetschschleuder von *Dorstenia contrajerva* (zu ihrer Familie, den Moraceae, gehören zum Beispiel der Maulbeerbaum oder die Feige) funktioniert etwa so, wie das Wegschnippen eines Kirschkerns zwischen Daumen und Zeigefinger. Die weiblichen Blüten bilden nur einen einzigen Samen. Die Fruchtwand um den Samen ist ungleich stark: oben und an zwei Seiten recht dünn, an den beiden anderen Seiten jedoch stark verdickt. Der Samen selber wird von einer harten Zellschicht umgeben (Steinfrucht). Dadurch wird der Samen wie in einer Zange durch die beiden festen Fruchtwandflanken – vergleichbar mit dem Griff zwischen Daumen und Zeigefinger – eingequetscht. Zur Samen- und Fruchtreife baut sich eine hohe Gewebespannung in den äußeren Fruchtwänden (der Zange) auf. Überschreitet sie einen kritischen Wert, zerreißen die Zellen des Trennungsgewebes und werden so zu einer Art Schmiermittel – der Steinkern wird drei bis vier Meter weit weggeschleudert.

Bei den Pilzen findet man eine Vielzahl von Schleudermechanismen, die hier nur am Rande als Curiosum erwähnt werden sollen. Schlauchpilze entwickeln auf einer einzelnen Zelle eine Art Deckel, der zusammen mit dem Zellinhalt inklusive der Sporen abgeschossen wird, wenn sich eine hohe Spannung aufgebaut hat. Bei einigen Schlauchpilzen spielt neben Feuchtigkeit Licht eine wichtige Rolle beim Ausschleudern der Sporen; so kann man Tagschleuderer und Nachtschleuderer unterscheiden. Eine interessante Modifikation des Schleudermechanismus findet sich bei dem Pilz *Pleospora*. Hier werden die Sporen nicht alle auf einmal ausgeschleudert, sondern der Binnendruck reicht jeweils aus, eine einzige Spore aus der Ascusöffnung herauszuquetschen. Die nächste Spore versperrt wie ein Stopfen die Ascusöffnung so lange, bis der Druck wieder weit genug angestiegen ist, um auch sie abzuschießen. Neben Turgorprozessen spielen vermutlich auch Quellungsvorgänge eine Rolle.

Gleich 50 000 Sporen auf einmal schleudert *Pilobulus*, der „Pillenwerfer", ab (Abbildung 9.3). Dieser zur Klasse der Zygomycetes gehörende Pilz wächst bevorzugt auf Pferdemist. Als Besonderheit kommt hinzu, daß *Pilobulus* seine Sporangienträger positiv phototrop zur stärksten Lichtquelle hin orientiert (siehe Kapitel 5), die Sporen also zum Licht hin ausschleudert. Verantwortlich für die Bewegung ist der Sporangienträger, der durch Wasseraufnahme blasig anschwillt. Das gesamte Sporangium mit seinem Sporeninhalt sitzt dem einzelligen Sporangienträger auf, der mit einer Art Zapfen, der sogenannten Columella, in das Sporangium hineinreicht. An ihrer Basis ist die Columella weit weniger elastisch als die Wand des übrigen Sporangienträgers, daher ist dort die Sollbruchstelle zu suchen. Das Abschießen des Sporangiums funktioniert ähnlich wie das Ausstoßen eines Sektkorkens, nur wird der Gasdruck der Flasche durch den Binnendruck und die elastische Wandspannung des Sporangienträgers ersetzt. Da

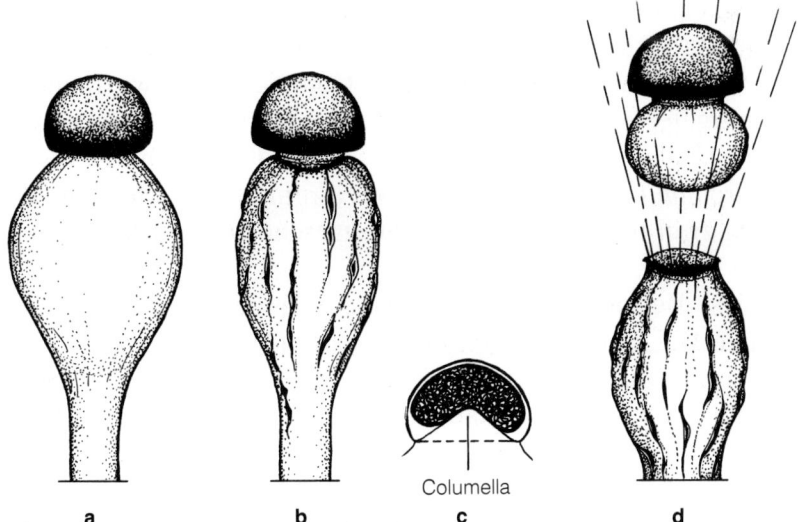

Columella

a   b   c   d

9.3 Der Schleudermechanismus des Pillenwerfers (*Pilobulus*). Der reife Sporangienträger (a) steht unter hoher Turgorspannung. Entzieht man ihm Wasser, schrumpft er (b). Das Sporangium sitzt einem Stielchen, der Columella, auf (c). Wird der Binnendruck des Sporangienträgers hoch genug, wird das Sporangium mit seinem Sporeninhalt weit fortgeschleudert (d). Nach Haupt 1977.

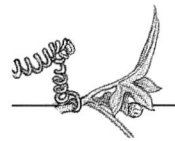

der Sporangienträger sich positiv phototrop orientiert, schießt das Sporenpaket aus dem Pferdemist heraus, dem Licht entgegen. Mit einer Anfangsgeschwindigkeit von etwa zehn Metern pro Sekunde (über 30 Stundenkilometern) schleudert das Sporangium bis 1,8 Meter hoch und 2,5 Meter weit.

Bei dem zu den Stäublingen gehörenden Pilz *Sphaerobolus stellatus* liegen die Sporen in einem bei der Reife becherförmigen Fruchtkörper von der Größe eines Senfkorns. Da die Außenwand des Bechers bestrebt ist, sich abzurunden, gerät die Innenwandung unter einen zunehmenden Druck, bis sie sich schließlich schlagartig nach außen stülpt, wodurch die Sporen weggeschleudert werden.

Vergleichbar dem Schlagen eines Tennisballes werden die von sogenannten Conidien umgebenen Sporen bei *Conidiobulus* abgeschossen. Die Funktion des Tennisschlägers übernimmt hier der sogenannte Conidienträger, der die Conidie zunehmend, unter Aufbau eines immer größeren Druckes, abschnürt, um sich so selbst kugelförmig abzurunden. Der Conidien„ball" wird mehrere Zentimeter weit fortgeschleudert. Bei Höheren Pflanzen kennt man einen ähnlichen Mechanismus bei der Knöterichart *Polygonum virginianum*, deren Früchte von ihrem Stiel bei leichter Berührung zwei bis drei Meter weit weggeschossen werden.

Alle diese Beispiele werfen die Frage nach dem auslösenden Reiz auf. Bei dem auf Pferdemist wachsenden *Pilobolus* ist es das Licht. Beim Springkraut oder der Spritzgurke kann es zwar Berührung als äußerer Anlaß sein, die den Alles-oder-Nichts-Mechanismus initiiert oder zumindest unterstützt, doch laufen die Bewegungen grundsätzlich auch ohne äußeren Reiz ab. Selbst endogene Reize, wie bei den tagesperiodischen Bewegungen (siehe Kapitel 7), sind nicht nachgewiesen. Ursache wie Anlaß beruhen auf inneren Voraussetzungen, dem Entwicklungszustand des Organs. Das Differenzierungsprogramm liefert bei den besprochenen Turgorbewegungen also nicht nur die Voraussetzungen

für den Ablauf einer Reiz-Reaktions-Kette, sondern die Auslösung der Reaktion ist fester Bestandteil der Differenzierung. In einer normalen Reiz-Reaktions-Kette ist der Zeitpunkt der Reaktion direkt an den auslösenden Reiz gekoppelt. Bei den Turgorschleuder- oder -spritzbewegungen ist dagegen der aktuelle Zeitpunkt in der Regel zufällig: Sobald der Widerstand von Widerlagern (auch diese sind Bestandteil des Differenzierungsprogramms) überwunden wird, erfolgt die Bewegung. Die einzige zeitliche Koordination, die notwendigerweise stets erfüllt wird, ist die gemeinsame Reifung von Sporen, Samen oder Früchten und Bewegungsgewebe.

Exkurs: Die Zellwand

Die pflanzliche Zellwand besteht zum überwiegenden Teil aus Cellulose, die auch Grundstoff der Baumwolle und des Papiers ist. Daneben treten Hemicellulosen und Pektine auf (Abbildung E.9.1).

Cellulose ist ein sehr homogenes Molekül aus 300 bis 3000 Glucoseeinheiten, die zu einer langen, gestreckten Polysaccharidkette verknüpft sind. Einzelne Celluloseketten stehen seitlich über Wasserstoffbrücken miteinander in Verbindung. Etwa 100 Ketten bilden sogenannte Elementarfibrillen oder Micellarstränge. Elektronenmikroskopisch sichtbar sind die Mikrofibrillen, die aus etwa 20 Elementarfibrillen bestehen. Auch sie sind untereinander verbunden, wobei verschiedene Zucker wie Rhamnogalacturonan, Arabinogalactan und Xyloglucan als Molekülbrükken dienen. Zusammengelagert sind Mikrofibrillen zu Makrofibrillen mit einem Durchmesser von etwa 0,4 Mikrometer (ein Mikrometer entspricht einem tausendstel Millimeter).

Unter dem Begriff Hemicellulosen (oder Cellulosanen) versteht man verschiedene nichtcellulosische Polysaccharide, die vor allem die strukturlos erscheinende Grundsubstanz der Zellwand bilden.

Protopektine sind eine Mischsubstanz von Zuckern und Zuckersäuren, die kettenförmige Moleküle bilden. Ihr besonderes Kennzeichen ist die

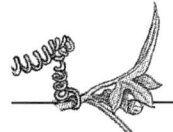

Quellbarkeit und elastische Verformbarkeit. Wegen der negativ geladenen Säuregruppen können sich zweiwertige, positiv geladene Ionen wie Calcium oder Magnesium anlagern und die einzelnen Molekülketten miteinander vernetzen.

In beschränktem Ausmaß enthalten Zellwände auch Proteine und komplexe Moleküle, beispielsweise Lignin als Grundsubstanz von Holz, Cutin, das die Wasserdurchlässigkeit stark herabsetzt, oder Kieselsäure.

Gebildet wird die Zellwand nach Teilung einer Meristemzelle. Von dem Golgi-Apparat, einer Zellorganelle, gebildete membranbegrenzte Bläschen, die Dictyosomen, transportieren Protopektine an den Ort der späteren Zellwand. Die Vesikel verschmelzen miteinander, und ihr Inhalt bildet in Form der Mittellamelle die erste Trennwand zwischen den beiden neuen Tochterzellen.

Die Primärwand bildet sich auf der Mittellamelle, indem weitere Protopektine, aber auch Hemicellulosen und Cellulose aufgelagert werden. Da der Celluloseanteil der Primärwand zehn Prozent nur selten übersteigt, ist auch sie in gewissem Maße dehnbar. Mit der Sekundärwand wird schließlich die endgültige Zellwand gebildet. Wegen ihres hohen Celluloseanteils von über 90 Prozent ist sie relativ starr.

Cellulosefibrillen können in Zufallsverteilung wie in der Primärwand vorliegen. In diesem Fall spricht man von Streutextur. In den Sekundärwänden sind die Fibrillen meist gleichförmig ausgerichtet — man bezeichnet dies als Paralleltextur. Von Schicht zu Schicht kann jedoch die Hauptrichtung der Fibrillen wechseln, so daß die Wand eine hohe Stabilität gegenüber Zug und Druck erreicht. Von besonderer Bedeutung ist die Textur der Zellwand für die Quellungsbewegungen. In die kleinen Zwischenräume zwischen den Fibrillen kann sich Wasser einlagern und so das Wandvolumen vergrößern. Entsprechend kann eine Volumenvergrößerung oder -verminderung jedoch immer nur senkrecht zur Längsrichtung der Cellulosemoleküle und damit zur Texturrichtung eintreten. Durch Ausbildung parallel geschichteter Wände hat eine Pflanze daher die Möglichkeit, die Richtung späterer Quellungsvorgänge bereits während des Wandaufbaus festzulegen.

E.9.1 Der Aufbau einer Zellwand. Einzelne Zuckermoleküle (Glucose) verbinden sich zu langen, geraden Ketten, der Cellulose. Diese Ketten sind untereinander über Wasserstoffbrücken verbunden. Etwa hundert dieser Ket-

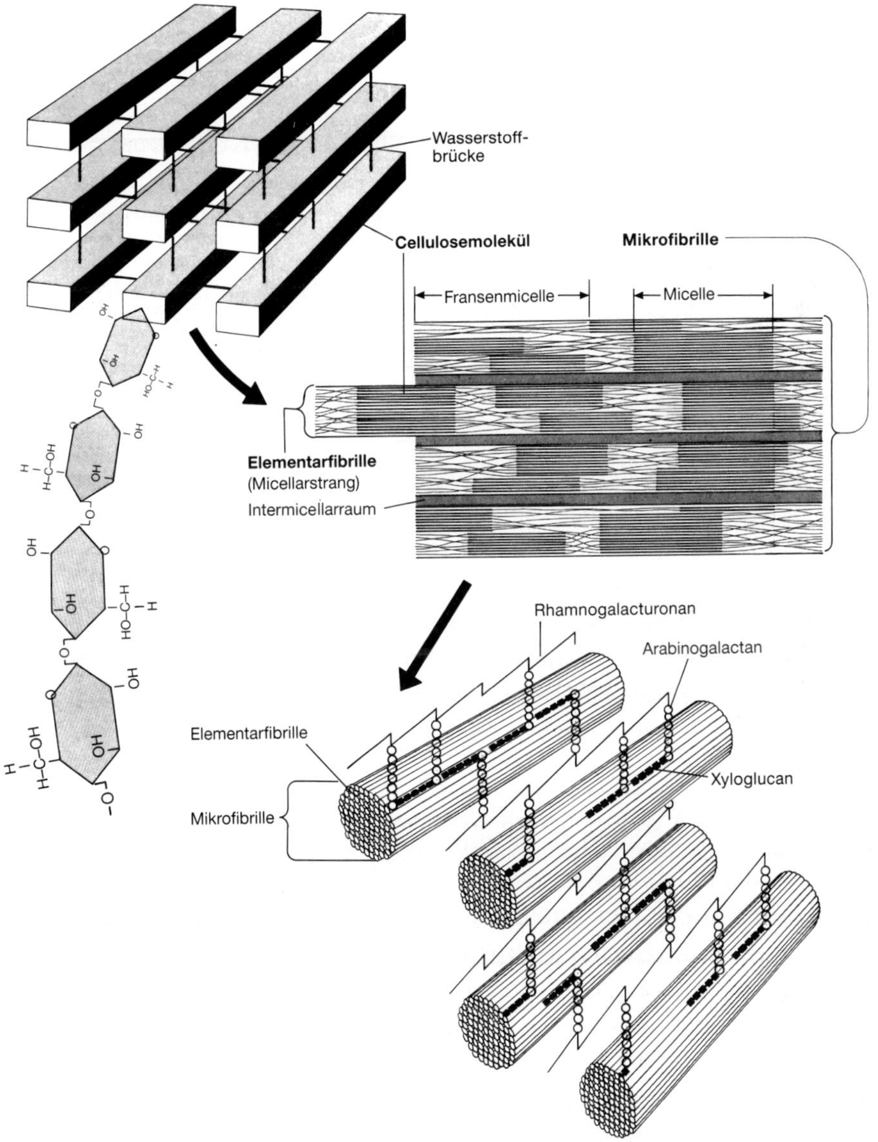

Wasserstoff-
brücke

Cellulosemolekül

Mikrofibrille

Fransenmicelle

Micelle

Elementarfibrille
(Micellarstrang)

Intermicellarraum

Rhamnogalacturonan

Arabinogalactan

Elementarfibrille

Xyloglucan

Mikrofibrille

ten bilden eine Elementarfibrille, die sich ihrerseits zu den elektronenmikroskopisch sichtbaren Mikrofibrillen zusammenschließen. Diese sind über Brücken aus verschiedenen Zuckermolekülen untereinander vernetzt und können Makrofibrillen bilden. Nach Lüttge et al. 1988.

197

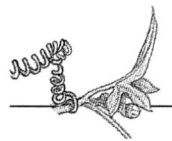

Hygroskopische oder Quellungsbewegungen

Bei den Quellungs- und den unten beschriebenen Kohäsionsbewegungen ist die „Beteiligung" des Organismus am eigentlichen Bewegungsablauf noch geringer anzusetzen. Lebende Zellen liefern durch den Aufbau besonderer Zellwände und -verbände nur die physikalischen Voraussetzungen für eine Bewegung. Auslösung und Ablauf der Bewegung sind abgekoppelt vom Zustand des Lebens – sie erfolgen passiv und können auch von abgestorbenen Zellen ausgeführt werden. Der Wasserdampfgehalt der Umgebungsluft bestimmt als direkte physikalische Folge den Wassergehalt der Zellen und deren Wände. So kommt es zu einer reversiblen Bewegung. Obwohl die Luftfeuchtigkeit einen echten Außenreiz darstellt, können diese Bewegungserscheinungen nicht als Reiz-Reaktions-Kette aufgefaßt werden. Ihnen fehlt als wesentlicher Faktor die aktive Beteiligung der lebenden Zelle – es kann so keine Reizwandlung oder Erregungsleitung stattfinden. Da die Richtung der Bewegung bereits in der Anlage des Gewebes festgeschrieben wird, besteht eine gewisse Analogie zu den Nastien (siehe Kapitel 1).

Bei den hygroskopischen Bewegungen ist der Wassergehalt (der Quellungszustand) der Zellwand für die Bewegung verantwortlich (siehe Exkurs). Der quellbare Anteil der Zellwand besteht vor allem aus dem Kohlenhydrat Pektin. Weniger gut nehmen die sogenannten Hemicellulosen Wasser auf, und Cellulosefasern, die den Hauptanteil der Zellwand ausmachen, sind in Längsrichtung so gut wie gar nicht quellbar. Das Bewegungsprinzip beruht auf der sogenannten Anisotropie der Zellwände. Nimmt Pektin Wasser auf, so erfolgt die Volumenzunahme gleichmäßig in alle Richtungen, also isotrop. Da die Cellulosemikrofibrillen in den Zellwandschichten der Bewegungsgewebe stets gleichmäßig ausgerichtet sind – sie legen die Textur der Wand fest –, können sich die Wände bei Wassereinlagerung

ausschließlich senkrecht zur Ausrichtung der Cellulosefasern vergrößern. Quellung und Schrumpfung erfolgen somit gerichtet oder anisotrop. Die Pflanze hat daher die Möglichkeit, bereits während der Differenzierung eines Bewegungsgewebes die spätere Bewegungsrichtung durch die Zellwandtextur festzulegen.

In Modellversuchen kann man die möglichen Bewegungsmuster recht gut simulieren (Abbildung 9.4). Bei der Herstellung von Schreibpapier wird der Papierbrei so ausgestrichen, daß die Cellulosefasern alle in einer Richtung orientiert sind. Eine einfache Papierlage wird durch Wasseraufnahme gequollen; sie verlängert sich einseitig, wobei die Richtung der Ausdehnung senkrecht zur Richtung der Fasern (der Textur) steht. Der gequollene Zustand entspricht der Situation der noch lebenden Zelle, wenn die Zellwände mehr oder weniger wassergesättigt sind. Nach dem Absterben der Zelle und dem Verdunsten des Zellwandwassers kann es nun – je nach Ausrichtung der Fibrillen – zu einer Einkrümmung der Wand kommen. In unserem Versuch kleben wir zunächst zwei nasse, gequollene Papierstreifen so aneinander, daß die Faserrichtungen genau senkrecht zueinander stehen. Beim Trocknen rollt sich der Streifen ein. Die Streifenhälfte mit quer zur Längsausdehnung ausgerichteten Fasern vermindert ihr Volumen in Längsrichtung. Die Entquellung der Streifenhälfte mit Längstextur wirkt sich dagegen kaum aus. Verwirklicht ist dies in der Natur bei den Peristomzähnchen der Moose.

In der Natur recht häufig ist ein weiterer Fall, der im Papierstreifenmodell simuliert werden kann: Hierbei werden die beiden Papierstreifen so aufeinander geklebt, daß ihre Textur schräg zueinander (zum Beispiel im Winkel von 45 Grad) orientiert ist. Durch Austrocknen verkürzen sich beide Papierstreifen um einen gewissen Betrag in Querrichtung – es resultiert eine Verdrillung oder Torsion. Direkt sichtbar ist eine solche Torsion an den Hülsen vieler Schmetterlingsblütler (Fabaceae). Aus der Kombination unterschiedlicher Texturen resultieren komplexere Entquellungsbewegungen.

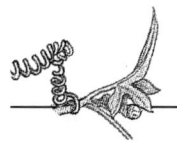

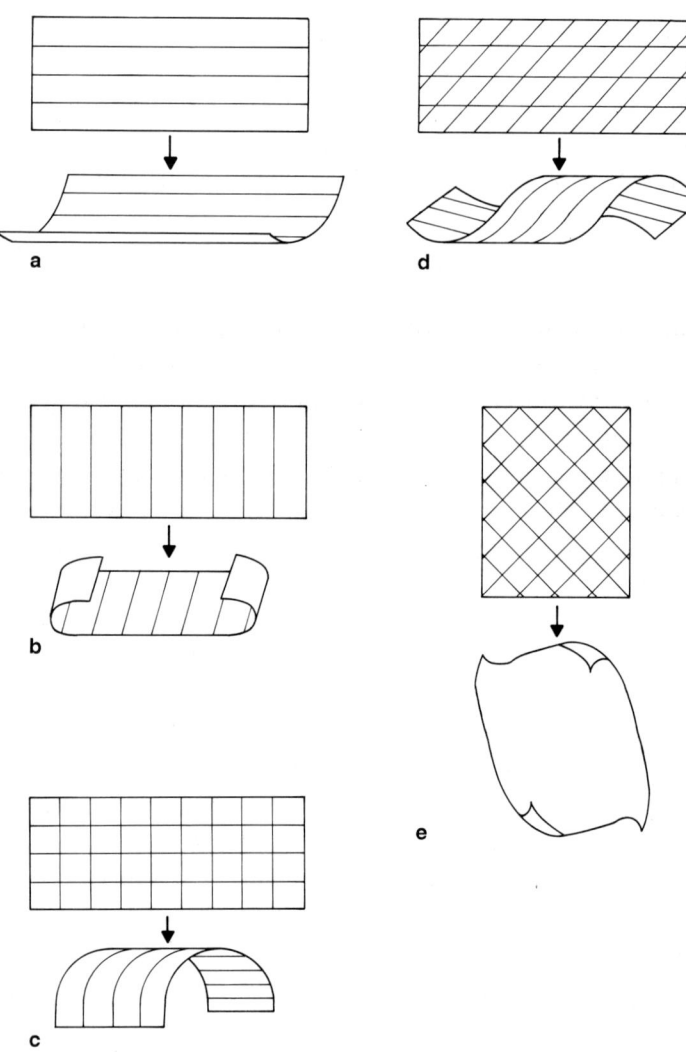

9.4 Quellungsbewegungen am Papierstreifenmodell. Dargestellt ist jeweils der feuchte (glatte) und trockene (gekrümmte) Zustand der Streifen. a) und b) Bei einfacher Lage der Fasern krümmen sich die Streifen beim Trocknen stets senkrecht zur Faserrichtung ein. Bei doppellagigen Streifen und unterschiedlicher Faserrichtung (c bis e) richtet sich die Krümmung nach der Orientierung der Fasern. Verlaufen die Fasern im Winkel von 90 Grad zueinander, resultiert je nach ihrer Orientierung relativ zur Form der Streifen eine Biegung (c) beziehungsweise eine randliche Aufkrümmung (e). Ist der Winkel kleiner (d), windet sich der Streifen auf (Torsion). Nach Guttenberg 1971.

Die Peristomzähnchen der Laubmoose

Auf besonders eindrucksvolle Weise werden hygroskopische Bewegungen durch die Peristomzähnchen der Laubmoose demonstriert (Abbildung 9.5). Die haploiden Moospflänzchen (sie besitzen nur einen Chromosomensatz) bilden eine auf einem Stielchen sitzende Kapsel aus, in deren Inneren sich haploide Sporen bilden. Bei den Laubmoosen ist der Sporenbehälter im Zustand der Sporenreife relativ dicht durch kleine, ineinandergreifende Zähnchen, das Peristom, verschlossen. Die Peristomzähnchen reagieren bereits auf leichte Veränderungen der Luftfeuchtigkeit mit einer Bewegung: Im feuchten, gequollenen Zustand bleiben sie geschlossen. Nimmt die Luftfeuchtigkeit ab, verdunstet Wasser aus den Peristomzähnchen, und die Kapsel öffnet sich. Damit gelangen die Sporen bei Trockenheit ins Freie und können so leicht vom Wind verbreitet werden.

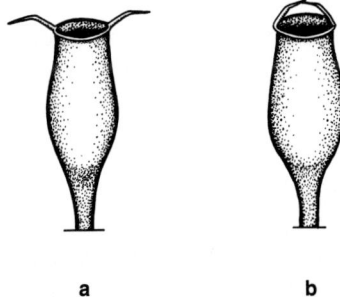

a   b

9.5 Schematische Darstellung eines Moosperistoms, die sporenenthaltende Kapsel. Dargestellt sind nur jeweils zwei der vielen Peristomzähnchen. a) zeigt die bei Trockenheit geöffnete Kapsel — die Zähnchen weisen nach außen — und b) den geschlossenen Zustand. Nach Haupt 1977.

Jedes Peristomzähnchen besteht aus zwei Zellschichten, von denen aber im reifen Zustand nur noch die aneinandergrenzenden Zellwände erhalten sind. Während der Differenzierung, also im lebenden Zustand, werden die Zellwände der beiden Schichten je nach Gattung unterschiedlich texturiert. Beim Laubmoos *Orthotrichum* (Goldhaarmoos) erhält die zum Kapselinneren gerich-

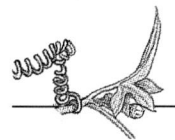

tete Wandschicht eine Längs-, die nach außen gerichtete eine
Quertextur. Durch Wasseraufnahme verlängert sich die äußere
Wandschicht relativ stärker als die innere – die Peristomzähn-
chen krümmen sich einwärts und verschließen die Kapsel. Bei
Trockenheit schrumpft die äußere Schicht entsprechend stärker –
die Peristomzähnchen krümmen sich auswärts und geben die
Kapselöffnung frei.

Noch komplizierter sind die Verhältnisse bei *Brachythecium*
(Kurzbüchse), da sich dort die Textur im oberen Teil der Zähnchen umkehrt. Bei Austrocknung krümmt sich der untere Teil
der Peristomzähnchen nach außen, der obere nach innen, so daß
jeder Zahn etwa S-förmig gebogen ist. Hinzu kommt ein weiterer
Hilfsmechanismus: Im feuchten Zustand sind die beweglichen äußeren zwischen die unbeweglichen inneren Peristomzähnchen
eingekrümmt. Beim Übergang in den S-förmigen Zustand bleiben sie zunächst eingeklemmt, bauen dabei aber eine gewisse
Spannung auf. Schließlich schnellen sie nach außen und können
dabei einzelne Sporen mitreißen, die so fortgeschleudert werden.

Quellungsbewegungen bei Farnen

Die Farne der Familie Dicksoniaceae waren im Jura weit verbreitet und leben als Baumfarne noch in den heutigen Tropen
und Subtropen. Ihre Sporangien stehen zu mehreren zusammen
und werden wie bei vielen Farnen durch eine Art Häutchen, das
sogenannte Indusium, geschützt. Die Besonderheit des *Dickso-
nia*-Indusiums besteht darin, daß es sich bei Trockenheit wie ein
Maul öffnet und bei Feuchtigkeit schließt. Ermöglicht wird dies
durch zwei Lagen von Zellen mit ausgesprochener Quertextur,
die sich bei Trockenheit verkürzen und so die Freisetzung der
Sporen ermöglicht. Für die Sporenverbreitung günstiges Wetter
wird somit ausgenützt. Durch Wassereinlagerung in die Wände
krümmt es sich bei feuchtem Wetter und verschließt die Sporan-
giengruppe.

Bewegungen von Einzelzellen beim Schachtelhalm

Quellungsbewegungen auf der Basis von Einzelzellen sind bei den Sporen des Schachtelhalm (*Equisetum* spec.) verwirklicht. An der Spitze der fertilen Schachtelhalmsprosse stehen als zapfenähnliche Gebilde die Sporophylle, an denen wie kleine Säckchen die Sporangien angehängt sind. Im Inneren des Sporangiums befindet sich neben den Sporen eine Art Nährgewebe, das Periplasmodium, dessen Besonderheit darin besteht, daß alle seine Zellwände aufgelöst sind. Seine Aufgabe besteht in der Bildung einer zusätzlichen Wandschicht für die Sporen, des Perispors. Dieses ist nun nicht einfach eine zusätzliche Wandverdikkung, sondern besteht aus zwei Bändern, den Hapteren, die nur in ihrem Mittelteil fest mit der übrigen Sporenwand verbunden sind. An den freien Enden sind die Hapteren spatelartig verbreitert. In feuchtem Zustand umschließen sie die Spore in einer festen, engen Schraube. Bei Austrocknung entrollt sich die Hapterenschraube, dabei dehnen sich einzelne Schraubenwindungen, die Schraubenlänge bleibt jedoch gleich. Der Endpunkt der Bewegung ist erreicht, wenn die Hapteren fast völlig gestreckt sind. Im Falle der Hapteren liegt keine Anisotropie der Zellwände vor. Grund für das Strecken der Schraube ist vielmehr der chemische Aufbau der Bänder: Die außen liegende Schicht ist stark, die innere (den Sporen zugewandte) Schicht weniger stark quellbar. Durch Wasserverlust schrumpft daher die Außenschicht stärker ein als die innere – das eingerollte Hapterenband streckt sich. Wenn das Wasser weitgehend verdunstet ist, gewinnt eine dünne, abschließende Außenschicht an Bedeutung. Sie enthält abwechselnd schräg gestellte Stege und Kerben. Der Widerstand der harten Stege führt dazu, daß die Entquellungsbewegung der Hapteren in eine Torsion überführt wird. Als Auslöser für die Bewegungen genügt eine extrem geringe Änderung in der Luftfeuchte. Bereits das Anhauchen der Sporen hat eine Bewegung zur Folge. Aufrollen um die Spore, Entrollen und Torsion sind reversibel und werden vom System je nach Feuchte wiederholt.

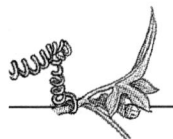

Da die Sporen des Schachtelhalms nur wenige Tage keimfähig bleiben, müssen sie innerhalb dieser Zeitspanne in eine günstige Umgebung gelangt sein. Die Hapterenbewegung trägt das ihrige dazu bei, da die spatelförmigen Enden in Bodenunregelmäßigkeiten Halt finden. Ein Nebeneffekt vor allem der Torsionsbewegungen ist eine Verkettung der Sporen untereinander. Dies macht fortpflanzungsbiologisch durchaus Sinn, da somit auch die aus den Sporen entstehenden Vorkeime gehäuft nebeneinander vorkommen und die Wege zwischen den darauf gebildeten männlichen und weiblichen Keimzellen, den Gameten, kurz bleiben.

Fruchtöffnungen bei Höheren Pflanzen

Quellungsbedingte Öffnungsbewegungen sind nicht auf Moose und Farne beschränkt. Beim Seifenkraut (*Saponaria officinalis*) ist die Fruchtkapsel ebenfalls von Zähnchen verschlossen. Die abgestorbene äußere Zellschicht besitzt besonders dicke äußere Zellwände. Bei Eintrocknung schrumpfen diese Wandanteile vorwiegend in Längsrichtung stark ein und nehmen dabei die restlichen Zellschichten mit – die Kapselzähne krümmen sich nach außen und geben den Weg für die Samen frei. Bei feuchtem Wetter schließt sich die Kapsel wieder.

Die Konstruktion der Kapselwände bei den Veilchen ist so angelegt, daß die Samen mehr als vier Meter weit fortgeschleudert werden können. Beim Austrocknen reißt die Fruchtwand von oben her zunächst in drei Klappen auf, die sich dann etwa horizontal abspreizen. Trocknen die Fruchtwände noch weiter aus, bewegen sie sich aufeinander zu und quetschen das Fruchtinnere zusammen. Dadurch werden die Samen vergleichbar dem Wegschnippen von Kirschkernen durch Druck zwischen Daumen und Zeigefinger weggeschleudert.

Bei der „Rose von Jericho" (*Anastatica hierochuntica*) ist die ganze Pflanze zu solchen Einroll- und Einkrümmungsbewegun-

gen befähigt. Man sieht sie meist im trockenen Zustand als gräuliche Kugel. Die abgestorbenen Zweige sind dabei nach innen eingerollt. Befeuchtet man diesen Ball, so entfalten sich die Zweige nach außen. Lange Zeit glaubte man, daß die trockene Pflanze als Ganzes durch den Wind wie ein Ball über die Steppe getrieben und so verbreitet wird. Bei feuchten Umweltbedingungen könnte sie ihre Samen ausstreuen, so daß die Bewegung eine ökologisch sehr sinnvolle Anpassung darstellen würde. Doch wird die Rose von Jericho nicht als Ganzes verbreitet, so daß der biologische Hintergrund dieser Bewegung noch unbekannt ist.

Fast überdeutlich ist dagegen die biologische Bedeutung der Bewegungen vieler Storchschnabelgewächse (Geraniaceae; Abbildung 9.6). Die Teilfrüchte des Reiherschnabels (*Erodium*) enden in einer langen Granne. In diesem Fruchtabschnitt sind die Texturen der Zellwände schräg zueinander orientiert. Bei Trocken-

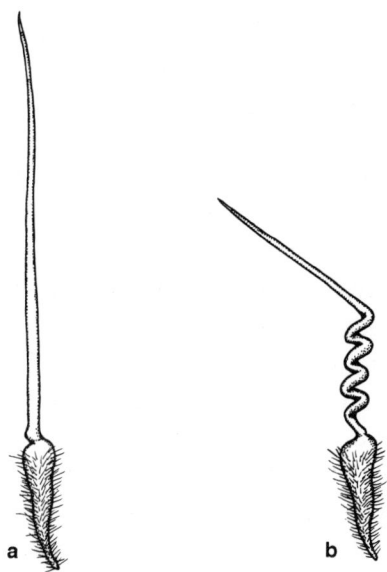

9.6 Teilfrucht eines Storchschnabelgewächses. Im feuchten Zustand (a) ist die Granne gestreckt. Bei Austrocknung dreht sie sich schraubig auf (b). Mit den schräg stehenden Borsten schraubt sich die Teilfrucht ins Erdreich und wird dort verankert. Nach Haupt 1977.

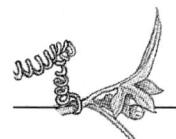

heit rollen sie sich daher schraubig ein (vergleichbar der Torsion im Papierstreifenmodell), bei Feuchtigkeit strecken sie sich. Gelangt eine solche Frucht aufs Erdreich, so wird sie durch Übertragung der Drehbewegung der Granne regelrecht in den Boden geschraubt. Eine Rückbewegung verhindern steife Borsten auf der Oberfläche der Frucht, die wie Widerhaken wirken. In diesem Fall sorgt die Bewegung also dafür, daß optimale Keimungsbedingungen geschaffen werden.

Mit etwas Geschick kann man aus einer *Erodium*-Teilfrucht ein einfaches Hygrometer bauen. Dazu wird ein kleines Loch in ein Stück Pappe gebohrt und die Frucht hindurchgesteckt, so daß die rechtwinklig abstehende Granne frei herausragt. Je nach Luftfeuchte wird sich die Granne im Uhrzeiger- (zunehmende Feuchte) oder im Gegenuhrzeigersinn (zunehmende Trockenheit) bewegen.

Beim Storchschnabel (*Geranium*) wird die Aufrollbewegung der „Schnäbel" in eine Schleuderbewegung umgesetzt, mit der sich die Teilfrüchte ablösen. In der Blüte sind die fünf Fruchtblätter des Fruchtknotens so zusammengewachsen, daß ihre inneren Anteile eine Säule bilden. Die Samen stehen am Grunde der Fruchtblätter, die schnabelartig verlängert sind. Die zentrale Säule bildet ein Widerlager, während die Texturierung der äußeren Fruchtwand für die Bewegung verantwortlich ist. Deren innere Schichten sind vorwiegend längs, die äußeren quer texturiert. Trocknen die Früchte aus, so können sich die Fruchtwände durch das Widerlager der Säule nicht nach außen einrollen, es baut sich eine Spannung auf. An ihrer Spitze sind die Fruchtblätter fest mit der Säule verwachsen. Schließlich löst sich die Spannung schlagartig, die Fruchtblätter reißen unten ab, schnellen spiralig zusammen und die Samen werden 1,5 bis 2,5 Meter weit fortgeschleudert.

An einem Kiefernzapfen kann man die hygroskopische Bewegung der Zapfenschuppen selber nachvollziehen. Die Unterseite

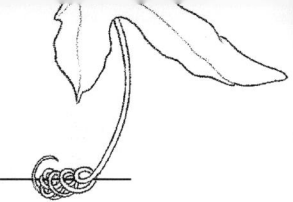

der Schuppen ist stärker quellbar als die Oberseite. Taucht man einen geöffneten Zapfen in ein Glas Wasser ein, so nehmen die Zellwände Feuchtigkeit auf und schließen sich innerhalb von zwei bis drei Stunden. Der Trocknungsvorgang dauert weit länger. Läßt man den Zapfen jedoch lange genug liegen, so spreizen die Schuppen wieder auseinander. Der biologische Sinn liegt im Freisetzen der geflügelten Kiefernsamen, die sich von den trockenen, geöffneten Schuppen ablösen und vom Wind verbreitet werden. Bei einem Spaziergang durch einen Kiefernwald kann man an heißen Tagen die „Bewegung" der austrocknenden und sich streckenden Zapfenschuppen als Knistergeräusch regelrecht „hören".

Kohäsionsbewegungen

Waren es bei der Quellungsbewegung die Zellwände, deren Volumenveränderung durch Wasseraufnahme und -abgabe der Bewegung zugrunde lag, so sind es bei den Kohäsionsbewegungen ganze Zellen oder Zellverbände. Unter Kohäsion versteht man den Zusammenhalt von Molekülen. Wasser als Dipolmolekül, das heißt als Molekül mit ungleichmäßiger Ladungsverteilung, besitzt besonders hohe Kohäsionskräfte. Physikalische und anatomische Grundlage aller Kohäsionsbewegungen ist die auf der Verdunstung von Zellwasser beruhende Volumenverminderung bestimmter Zellen. Wegen der Kohäsion der Wassermoleküle und ihrer Adhäsion an die Wände werden die Zellwände theoretisch gleichmäßig nach innen gezogen. Da sie aber in der Regel ungleichmäßig verdickt sind, werden die dünneren Wände den Zugkräften weniger Widerstand leisten als die verdickten Wandanteile – es entsteht eine gerichtete Zugspannung. Durch Addition der Zugkräfte einzelner Zellen entstehen sehr hohe Gesamtzugkräfte, die eine Bewegung auslösen können.

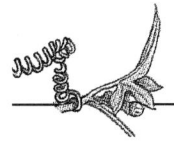

Öffnung des Farnsporangiums

Das klassische Beispiel für eine solche Bewegung ist die Öffnung des Farnsporangiums. Bei der Familie der Polypodiaceae, zu der so bekannte und häufige Farne wie der Adlerfarn gehören, besteht die Wandung des gestielten Sporangiums aus dünnwandigen Zellen. Als spezielle Differenzierung zieht sich der Anulus, ein Ring besonders großer Zellen, längs um das Sporangium

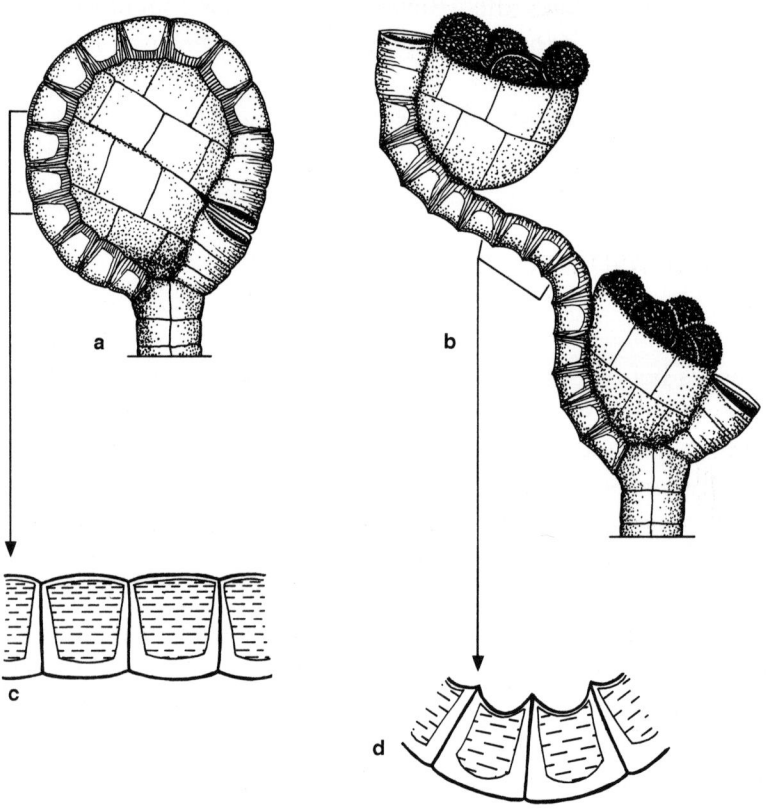

9.7 Die Aufreißbewegung des Farnsporangiums, um die enthaltenen Sporen freizusetzen. Im feuchten, geschlossenen Zustand sind die toten Zellen des ringförmigen Anulus mit Wasser gefüllt (a und c). Durch Verdunstung des Wassers (d) entsteht eine Zugspannung, wodurch schließlich das Sporangium an seiner Sollbruchstelle aufreißt (b). Nach Haupt 1977.

(Abbildung 9.7). Ausgespart bleibt nur eine schmale Region mit normalen, dünnwandigen Zellen, der Bereich der späteren Aufreißstelle (das sogenannte Stomium). Die aneinandergrenzenden und die Innenwände der Anuluszellen sind verdickt und erscheinen im Querschnitt U-förmig; die Außenwand ist zart und elastisch.

Zunächst sind diese Zellen mit Wasser gefüllt, das jedoch mit zunehmender Austrocknung verdunstet und das Zellumen vermindert. Messungen am Anulus haben ergeben, daß die Wasserfüllung negativen Drücken (Zugspannungen) von bis zu -360 bar standhält, ehe sie von den Zellwänden abreißt (manche Autoren geben den negativen Druck sogar mit -1000 bar an). Da die dicken Zellwände der Volumenverminderung einen starken Widerstand entgegensetzen, biegt sich die äußere Zellwand nach innen, und die beiden Schenkel des U's nähern sich einander. Aus der Summation der Zugkräfte aller Anuluszellen entsteht ein starker, tangential wirkender Zug, der eine leichte Vergrößerung des Krümmungsradius zur Folge hat. Schließlich wird die Zugkraft so groß, daß das Sporangium am Stomium aufreißt; es öffnet sich, und die Sporen werden frei. Zu diesem Zeitpunkt hält die Kohäsionskraft dem Zug aber noch stand. Da die Wasserverdunstung weiter fortschreitet, biegt sich der Anulus immer weiter nach außen, bis er schließlich konkave Form annimmt. Die Austrittsöffnung für die Sporen wird somit ständig weiter vergrößert. Schließlich wird die Zugspannung in den einzelnen Zellen so hoch, daß der Wasserkörper in den Zellen zerreißt. Nun dringt Luft ein, und die Anuluszellen vergrößern sich ruckartig wieder auf ihre ursprüngliche Größe, indem die Schenkel des U's sich elastisch voneinander entfernen. Durch den Ruck, mit der einzelne Zellen zurückspringen, wird jeweils das gesamte Sporangium erschüttert. Einzelne, verbliebene Sporen werden so ausgeschleudert. Gelegentlich kann das Zurückschnellen der Anuluszellen auch mit solcher Wucht geschehen, daß das Sporangium abgerissen und mitsamt den restlichen Sporen mehrere Zentimeter weit weggeschleudert wird.

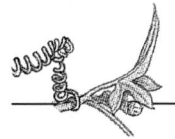
Staubbeutelöffnung bei Höheren Pflanzen

Vom Bewegungsprinzip her sehr ähnlich funktioniert der Aufreißmechanismus der Staubbeutel, der Antheren, Höherer Pflanzen, durch den die Pollenkörner ausgestreut werden (Abbildung 9.8). Die Antherenwandung besteht aus der Epidermis als Abschlußgewebe, einer darunterliegenden Schicht von Faserzellen

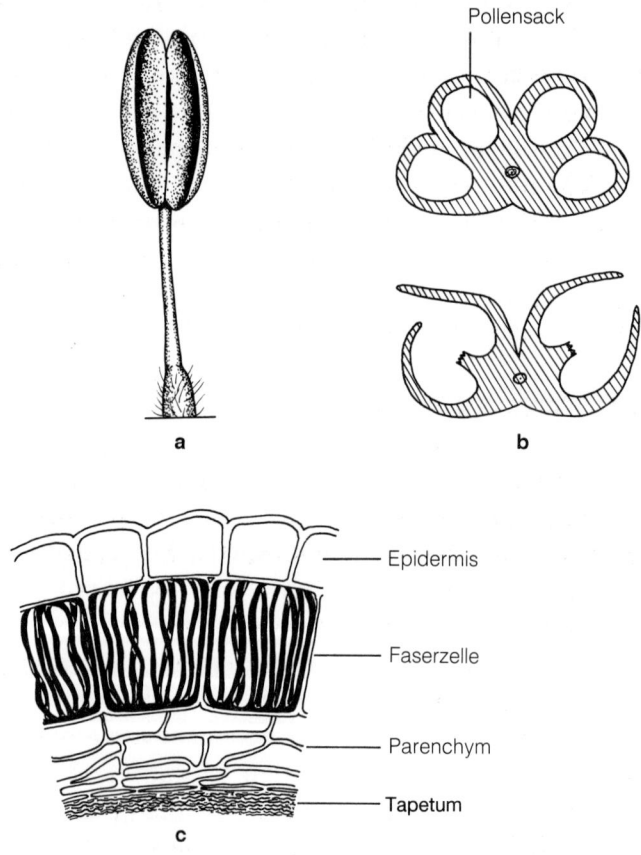

9.8 Staubblatt (Anthere) einer Höheren Pflanze (a). Die Antheren mit den Pollensäcken sitzen einem Stielchen auf. b) zeigt die Pollensäcke in geschlossenem und geöffnetem Zustand. Die notwendige Zugspannung, um sie aufzureißen, wird von den Faserzellen des Endotheciums erzeugt (c). Nach Haupt 1977.

(dem meist einschichtigen Endothecium) und mehreren Lagen inneren Gewebes. Im Unterschied zum Anulus ist das Endothecium nicht auf einen Ring beschränkt, sondern erstreckt sich flächenhaft innerhalb der gesamten Antherenwandung. Die Wände der Endotheciumzellen sind mit U-förmigen Verdickungsleisten versehen, wobei die Öffnung des U's nach außen weist. Wenn das Zellwasser verdunstet, verengt sich die Öffnung des U's. Wie bei den Farnsporangien wird auch hier eine tangentiale Zugspannung erzeugt, bis der Widerstand der Antherenwandung überwunden ist und die Pollensäcke an einer vorgegebenen Stelle aufreißen. Die Pollenkörner werden daher wie die Farnsporen bei trockenem Wetter ausgestreut – Bedingungen, die einer Verbreitung durch Wind günstig sind. Nach dem Aufreißen der Antherenwandung können die Zellen des Endotheciums zwar noch weiterhin Wasser verlieren, doch reichen die erzeugten Wandspannungen in keinem Fall aus, die Wand wie beim Farnsporangium zurückschnellen zu lassen.

Abschuß von Conidien bei Pilzen

Über den Abschuß von Conidien wurde schon im Zusammenhang mit Turgorbewegungen berichtet. Der Pilz *Zygosporium* erzielt denselben Effekt mit Hilfe einer Kohäsionsbewegung. Durch das Zusammenwirken von Kohäsion und Adhäsion der Wassermoleküle wird der Conidienträger bei Verdunstung von Wasser und der damit einhergehenden Volumenverminderung wie ein Bogen gespannt. Überwindet die Wandspannung die Kohäsionskraft des Wassers, bildet sich in Bruchteilen von Sekunden eine Wasserdampfblase. Der Conidienträger kehrt schlagartig zur alten Gestalt zurück und schnellt die Conidien wie mit einer mittelalterlichen Steinschleuder weg. Derselbe Effekt tritt übrigens auch dann ein, wenn der Zelle das Wasser nicht durch Verdunstung, sondern durch Einlegen in Glycerin entzogen wird. Dies zeigt, daß die Gasblase tatsächlich aus Wasserdampf und nicht etwa aus eindringender Luft besteht.

10.1 Rankende Pflanzen wie die Zaunrübe (*Bryonia dioica*) verankern sich an festen Unterlagen. Zunächst schwingt eine Ranke solange frei umher, bis sie an ein Widerlager stößt. Der Haltepunkt wird umwachsen, und die Ranke krümmt sich schraubig ein. Damit durch die Drehbewegung der Ranken keine Spannungen auftreten, ändern diese an Umkehrpunkten ihre Drehrichtung.

10. Auf schraubigem Pfad –
wie Ranken Halt finden

Einige Pflanzen werden mehrere Meter hoch, ohne daß sie jedoch dazu in der Lage sind, das eigene Gewicht zu tragen. Möglich ist dies nur, weil sie Stützen benutzen, etwa andere Pflanzen, abgestorbene Hölzer oder künstliche Mauern. Über Kletterhilfen wie Ranken oder Haftwurzeln (beispielsweise beim Efeu *Hedera helix*), durch Umschlingen eines Wirtsbaumes wie bei den Lianen oder als Spreizklimmer, die sich mit Widerhaken, Dornen oder Stacheln festklammern, können sie sich verankern und so die nötige Stabilität erreichen.

In unserem Zusammenhang interessieren nur die Ranken, die aktive Bewegungen zeigen. Ranken sind fadenförmige Organe, die zunächst frei wachsen. Kommen sie in Kontakt mit einer Unterlage, beginnen sie mit Umwindungswachstum.

Ranken sind ein gutes Beispiel für konvergente Entwicklung, das heißt aus verschiedenen Pflanzenorganen haben sich im Laufe der Entwicklungsgeschichte der Pflanzen unabhängig voneinander Strukturen mit identischer Funktion entwickelt. Sie lassen sich auf die drei Grundorgane der Pflanze, Sproß, Blatt, Wurzel, zurückführen und sind somit Beispiel für eine Metamorphose, das heißt eine Gestaltsveränderung in Anpassung an die Lebensweise.

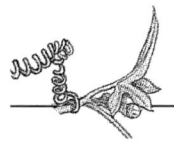

- Bei Sproßranken bildet sich die Sproßachse selbst zur Ranke um. Dies kann wie beim Wein (*Vitis vinifera*) die Hauptachse sein, während die Seitenachse übergipfelt und weiterwächst. Bei den Arten der Passionsblume (*Passiflora*) sind es dagegen Seitentriebe, die sich zur Ranke umbilden.
- Bei Blattranken bildet sich selten das gesamte Blatt zur Ranke um. (Beispiele findet man unter den Kürbisgewächsen, zum Beispiel bei der Zaunrübe *Bryonia dioica* (Abbildung 10.1); bei der Platterbse *Lathyrus aphaca* übernehmen die vergrößerten Nebenblätter die ursprüngliche Funktion der zu Ranken umgebildeten Blätter). Zumeist sind es bestimmte Blatteile, bei der Erbse *Pisum* sind es die oberen Blättchen eines Fiederblattes. Kletterhilfen sind die umgebildeten Blattstiele von *Tropaeolum* oder *Clematis* oder die lang ausgezogenen Blattspitzen des Liliengewächses *Gloriosa*.
- Wurzelranken kommen relativ selten vor. Einige tropische Kletterpflanzen wie die Orchidee *Vanilla* ranken mit Hilfe von sproßbürtigen Nebenwurzeln.

Zur vollen Funktionsfähigkeit ausgewachsene Ranken haben in ihrer Entwicklung zwei Phasen durchlaufen, die reizphysiologisch völlig unterschiedlich bewertet werden müssen: In einer ersten Phase der Suchbewegungen oder der Circumnutation reagiert die Pflanze autonom, führt also endogen gesteuerte Wachstumsbewegungen durch (siehe unten). Die jungen Ranken, die noch mit keiner Unterlage Kontakt haben, wachsen mit schraubigen oder kreisenden Bewegungen in die Länge. Die Berührung eines potentiellen Haltepunktes leitet die zweite Phase der Differenzierung ein. Jetzt ist es ein Außenreiz – der Kontakt einer Unterlage –, der Wachstumsrichtung und weitere Differenzierung steuert – die Ranke umwindet schraubig den Haltepunkt. Diese Form der Bewegung bezeichnet man als Hapto- oder Thigmotropismus beziehungsweise -nastie. Bei den meisten Ranken schließt sich eine dritte Phase der Differenzierung an: Durch schraubiges Aufrollen, oft mit einer Umkehr in der Richtung, erreicht die Ranke eine maximale Verankerung bei gleichzeitig elastischer Dehnbar-

keit. Dies ist das gleiche Prinzip, das bei einer Schraubenfeder verwirklicht ist.

Die prinzipielle Unabhängigkeit von Phase eins und zwei zeigt sich auch darin, daß sich Ranken, die keinen Haltepunkt erreichen, einrollen – die sogenannte Alterseinrollung – und verkümmern. Teleologisch betrachtet erscheint diese Abfolge von Reaktionen durchaus sinnvoll. Zunächst sendet die Pflanze eine möglichst große Zahl von Haltevorrichtungen aus, um so die Chancen zu erhöhen, an einer Unterlage hochzuwachsen. Wird dieser Zweck nicht erfüllt, bleibt die Ranke also ohne Kontakt, ist der weitere Einsatz von Nährstoffen und Energie viel zu kostspielig für die Pflanze – die Ranke verkümmert.

Die Suchbewegung – Circumnutation

Wenn man Circumnutationen bei jungen Ranken von oben betrachtet, so erkennt man kreisende Bewegungen. Die Organspitzen beschreiben kreisförmige, ovale, vielfach auch nur hin- und herpendelnde Linien (Abbildung 10.2). Ranken weisen physiologisch eine Dorsiventralität auf, das heißt, sie besitzen eine Ober- und eine Unterseite. Diese Tatsache ist bei den Suchbewegungen von Bedeutung, vor allem aber bei den Tropismen und Nastien wichtig. Nicht nur Ranken führen solche Suchbewegungen durch, auch von vielen Keimsprossen und -wurzeln sind sie bekannt, an denen sich Untersuchungen besonders gut vornehmen lassen.

Als Wachstumsbewegung beruht die Circumnutation auf dem verstärkten Wachstum einer Organflanke, was zur Krümmung führt. Wechselt die Zone stärksten Wachstums zeitlich nachgeordnet auf einen anderen Randbereich des Organquerschnitts, ändert sich die Krümmungsrichtung. Durch Wanderung des

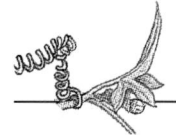

Wachstumsmaximums entlang der Peripherie des Organquerschnitts entsteht die sichtbare, kreisende Bewegung (Tabelle 10.1). An diesem Wachstum ist nicht nur die Spitze beteiligt, sondern die Ranke als Ganzes, wobei recht komplexe Bewegungsmuster auftreten können. So beschreibt eine Rankenspitze von *Bryonia* etwa eine Ellipse, die Ranke als Ganzes einen Kegelmantel. Die maximale Krümmung bei gleichzeitig geringster Geschwindigkeit erreicht die Ranke an den beiden Schnittpunkten mit der Hauptachse der Ellipse. Am schnellsten „dreht" sich die

10.2 Suchbewegung einer Erbsenranke. Die Ranke schwingt frei auf einer elliptischen Bahn. Diese Bewegung ist autonom, daß heißt sie läuft ohne äußere Reizung ab. Nach Johnsson 1979.

Tabelle 10.1: Drehgeschwindigkeit von Ranken

Art	Dauer einer Umdrehung in Stunden
Roxburghia viridifolia	24
Lapagerie (*Lapageria rosea*)	14
Jasmin (*Jasminum pauciflorum*)	7
Glycine (*Wisteria sinensis*)	3
Hopfen (*Humulus lupulus*)	2
Feuerbohne (*Phaseolus coccineus*)	2
Zaunwinde (*Calystegia sepium*)	2
Wein (*Vitis vinifera*)	1

(aus: Biologie in Zahlen, G. Fischer, Stuttgart New York 1985)

Ranke (mit minimaler Krümmung) an den Schnittpunkten mit der Nebenachse.

Ein solches Bewegungsmuster kann nur dann erreicht werden, wenn die Initiierung maximalen Wachstums in Zellen oder Zellgruppen entlang des Querschnitts zeitlich versetzt, das heißt metachron, eintritt und wenn das Wachstum entlang der Längsachse der Ranke koordiniert erfolgt. Die meisten untersuchten Pflanzen weisen außerdem noch eine definierte Umdrehungsrichtung mit oder gegen den Uhrzeigersinn auf – eine artspezifische Drehungspolarität.

Die Regelmechanismen, die diesem Wachstumsmuster zugrunde liegen, sind sehr komplex und entziehen sich noch weitgehend der Kausalanalyse. Phytohormone sind zwar beteiligt, aber es ist unwahrscheinlich, daß ein Hormon, das verstärktes Wachstum induziert, sich rhythmisch ändert. Vermutlich liegt der Grund für das metachrone Wachstum eher in der potentiellen Reaktionsbereitschaft der Zellen. Wie es jedoch dazu kommt, ist noch ungeklärt.

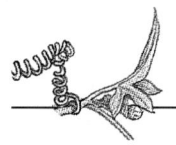

Lange Zeit war es umstritten, ob einer Circumnutation neben inneren auch äußere Faktoren zugrunde liegen. Manche Wissenschaftler hielten endogene Faktoren für ausschlaggebend, andere wiederum exogene. Die Befürworter einer autonomen Steuerung gingen davon aus, daß allein endogene Rhythmik die Bewegung induziert, während die Anhänger der Überkrümmungstheorie die Schwerkraft für die Bewegung verantwortlich machten.

Nach der Überkrümmungstheorie bringen zufällige Wachstumsanomalien die Ranke in eine schräge, von der Lotrechten abweichende Position. Dies wird als gravitrope Reizlage (siehe Kapitel 3) wahrgenommen, die Ranke reagiert mit einer Orientierungsreaktion. Da das Krümmungswachstum der Reizung zeitlich (aufgrund einer gewissen Latenzzeit) nachgeordnet ist, wird die Ranke über die Lotrechte hinaus in eine neue Reizlage überführt, die ihrerseits wieder mit Krümmungswachstum beantwortet wird. So schaukelt sich die Reaktion regelrecht auf. Aus der Überkompensation zufälliger Reizlagen sollte so eine Pendelbewegung entstehen können. Wenn die initiierende Wachstumsanomalie die Ranke in mehreren Ebenen aus der Vertikalen verlagert, erklärt dieses Modell auch die elliptisch bis kreisförmigen Bahnen. Vor allem bei Koleoptilen, den Keimscheiden von Gräsern, decken sich Modellrechnungen mit den induzierten Parametern Reizlage, Latenzzeit und Reaktionsstärke recht gut mit der tatsächlich beobachteten Circumnutation. Das Verhalten vieler Objekte auf dem Klinostaten (siehe Exkurs in Kapitel 3) stützt diese Hypothese. Wenn der Schwerereiz fehlt, werden die Circumnutationen schwächer und bleiben schließlich aus.

Doch sprechen andere Versuche auf dem Klinostaten gegen Veränderungen durch die Schwerkraft. In seinem klassischen, 1932 erschienenen Werk zum *Geotropismus der Pflanzen* führt F. Rawitscher bereits eine Reihe von Gegenbeispielen an, bei denen die Nutation gerade auch auf dem Klinostaten nicht gedämpft wurde. Ein vielleicht noch wichtigeres Gegenargument stammt aus der Analyse der natürlich ablaufenden Rankenbewegungen.

218

Nimmt man die Überkrümmungstheorie als richtig an, dann stünden die Chancen für Uhrzeiger- und Gegenuhrzeiger-Circumnutationen 1:1. Tatsächlich aber ist die Drehrichtung eine Systemeigenschaft der jeweiligen Pflanzenart. So schwingen der Hopfen (*Humulus lupulus*), das Geißblatt (*Lonicera caprifolium*) und der Windenknöterich (*Fallopia convolvulus*) ihre Triebe mit dem Uhrzeiger, die Feuerbohne (*Phaseolus coccineus*), die Zaunwicke (*Calystegia sepium*) und die Osterluzei (*Aristolochia macrophylla*) dagegen stets im Gegenuhrzeigersinn. Man hat versucht, dies so zu deuten, daß die Wahrnehmung der Schwerkraft die Bewegung zwar tatsächlich initiiert, dann aber eine endogene Polarität das verstärkte Wachstum ganz speziell auf rechts oder links positionierte Zellgruppen ablenkt – bisher ließ sich diese Hypothese jedoch experimentell nicht verifizieren.

Für eine endogene Rhythmik spricht ein Experiment, das in einem Weltraumlabor unter (nahezu völliger) Schwerelosigkeit durchgeführt wurde: Bestimmte, zwischen Wurzelhals und Keimblättern gelegene Sproßabschnitte von Sonnenblumenkeimlingen, die Hypokotyle, wiesen eine deutliche, wenn auch nicht regelmäßige Circumnutation auf. Endogene Faktoren dürften somit maßgeblich die Circumnutation bestimmen. Allerdings ließ sich bei diesem Experiment nicht ausschließen, daß Störbeschleunigungen durch Zünden von Steuertriebwerken induzierend wirkten.

Die Diskussion, inwieweit die Schwerkraft eine vermutlich autonome Bewegung induziert oder modifiziert, ist noch nicht zu Ende. Die Widersprüchlichkeiten je nach untersuchter Pflanzenart könnten auch dafür sprechen, daß es nicht einen gemeinsamen, übergeordneten Mechanismus gibt, sondern je nach Spezies oder Organ exogene oder endogene Faktoren überwiegen.

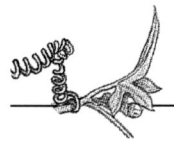

Die Umwindungsreaktion
zur Verankerung von Ranken

Im Gegensatz zur Circumnutation ist an der Umwindung eines
Haltepunktes auf jeden Fall ein Außenreiz beteiligt. Daß die
mehrfache oder dauerhafte Berührung einer rauhen Oberfläche
der adäquate Reiz sein muß, macht bereits eine theoretische
Überlegung deutlich: Auftreffende Regentropfen, Schütteln
durch den Wind oder eine zufällige Berührung durch ein umher-
streifendes Tier „dürfen" keine Umwindungsreaktion auslösen,
da das Widerlager für die Verankerung fehlt. Klassische Experimente konnten diese Vorstellung bestätigen. Weder ein gezielter
Wasserstrahl, noch das Reiben mit einem glatten Glasstab lösten
die Umwindung aus. Mischte man dem Wasser aber Tonpartikel
bei oder verwendete man einen rauhen Stab zur kontinuierlichen
Berührung, rollte sich die Ranke ein. Manche Pflanzenorgane,
wie die Ranke der Haargurke (*Sicyos angulatus*) reagieren bereits auf das leichte Streichen mit einem Wollfaden. So empfindlich reagiert nicht einmal unser eigener Tastsinn.

Welche physiologischen Eigenschaften dieser enormen Empfindlichkeit zugrunde liegen, ist noch unbekannt. Anatomisch lassen
sich bei vielen Ranken, so auch bei der Zaunrübe, Aussparungen
in der Zellwand, sogenannte Fühltüpfel, nachweisen, die der
Pflanzenphysiologe Wilhelm Pfeffer im vorigen Jahrhundert entdeckt und G. Haberlandt in seinem um die Jahrhundertwende
erschienenen Lehrbuch zur Pflanzenanatomie ausführlich gewürdigt hat. An solchen Stellen grenzt die zwischen Zellwand und
Zellinhalt liegende Plasmamembran, die äußerste Grenze des lebenden Protoplasten, sehr eng an die Außenseite der Ranke. Es
wäre durchaus denkbar, daß hierüber kleinste Druckreize wahrgenommen werden. Fühltüpfel befinden sich bevorzugt in einem
relativ großen Areal an der Rankenspitze. Doch sind sie nicht
bei allen Rankentypen zu finden und somit nicht Voraussetzung
für die Reizperzeption.

Besonders auffällig sind solche Fühlpapillen bei der Schönranke (*Eccremocarpus scaber*). Sie erheben sich in Form kleiner Kuppeln über die Oberfläche der Epidermis (Abbildung 10.3). Ihre Lage bevorzugt auf der reizbaren Unterseite der Ranken spricht für ihre Aufgabe als Berührungssensoren.

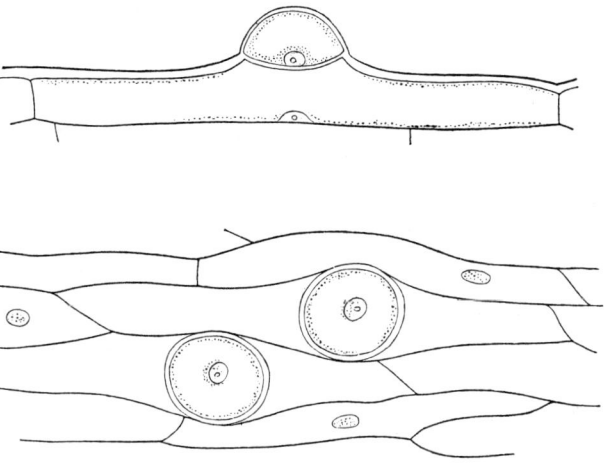

10.3 Fühlpapillen der Schönranke (*Eccremocarpus scaber*). Dünnwandige Zellen erheben sich kuppelförmig über die Rankenoberfläche. Solche oder ähnliche Zellen könnten bei der Perzeption des Berührungsreizes eine Rolle spielen. Aus Haberlandt 1909.

Wie rasch die Ranken mit Umwindung reagieren, ist recht unterschiedlich. Die Reaktionszeit beträgt bei besonders empfindlichen Arten wie der Haargurke oder der Passionsblume weniger als 30 Sekunden, beim Lerchensporn (*Corydalis claviculata*) hingegen 18 Stunden.

Bei den Rankenbewegungen kommen sowohl Reaktionen entsprechend der Reizrichtung, also Tropismen, wie auch Krümmungsbewegungen unabhängig von der Reizrichtung, also Nastien, sowie Übergänge zwischen beiden Mechanismen vor (Abbildung 10.4). Bei *Cissus discolor*, einem Verwandten des Wei-

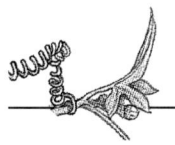
nes, ist die Ranke allseitig reizbar und reagiert stets mit positivem Thigmo- oder Haptotropismus. Bei den Ranken von *Sechium edule* erfolgt eine stark positive Reaktion, wenn die Unterseite gereizt wird, eine Reizung der Oberseite hingegen hat eine abgeschwächte Krümmung zur Folge. Da in diesen Fällen die Reizrichtung auch die Bewegungsrichtung bestimmt, liegt ein Tropismus vor. Eine Zwischenstufe zwischen Tropismus und Nastie nehmen die Ranken der Passionsblume *Passiflora gracilis* und des Kürbisses *Cucurbita melanosperma* ein: Ihre Unterseite ist reizbar und reagiert mit positiver Krümmung, das heißt einer Umwindungsreaktion. Die Reizung der Oberseite führt zwar nicht zur Krümmung, hebt jedoch bei gleichzeitiger Reizung der Unterseite die Krümmungsreaktion der Ranken auf. Eindeutig nastisch reagiert die Ranke der Zaunrübe: Unabhängig davon, welche Organflanke gereizt wird, die Ranke reagiert immer mit einer Krümmung zur Unterseite hin. Berührung ist der Auslöser, die Reaktionsrichtung ist jedoch durch die Pflanze vorgegeben.

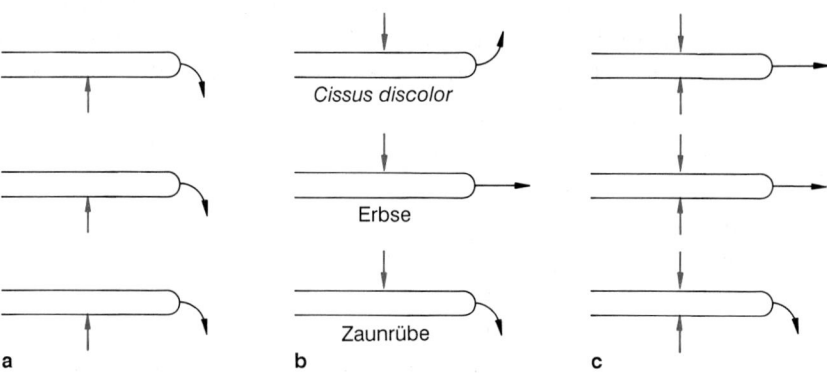

10.4 Reaktionsbreite verschiedener Rankentypen. Angegeben sind jeweils der Ort der Berührung und die Krümmungsrichtung. Die Ranken der Weinverwandten *Cissus discolor* sind allseitig reizbar — die Krümmung erfolgt stets in Richtung des Reizes. Die Ranken der Erbse krümmen sich dagegen nur, wenn ihre Unterseite gereizt wird. Allerdings kann eine doppelte Reizung (oben und unten) wie bei *Cissus* die Krümmungsreaktion aufheben. Die Ranken der Zaunrüben reagieren demgegenüber ausschließlich nastisch — sie krümmen sich unabhängig vom Reizort stets zur Unterseite hin. Nach Mohr und Schopfer 1978.

Bei den Vertretern einiger Pflanzengruppen wie vielen Weinge-
wächsen (Vitaceae), die entlang von Mauern emporklimmen,
würde eine kreisende Suchbewegung der Ranken biologisch keinen Sinn machen. Solche Ranken reagieren negativ phototrop,
das heißt, sie wachsen in den Schatten einer Mauer oder in Fels-
ritzen, wo sie sich mit speziellen Haftscheiben am Untergrund
verankern. Darauf folgt die typische, schraubige Einrollbewegung
der Ranke.

Im Unterschied zu vielen anderen Organbewegungen besitzen
Ranken kein spezielles Bewegungsgewebe. Eine sich krümmende
Ranke stellt das Wachstum an der Konkavseite, der Innenseite
der späteren Windung, ein, während das Wachstum an der Kon-
vexseite gesteigert wird. Eine zusätzliche Sicherung des Systems
besteht darin, daß das Krümmungswachstum eingestellt wird, sofern die Reizung nicht anhält. Durch Angleichen der Wachstums-
raten streckt sich die Ranke in vielen Fällen wieder. Hat sie aber
ein geeignetes Widerlage gefunden und beginnt sie sich zu krümmen, folgen ständig weitere Berührungsreize, und das Umwindungswachstum schreitet fort. Diese doppelte Absicherung ist besonders für nastisch reagierende Ranken vonnöten. Da dort das
Krümmungswachstum immer zur Unterseite hin erfolgt, kann der
Haltepunkt durchaus verfehlt werden. Kommt es jedoch zum
Kontakt, bestätigt die andauernde Reizung die unterseitige
Krümmung. Die Reaktion schreitet so lange fort, bis die gesamte
freie Spitze der Ranke das Widerlager umgibt.

Als interessante Ausnahme ist bei den Ranken von *Urvillea ferruginea* ein Bewegungsgewebe ausgebildet. Die abgeplatteten
und damit dorsiventralen Ranken weisen direkt unter der nicht
reizbaren Oberseite einen Ring von Festigungselementen auf.
Während der Phase der Suchbewegungen ist dieser Ring noch
nicht verholzt, die Ranke somit flexibel. Das eigentliche Bewegungsgewebe liegt auf der reizbaren Unterseite der Ranken. Die
Parenchymzellen mit pektinreichen Mittellamellen (siehe Exkurs
in Kapitel 9) sind durch Turgor gespannt. Erfolgt eine Reizung

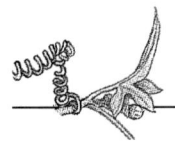

der Ranke durch Berührung eines Haltepunktes, verlieren die Parenchymzellen an Turgor. Als Folge kontrahiert sich die Unterseite, und die Ranke krümmt sich um das Widerlager. Die Fixierung der Ranke in der gekrümmten Form erfolgt durch Erstarken und Verholzen des Festigungsgewebes.

Physiologische Reaktionen in Ranken

Es gibt Hinweise darauf, daß zumindest in der ersten Phase der Einrollbewegung ein Turgorverlust der späteren Konkavseite eintritt. Möglicherweise läßt sich dafür eine vermehrte Produktion des Pflanzenhormons Ethylen verantwortlich machen. Bei der eigentlichen Wachstumsbewegung dürfte eine differentielle Auxinverteilung zwischen konvexer und konkaver Flanke die Bewegung steuern. Eine hohe Auxinkonzentration induziert stärkeres Wachstum (siehe Exkurs in Kapitel 1). Dafür spricht, daß Ranken, deren Spitzen entfernt wurden und die dadurch an Auxin verarmt sind, sich nicht einkrümmen. Andererseits krümmen sich dorsiventrale Ranken, sofern sie allseitig mit Auxin versorgt werden, immer zur Unterseite hin ein – die Oberseite (die spätere Außenseite) verfügt also über die endogene Potenz, durch Auxinzufuhr mit verstärktem Wachstum zu reagieren.

Gänzlich ungeklärt ist die Rolle von IES-Oxidasen. Bei der Erbse (*Pisum* spec.) verschwinden während der Rankenbewegung etwa zwei Drittel eines speziellen Flavonoids, das die IES-Oxidasen hemmt. Da IES-Oxidasen das Phytohormon Auxin inaktivieren, könnten sie an dessen Konzentrationsänderung beteiligt sein.

In jedem Fall muß eine Erregungsleitung zwischen der gereizten Innen- und der stärker wachsenden Außenseite stattfinden, die,

wie Berechnungen ergeben, mit vier Millimetern pro Minute sehr rasch abläuft. Die Art der Erregungsleitung – ob sie elektrischer Natur ist wie bei seismonastischen Bewegungen (Kapitel 11) und bei tierischen Nervenzellen – ist noch nicht geklärt.

Die Federung der Ranke durch die Aufrollbewegung

Nach dem Umwinden des Haltepunktes gleicht die Ranke einer straff gespannten Schnur und ist daher recht anfällig gegen mechanische Belastungen wie Wind oder Stoß. Durch weiteres Wachstum löst die Ranke dieses Problem auf die „technisch" bestmögliche Weise – sie bildet eine elastische Schraubenfeder. Da die Ranke an ihren beiden Enden fixiert ist (Haltepunkt beziehungsweise Pflanzensproß) führt verstärktes Wachstum der oberen Flanke zum schraubigen Einrollen. Dabei kommt es zwangsläufig zu einer Torsion (Verdrillung). Zum Ausgleich der dadurch entstehenden Spannung wechselt die Umdrehungsrichtung der Schraube an sogenannten Umkehrpunkten (Abbildung 10.1). So verbindet sich die Pflanze schließlich über eine, meist aber mehrere Ranken stabil und gleichzeitig elastisch mit einer Stütze.

11.1 Die Blätter der Mimose (*Mimosa pudica*) sind mehrfach gegliedert. Der Blattstiel inseriert mit einem Primärgelenk am Sproß. Die endständigen Fiederstrahlen sind über Sekundärgelenke mit dem Blattstiel verbunden und tragen ihrerseits zahlreiche Fiederblättchen, die über Tertiärgelenke an den Fiederstrahlen ansetzen. Alle Blattgelenke sind an der Einklappbewegung beteiligt.

11. Die schamhafte Mimose

Mimosa pudica, die „schamhafte" Sinnpflanze, stammt ursprünglich aus Südamerika und ist inzwischen auf allen Erdteilen zu finden. In tropischen Ländern gedeiht sie so gut, daß sie dort als Unkraut gilt. Die geradezu sprichwörtliche Empfindlichkeit dieser Pflanze hat schon viele Wissenschaftler in ihren Bann gezogen. Der griechische Philosoph Theophrast schrieb über die Mimose von Memphis (*Mimosa asperata*), sie scheine „vor Durst zu verschmachten" und vor den Augen des Betrachters zu verschwinden. Der Redewendung vom „mimosenhaften" Verhalten mancher Menschen nimmt deutlich Bezug auf diese Empfindlichkeit.

Mimosen reagieren auf eine Vielzahl von äußeren Reizen mit raschem Zusammenklappen der Blätter. Diese Reaktion wird normalerweise durch Erschütterung, etwa weidende Tiere, starken Wind oder heftige tropische Regengüsse, ausgelöst. Die Pflanzen werden daher in Lehrbüchern als Beispiel für Seismonastien abgehandelt. Aber auch Verbrennungen, chemische Reize (durch Ammoniak, Aminosäuren, anorganische Säuren), elektrische Reizung oder Verletzungen führen zum Blattschluß. Auch eine zufällige Berührung der Borstenhaare, die auf der Gelenkunterseite sitzen, führt zum Einklappen der Blätter. Die Borsten sind verholzt und hart; vermutlich wird der Berührungsreiz somit über Scherkräfte auf die eigentlichen beweglichen Blatteile übertragen.

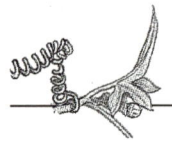

Gelenke bei der Mimose

Die Bewegungen der Mimose werden durch verschiedene Gelenke ermöglicht. Ein primäres Blattgelenk verbindet den Blattstiel mit dem Sproß (Abbildung 11.2). Der Blattstiel trägt an seinem Ende vier Fiederstrahlen, die jeweils mit einem Sekundärgelenk inserieren. Schließlich trägt jeder der Fiederstrahlen zahlreiche Fiederblättchen, die an ihrer Basis Tertiärgelenke aufweisen.

Wenn ein Fiederblättchen gereizt wird, klappt es nach oben. Anschließend wandert die Erregung in Richtung Blattstiel. Dabei schließt sich – wie umkippende Dominosteine – ein Fiederblättchenpaar nach dem anderen. Werden die Sekundärgelenke erreicht, nähern sich die Fiederstrahlen einander, und schließlich klappt das gesamte Blatt im Primärgelenk nach unten. Bei einer starken Reizung kann sich die Erregung bis zu 50 Zentimeter entlang der Sproßachse fortpflanzen, wobei weitere Blätter einklappen.

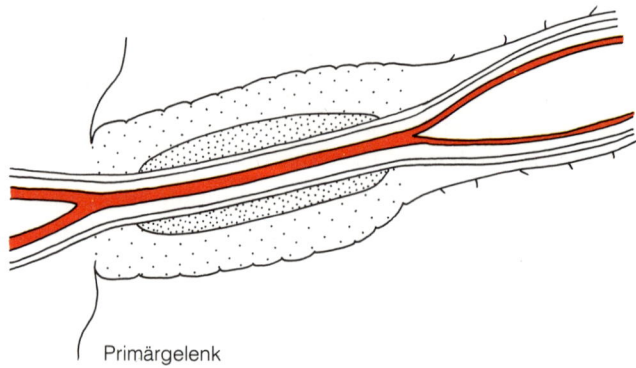

Primärgelenk

11.2 Das Primärgelenk der Mimose. Das stark ausgeprägte Parenchymgewebe (gepunktet) stellt das motorische Gewebe dar (vergleiche Kapitel 7). Die verholzten, toten Zellen des Leitbündels (rote Signatur) sind ins Zentrum verlagert, und das gesamte Leitbündel ist von einer Scheide sowie einem Zylinder kollenchymatischer Zellen (dichte Punkte) umgeben. Nach Schildknecht 1986.

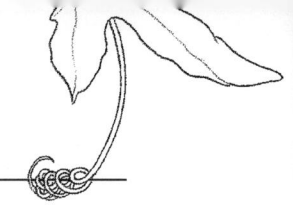

Die Geschwindigkeit der Erregungsleitung ist durch die sukzessiven Bewegungen der einzelnen Gelenke leicht zu bestimmen. Nach Erschütterungsreizen beträgt sie vier bis 30 Millimeter pro Sekunde (das entspricht 14 bis über 100 Metern pro Stunde), nach Verletzungen wurden sogar Geschwindigkeiten von zehn Zentimetern pro Sekunde (360 Metern pro Stunde) beobachtet. Diese Werte übertreffen selbst die Leitungsgeschwindigkeit von Nerven einfacher Tiere; im Nervensystem von Teichmuscheln zum Beispiel legt die Erregung lediglich einen Zentimeter pro Sekunde zurück. Die Reaktionszeit (die Zeit, die zwischen der Einwirkung des Reizes und dem Beginn der Reaktion vergeht) beträgt bei der Mimose nur 0,08 Sekunden – für Pflanzen eine erstaunlich kurze Zeitspanne. Bleibt die Pflanze nach einer Reizung ungestört, nehmen die Blätter und Blattfiedern innerhalb von 15 bis 30 Minuten ihre Normalposition wieder ein.

Verantwortlich für die Stellung der Blätter an der Pflanze und die einzelnen Blattfiedern ist der Turgor (siehe Exkurs in Kapitel 7). Die Bewegungen der Blätter werden durch den anatomischen Bau der Blattgelenke ermöglicht (Abbildung 11.2): Die Leitbündel mit ihren zum Teil verholzten Anteilen sind in Sproß und Blattstielen peripher angeordnet, im Bereich der Gelenke liegen sie zentral – sie stören so die Bewegungsmechanik am wenigsten. Umgeben sind sie im Gelenkbereich von dem eigentlichen motorischen Gewebe, einem Schwellgewebe aus dünnwandigen Zellen und einem Kollenchymzylinder.

Neben dem schnellen Blattschluß gibt es bei der Mimose circadiane Blattbewegungen, die bereits in Kapitel 7 dargestellt wurden. Turgoränderungen im Schwellgewebe führen zu einem Heben und Senken der Blätter im Verlauf von Stunden, wobei Pumpen für Protonen und Kalium diskutiert werden (siehe Kapitel 7).

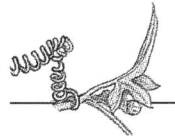

Das Aktionspotential

Für die schnellen seismonastischen Bewegungen ist dagegen ein Mechanismus verantwortlich, der sich mit Hilfe elektrophysiologischer Methoden bestimmen ließ. Die Reizung der Pflanze ruft ein Aktionspotential hervor (siehe Exkurs in diesem Kapitel). Durch Austritt negativer Chloridionen und im Gegenzug zum Eintritt von positiv geladenen Kaliumionen kommt es zu Ladungsänderungen, dem eigentlichen Aktionspotential. Dieses breitet sich über größere Distanzen aus und ruft an den einzel-

Exkurs:
Ruhepotential und Aktionspotential

An den Membranen von lebenden Zellen kann man mit Hilfe feiner Elektroden eine elektrische Potentialdifferenz messen, das sogenannte Membranpotential. Dieses Potential kommt durch unterschiedliche Ionenkonzentrationen innerhalb und außerhalb der Zelle zustande. Ist im Zellinneren die Konzentration von negativen Ladungsträgern (Anionen) höher oder die Konzentration von positiven Ladungsträgern (Kationen) geringer als in der extrazellulären Flüssigkeit, so wird man ein negatives Membranpotential messen.

Das Membranpotential von Pflanzenzellen ist normalerweise negativ, im Schwellgewebe der Blattgelenke von *Mimosa pudica* etwa beträgt das Membranpotential im Ruhezustand (Ruhepotential) −160 Millivolt. Die Ungleichverteilung der Ionen wird durch aktive Transportmechanismen aufrecht erhalten. Träger der negativen Ladung sind vor allem Chloridionen, Träger der positiven Ladung Kaliumionen.

Nach einer Reizung bricht das Ruhepotential — dem Alles-oder-Nichts-Prinzip folgend — zusammen, die Plasmamembran wird depolarisiert. Diese Depolarisation wird durch ein schlagartiges Öffnen von Chlo-

nen Gelenken die Bewegung hervor. Die Mimose benutzt also das gleiche Prinzip, das auch im Nervensystem von Tieren zur Erregungsleitung dient.

Der rasche Ausstrom von Chloridionen und Kaliumionen während des Aktionspotentials senkt das osmotische Potential der betroffenen Zellen (siehe Exkurs in Kapitel 7). Dies führt zu einem Übertritt von Wasser aus den Zellen in die Zellwände und dadurch zu einer Abnahme des Turgors der Zellen. Im Primärgelenk sind die Zellen des Schwellgewebes an der Gelenkunterseite dünnwandig, daher klappt das Gelenk nach unten, sobald ihr

---

ridkanälen in der Plasmamembran verursacht: Die Chloridionen können nun, ihrem Konzentrationsgradienten folgend, austreten. Diesen Ausstrom von Anionen kann man als Anstieg des Membranpotentials (oft bis in den positiven Bereich) — als Aktionspotential — messen, da nun im Zellinneren weniger und außen mehr negativ geladene Teilchen vorhanden sind.

Anschließend kehrt das Membranpotential innerhalb kürzester Zeit auf seinen Ruhewert zurück und kehrt sich kurzfristig sogar um. Dies ist auf spannungsgesteuerte Kaliumkanäle zurückzuführen, die sich beim Anstieg des Membranpotentials über einen bestimmten Wert öffnen. Dies führt zu einem kurzfristigen Ausstrom von Kaliumionen, der das Membranpotential wieder absinken läßt (Repolarisation). Während dieser Phase, der absoluten Refraktärzeit, ist die Zelle nicht erregbar, wenn auf die erste Reizung unmittelbar eine zweite erfolgt. In der nachfolgenden, bei der Mimose nach etwa 15 Sekunden einsetzenden relativen Refraktärzeit ist die Zelle vermindert erregbar, sie reagiert nur auf einen starken Reiz. Die Ionenkanäle schließen sich wieder und durch Ionenpumpen wird der Ausgangszustand wiederhergestellt. Nach einigen Minuten ist die Mimose erneut vollreizbar. Vergleichbar ist der Erregungsvorgang mit den Abläufen in Nervenzellen bei Tieren, allerdings ist das Aktionspotential zumeist höher, dauert länger, und auch die Refraktärzeit ist verlängert.

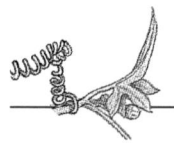

Turgor abnimmt. Die Gelenkunterseite legt sich dabei regelrecht in Falten. Die dickwandigen Zellen der Gelenkoberseite verändern ihr Volumen jedoch nicht und üben dadurch zusätzlichen, nach unten gerichteten Druck aus. Unter Umständen sind an Ionenveränderungen und Wasseraustritt „kontraktile" Proteine beteiligt.

Wie das tierische Nervensystem kennt auch die Mimose ein Refraktärstadium. Während des absoluten Refraktärstadiums führen selbst stärkste Reizungen nicht zu einem Aktionspotential. Bereits nach 15 Sekunden folgt das relative Refraktärstadium, das einige Minuten anhält. Während dieser Zeit kommt es nach normaler Reizung zu einem schwächeren Aktionspotential, nach einem besonders starken Reiz zu einem normalen Aktionspotential der Zellen.

Nach dem Ausklingen des relativen Refraktärstadiums beginnen die Zellen der Blattunterseite (diese Angaben beziehen sich auf das Primärgelenk) wieder mit der aktiven Ionenaufnahme. Das osmotische Potential der Zellen wird erhöht, Wasser strömt nach und führt so zu einem Anstieg des Turgordruckes. Dadurch hebt sich das Blatt langsam wieder in seine normale Position.

Der Ionentransport gegen ein Konzentrationsgefälle ist ein aktiver Vorgang, den die Pflanze nur unter Energieaufwand zu leisten vermag. Durch den Einsatz verschiedener Atmungsgifte, aber auch durch Sauerstoffentzug (etwa bei Wachstum in einer Stickstoffatmosphäre) läßt sich daher die Wiederherstellung der Normallage unterbinden. Beides hat übrigens kaum einen Einfluß auf die seismonastische Reaktion, wodurch noch einmal unterstrichen wird, daß der Ionenausstrom ohne Einsatz von Stoffwechselenergie möglich ist.

Die Erregungsleitung

Die Schnelligkeit der ablaufenden seismonastischen Reaktion und ihr Fortschreiten von Blättchen zu Blättchen, von Gelenk zu Gelenk, hat die Suche nach der Art der Erregungsleitung sehr stimuliert. Die sehr schnelle Leitung mit einer Geschwindigkeit bis zu zehn Zentimetern pro Sekunde, die nach Verletzungen auftritt, stoppt am Primärgelenk; sie betrifft also nur ein einziges Blatt. Es ist noch weitgehend unbekannt, wie diese schnelle Weiterleitung funktioniert.

Die „normale" Erregungsleitung nach Berührungen beruht auf der Ausbildung und der Weiterleitung von Aktionspotentialen (Abbildung 11.3). Zwischen einer gereizten Zelle und ihren Nachbarn baut sich eine Spannung auf, auf welche die Nachbarzelle ihrerseits mit einem Aktionspotential reagiert. Ein solches von Zelle zu Zelle fortschreitendes (propagiertes) Aktionspotential ist eine schnelle und effektive Art der Informationsübermittlung. An dieser Weiterleitung der Erregung sind die lebenden Zellen der Leitbündel beteiligt. Ermitteln konnte man die Zellen, die auf elektrische Reizung hin mit einem Aktionspotential antworten, mit Hilfe von Glaselektroden. Der „Weg" der Erregung ließ sich aufzeichnen, indem man durch jene Elektroden, an denen ein Aktionspotential gemessen wurde, einen Farbstoff injizierte. Auf Schnittpräparaten war er somit als „Farbspur" sichtbar. Über Gelenke wird die Erregung nicht elektrisch weitergeleitet, sondern ähnlich wie bei den Synapsen der Tiere wird hier das elektrische Signal in ein chemisches umgewandelt. Dieses Botenmolekül überwindet selbst abgestorbene Gewebebereiche. Durchtrennt man einen Blattstiel und verbindet die beiden Teile über eine wassergefüllte Gummimanschette, so wird die Erregung selbst über diese künstliche Verbindung weitergeleitet.

Die Erregungssubstanz wurde nach ihrer Wirkung als Turgorin bezeichnet. Nach einem solchen Wirkstoff hatte schon um die

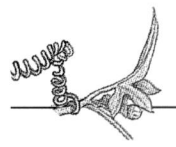
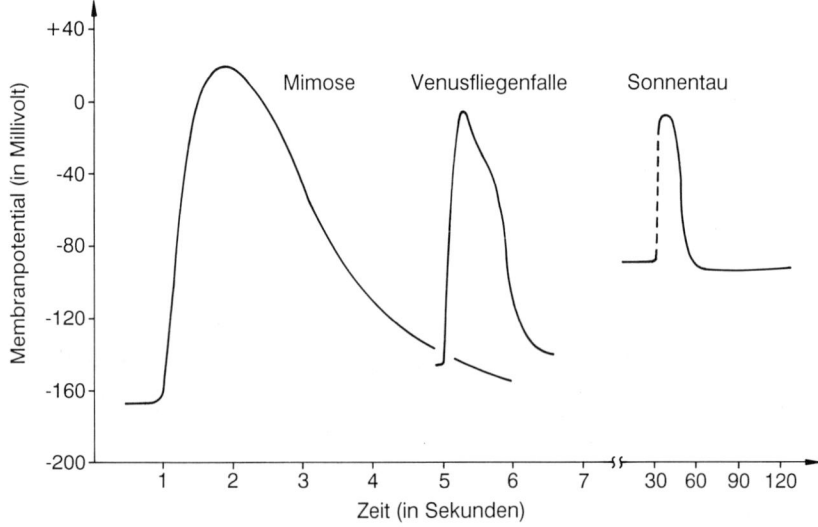

11.3 Aktionspotentiale der Mimose (Blattstiel), Venusfliegenfalle (Blatt) und des Sonnentaus (Tentakel). Das Membranpotential gibt den Spannungsunterschied zwischen Zellinnerem und -äußerem an. Der Verlauf eines Aktionspotentials folgt stets demselben Muster: Das Membranpotential steigt rasch auf einen positiveren Wert an (Depolarisation) und sinkt in einem zweiten, langsamer ablaufenden Schritt wieder auf den ursprünglichen Wert ab.
Nach Bentrup aus Haupt und Feinleib 1979.

Jahrhundertwende der deutsche Botaniker J. Fitting gesucht. Erst vor einigen Jahren gelang es H. Schildknecht und seinen Mitarbeitern, eine Substanz zu isolieren und schließlich zu synthetisieren, welche die gewünschten Eigenschaften aufweist. Dazu benutzte er ein einfaches biologisches Testverfahren: Ein kurz über dem Primärgelenk abgeschnittenes Mimosenblatt wurde in einen Behälter mit der zu prüfenden Substanz gestellt. Wann immer die zu testende Substanz ein Schließen der Blättchen zur Folge hatte, wurde sie biochemisch untersucht. Da der Blattextrakt aus *Acacia karroo*, einem Bäumchen mit tagesperiodischen Blattbewegungen, besonders wirksam war, konzentrierte man die Suche auf diese Pflanze. Wie chemische Analysen der wirksamen Substanz zeigten, handelt es sich bei diesem Turgorin um eine Verbindung mit der Bezeichnung 4-O-(6-O-Sulfobeta-D-glucopyra-

nosyl)gallussäure. Der funktionelle Name PLMF (der Abkürzung für *periodic leaf movement factor*, Blattbewegungsfaktor) hat sich für Substanzen mit dieser Wirkung durchgesetzt. Gibt man eine solche Gallussäure in die Testlösung der Biotestanordnung, so erreichen bereits 15 Sekunden später erste Spuren das Sekundärgelenk. Das Testsystem hat allerdings einen „Schönheitsfehler": Die Transportrichtung läuft nicht, wie die Erregung unter natürlichen Bedingungen, von der Blattspitze zur Blattbasis.

Die tagesperiodische Blattbewegung nimmt deutlichen Einfluß auf die Reaktionsbereitschaft des Blattes gegenüber PLMF. Zur Mittagszeit dauert die induzierte Schließbewegung relativ lange, zu „Schlafenszeiten" regenerieren die Blätter dagegen sehr langsam. Selbst eine jahreszeitliche innere Uhr scheint aktiv zu sein, da die Schließbewegungen der Mimosenblätter auch unter konstanten Bedingungen im Winterhalbjahr wesentlich rascher ablaufen als im Sommer.

Inzwischen konnte PLMF auch in anderen Pflanzen, selbst in anderen Familien wie den Sauerkleegewächsen, den Malvengewächsen und den Portulakgewächsen nachgewiesen werden. Sogar die Rankenbewegungen eines Weins (*Vitis gongylodes*) scheinen durch PLMF beinflußt zu werden. Turgorine sind bereits in kleinsten Konzentrationen (10^{-7} Mol pro Liter) wirksam. Daher ist es durchaus gerechtfertigt, sie als eine neue Klasse von Pflanzenhormonen anzusprechen.

Warum bewegt sich die Mimose?

Ein so komplexer Vorgang wie die Seismonastie der Mimose, für den die Pflanze relativ große Mengen ihrer Stoffwechselenergie aufwenden muß, sollte einen Selektionsvorteil bieten. Im Falle

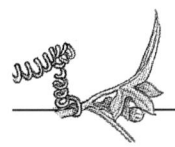

einer Auslösung der Bewegung durch starken Wind scheint dieser klar auf der Hand zu liegen. Wind erhöht die Transpiration und damit den Wasserverlust einer Pflanze, daher könnte die Reduktion der Blattoberfläche einen Schutz vor allzu starker Austrocknung darstellen. Das Einfalten der Blätter bei starken Regengüssen dagegen erleichtert unter Umständen das rasche Abfließen des Wassers und verhindert so ein Niederdrücken der Pflanze.

Andere Deutungen fallen eher in die Kategorie der anthropomorphen Spekulation. Wer einmal einen natürlichen Standort von Mimosen gesehen hat, wird die auffallend hellgrünen, flächendeckenden Blättchen bemerkt haben, wenn man von oben auf die Pflanzen schaut. Auf ein kräftiges Aufstampfen mit dem Fuß „verschwinden" die Pflanzen regelrecht von der Bildfläche. Dies hat ältere Autoren veranlaßt zu behaupten, daß weidende Huftiere durch diesen Effekt erschreckt werden. In den Worten von A. Kerner von Marilaun, dem Autor des vor der Jahrhundertwende vielgelesenen Buches *Pflanzenleben*, klingt diese Deutung folgendermaßen: »Weidende Tiere, welche die zarten Blätter der Sensitiven beschnuppern und mit dem Maule berühren, werden durch die plötzlichen Bewegungen der Blättchen befremdet und erschreckt und unterlassen es, diese unheimlichen Pflanzen abzufressen, zumal dann, wenn zwischen den sich herabschlagenden Blättchen spitze, starrende Dornen sichtbar werden, was namentlich bei vielen Mimosen der Fall ist.« An anderer Stelle liefert er die Erklärung für den früher gebräuchlichen Namen „Sensitive": »Die Erscheinung macht ganz den Eindruck, als ob die Pflanzen durch die Annäherung des Menschen erschreckt zusammenfahren, diese Annäherung in irgendeiner Weise fühlen oder empfinden würden, was die älteren Botaniker auch veranlaßte, diese Gewächse Sensitive zu nennen.«

Wesentlich einleuchtender ist die umgekehrte Beziehung zwischen Tieren und Mimose – wenngleich diese teleologische Sichtweise keinesfalls nachgewiesen ist: Durch Aufstampfen der Tiere

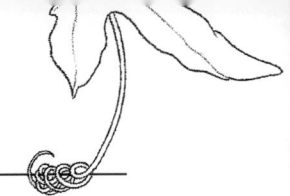

oder Berührung klappen die Blätter zusammen, so daß sie für die pflanzenfressenden Tiere „unsichtbar" werden und sich so vor Fraß schützen.

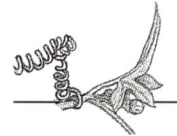

12.1 Die Blätter der Venusfliegenfalle (*Dionaea muscipula*) sind eine tödliche Falle für Insekten. Werden die Fühlborsten auf der Blattfläche gereizt, klappt das Blatt zu und schließt seine Beute ein.

12. Pflanzen auf Insektenfang

Im Jahre 1768 erhielt der irische Botaniker John Ellis eine Pflanze aus den Sümpfen von Carolina (USA). Er erkannte bald, daß er es mit einer insektenfressenden Art zu tun hatte, und nannte die Pflanze *Dionaea muscipula*, mit ihrem deutschen Namen wird sie Venusfliegenfalle genannt. »Dionaia ist die griechische Göttin des Liebreizes. Wie sie alles bestrickt, so fängt Dionaea mit ihren Blättern alles, was sich ihr naht«, wie die beiden Botaniker Engler und Prantl 1936 poetisch den Pflanzennamen erläuterten.
Mit der Annahme, daß eine Pflanze carnivor, „tierfressend", sein könnte, hatte Ellis bei seinen Zeitgenossen keinen leichten Stand. Selbst Carl von Linné, der berühmteste Biologe des 18. Jahrhunderts, hielt dies für unwahrscheinlich. Charles Darwin drückte seine Faszination von der Bewegung dieser Pflanze in folgenden Worten aus: *Dionaea* »ist wegen der Rapidität und Kraft ihrer Bewegungen eine der wunderbarsten (Pflanzen) der Welt«.

Tierfangende Pflanzen wie die Venusfliegenfalle besitzen Chlorophyll und können somit das Sonnenlicht zur Erzeugung organischen Materials nutzen (siehe Exkurs in Kapitel 13). Bei ausreichender Versorgung mit Mineralsalzen gedeihen sie bestens ohne tierische Nahrung. Einen Vorteil bietet die Carnivorie daher nur an nährstoffarmen Standorten, wie man sie beispielsweise in Hochmooren antrifft. Als heimische Vertreter seien der Sonnentau *Drosera* und der Wasserschlauch *Utricularia* genannt. Durch

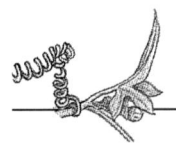

das Einfangen und Verdauen kleiner Tiere können sich fleischfressende Pflanzen mit Stickstoffverbindungen und Phosphaten versorgen.

Die Blätter von *Dionaea* sind rosettenartig angeordnet. Der flügelartig verbreitete Blattstiel ist zu einem Photosyntheseorgan umgebildet, die Blattfläche (Spreite) weist dagegen zahlreiche Spezialisierungen auf, die sie zu einer wirkungsvollen Insektenfalle machen. Die beiden Blatthälften, die im geöffneten Zustand V-förmig auseinanderklaffen, können sich um die als Scharnier wirkende Mittelrippe bewegen. An den Blatträndern befinden sich lange, stachelartige Borsten. In der Mitte einer jeden Blatthälfte stehen drei Fühlborsten, die schon mit bloßem Auge erkennbar sind. Die Blattoberseite (die Innenseite der Falle) ist mit zahlreichen rötlichen Verdauungsdrüsen besetzt, die ein schleimiges, glitzerndes Sekret absondern.

Ein Insekt (oder auch andere kleine Wirbellose), das versucht, auf dem Blatt zu landen, wird fast zwangsläufig in Kontakt mit den Fühlborsten kommen, die in Dreizahl in einer Reihe auf der Blattfläche stehen. Dies löst das blitzschnelle Zuklappen der Falle aus, eine Seismonastie. Durch die Borsten des Blattrandes, die wie die Stangen eines Käfigs ineinandergreifen, wird die Flucht der Beute verhindert. Das Zuklappen dauert bei der Venusfliegenfalle eine halbe Sekunde, bei der Verwandten *Aldovandra* sogar weniger als 0,1 Sekunden. Dies ist die schnellste Bewegung, die bisher im Pflanzenreich beobachtet wurde. Konnte das Beutetier dennoch entkommen, öffnet sich das Blatt langsam wieder innerhalb von 30 bis 40 Minuten. Neben Turgorbewegungen sind auch Wachstumsbewegungen an der Öffnung des Blattes beteiligt, so daß das Blatt größer wird und schließlich abstirbt. Nach erfolgreichem Insektenfang beginnen die Blätter mit einer Verengungsbewegung – die Falle wandelt sich vom Käfig zum Magen. Diese Verengung wird durch chemische Reize ausgelöst (Chemonastie). Nach der Verdauung der Beute, die bis zu 14 Tagen dauern kann, öffnet sich das Blatt wieder.

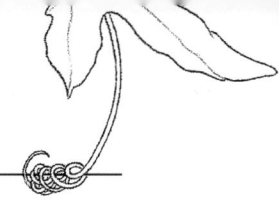

Fühlborsten und Reizperzeption

Die nur wenige Millimeter langen Fühlborsten bestehen aus vier deutlich voneinander abgegrenzten Zonen. Die Basis jeder Borste wird von einem parenchymatischen Sockel gebildet. Darüber liegt die Gelenkzone, die durch einen ringförmigen Einschnitt vom Sockel abgesetzt ist (Abbildung 12.2). Dessen äußerste Lage wird von besonders großen Zellen gebildet, die für die Perzeption des Reizes verantwortlich sind. Darauf folgt eine Zone mit kleinen Zellen und schließlich die steife Endborste, die aus Zellen mit harten Zellwänden besteht.

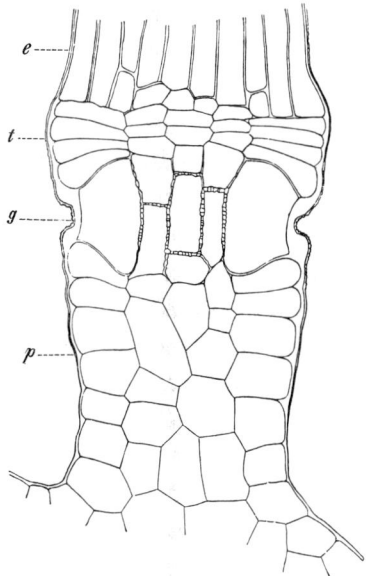
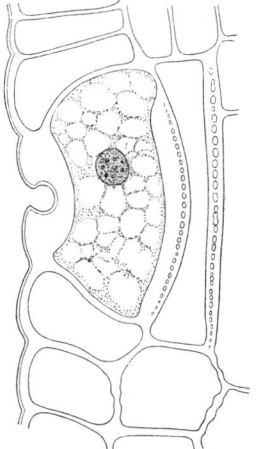

12.2 Unterer Teil einer Fühlborste der Venusfliegenfalle (aus dem Originalwerk von Haberlandt 1909). Der Sockel wird von parenchymatischem Gewebe (p) gebildet. Es folgt die Gelenkzone mit einem Ring besonders großer Gelenkzellen (g; Detail rechts). Daran schließt sich eine Zone schmaler, tafelartiger Zellen (t) an. Den Abschluß bilden die Zellen der langen Endborste (e).

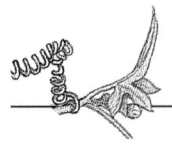

Die Fühlborste funktioniert wie ein elastischer Mechanorezeptor. Schon bei leichten Berührungen biegt sich die Fühlborste in der Gelenkzone. Der dafür erforderliche Kraftaufwand ist so gering, daß sich das Abknicken, wie bereits Charles Darwin wußte, durch Berührung mit einem Haar auslösen läßt. Diese hohe Empfindlichkeit würde häufig zu einem Fehlalarm führen, wenn nicht folgende Sicherung eingebaut wäre: Nur wenn dieselbe Fühlborste zweimal nacheinander abgeknickt wird oder bei Berührung von zwei verschiedenen Borsten, klappt die Falle zu. Die Bewegung selbst läuft dann nach dem Alles-oder-Nichts-Prinzip ab.

Durch das Abknicken in der Gelenkzone werden die großen Zellen auf der einen Seite gestaucht und auf der gegenüberliegenden Seite gedehnt. Schon die alten Pflanzenphysiologen haben diese Zellen aufgrund ihrer besonderen Anatomie als „Sinneszellen" bezeichnet. Im Jahre 1873 berichtete J. Burdon-Sanderson vor der Royal Society in London, daß nach einer Reizung der Fühlborsten in den Sinneszellen eine Potentialänderung (siehe Exkurs in Kapitel 11) auftritt (Abbildung 12.3). Es handelt sich bei diesen Fühlborsten also um ein echtes Sinnesorgan, das durchaus mit entsprechenden Bildungen bei Tieren vergleichbar ist. Das elektrische Signal, das an solchen Orten der Reizwandlung entsteht, bezeichnet man als Rezeptorpotential.

Das Membranpotential einer Sinneszelle beträgt in Ruhe etwa -160 Millivolt und steigt nach Reizung auf -50 Millivolt und höhere Werte an. Die Ursache dieser Depolarisation sind Ionenkanäle. Möglicherweise ändert sich deren Durchlässigkeit, wenn eine Zelle gedehnt wird. Die Größe des Rezeptorpotentials wird sowohl von der Geschwindigkeit und der Dauer des Umbiegens, als auch von der Strecke, um die die Borste verschoben wird, beeinflußt.

Die elektrophysiologischen Untersuchungen erklären auch das „Gedächtnis" der Falle. Ist der zeitliche Abstand zwischen zwei

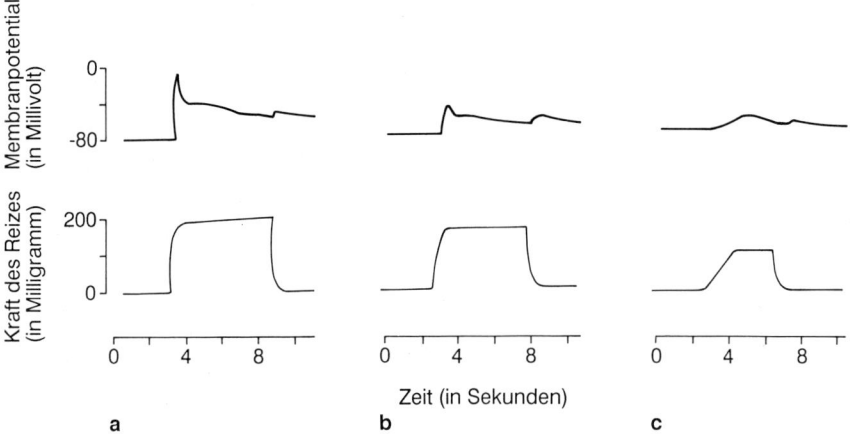

12.3 Potentialänderungen einer Sinneszelle von *Dionaea* (oben), nachdem Druck auf das sensorische Gewebe ausgeübt wurde. Dauer und Stärke des Druckes sind in den unteren Kurven dargestellt. Nach Bentrup aus Haupt und Feinleib 1979.

Einzelreizen größer als 20 Sekunden, so sind zusätzliche Reize für die Auslösung des Zuklappens erforderlich. Bei einminütigem Abstand sind drei bis vier Reize notwendig, bei zwanzigminütigen Pausen lösen erst 20 Reize die Reaktion aus.

Die Erregungsleitung erfolgt auf elektrischem Wege in Form von Aktionspotentialen (siehe Exkurs in Kapitel 11). Die Leitungsgeschwindigkeit beträgt 170 Millimeter pro Sekunde. Während eines Aktionspotentials kommt es zum Calciumeinstrom in die Zellen des Blattes. Aufgrund der oben geschilderten Beobachtungen vermutet man, daß der Fallenschluß bei Überschreiten eines bestimmten Schwellenwertes der intrazellulären Calciumkonzentration erfolgt. Bei rasch aufeinanderfolgenden Reizen ist die Konzentration bereits nach zweimaligem Auslösen eines Aktionspotentials hoch genug, um die Bewegungsreaktion hervorzurufen. Längere Pausen zwischen den Einzelreizen erlauben ein Absinken der Calciumkonzentration in den Zellen und machen weitere Aktionspotentiale erforderlich.

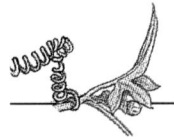

Das Schließen der Falle

Bei dem blitzschnellen Zuklappen der Falle handelt es sich offensichtlich um eine turgorabhängige Reaktion. Der genaue Mechanismus dieser Bewegung ist aber noch immer unbekannt. Charles Darwin vermutete, daß die Mittelrippe des Blattes als aktives Gelenk fungiert. Er erklärte das Schließen des Blattes durch einen Turgorverlust der Zellen der Gelenkoberseite. Inzwischen wurde aber gezeigt, daß das Volumen des Gelenks und der Zellen der Blattoberseite während des Fallenschlusses nicht abnimmt. Die Mittelrippe spielt also vermutlich nur eine passive Rolle.

Heutzutage nimmt man an, daß das rasche Zuklappen die Folge einer plötzlichen „Entladung" der Turgorspannung ist. Im geöffneten Zustand steht das Blatt unter einer starken Gewebespannung, die durch den Turgor der Zellen des Blattinneren aufgebaut wird. Der Gegendruck wird von der oberen und unteren Epidermis (der äußersten Zellschicht) erzeugt. Dies kann durch ihre experimentelle Entfernung gezeigt werden: Nach Entfernung der unteren Epidermis krümmen sich die Blatthälften nach innen, nach Entfernung der oberen nach außen. Die Zellwandverstärkungen sind in beiden Blatthälften so orientiert, daß eine Dehnung der Wände nur senkrecht zur Mittelrippe stattfinden kann.

Das Zusammenklappen der beiden Blatthälften ließe sich daher durch eine schlagartig erhöhte Dehnbarkeit der unteren Epidermiszellen erklären. Man weiß allerdings noch nicht, auf welchem Wege die Aktionspotentiale zu einer Veränderung der Dehnbarkeit führen könnten.

Das Verdauen von Beute

Schließt sich die Falle, ohne daß ein Beutetier eingeschlossen wurde, so öffnet sie sich bereits nach kurzer Zeit wieder. Dabei spielt neben dem Turgor auch Wachstum eine wichtige Rolle, folglich vergrößert sich das Blatt im Zuge dieser Bewegung (um 13 Prozent bei der ersten, um zehn Prozent bei der zweiten und um drei Prozent bei der dritten Öffnung). Wurde jedoch ein Tier gefangen, so wachsen die beiden Blatthälften im Randbereich eng aufeinander zu und dichten die Falle ab.

Darwin „fütterte" seine Venusfliegenfallen mit Fleisch, Eiweißwürfelchen oder Käse. Bei dieser Kost wurde ein Verdauungssaft abgegeben, der die Beute auflöste. Der Verdauungszyklus läßt sich im Experiment aber auch durch Thioharnstoff oder bestimmte Aminosäuren initiieren, die Sekretion wird also nicht nur durch Eiweiß, sondern auch durch andere stickstoffhaltige Moleküle ausgelöst. Die Falle bleibt übrigens nur solange geschlossen, wie der chemische Reiz anhält. Auch die Sekretion des Verdauungssaftes ist an den kontinuierlichen chemischen Reiz gebunden. Nach einer Woche nimmt die Sekretion ab; dies ist eine Anpassung an die natürlichen Verhältnisse, die einem allzu hohen Verlust von Verdauungsenzymen entgegenwirkt.

Die Verdauungsdrüsen bestehen aus sekretorischen Zellen, deren Funktion zunächst in der Abgabe von Verdauungsflüssigkeit und später in der Aufnahme der stickstoffhaltigen Nährstoffe besteht. Die Fläche der Plasmamembran ist bei diesen Zellen durch Einfaltungen der Zellwände stark vergrößert; eine derartige Oberflächenvergrößerung ist ein bei transportaktiven Geweben weit verbreitetes Phänomen, weil dadurch der Stoffaustausch erleichtert wird.

Um ins Innere der Falle zu gelangen, müssen die Verdauungsenzyme zunächst die Cuticula der sekretorischen Zellen überwin-

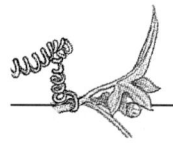

den. Die Cuticula ist eine wasserabweisende Schicht, mit der die Epidermiszellen oberirdischer Organe überzogen sind. Nach der Stimulation durch Stickstoffverbindungen stellt die Cuticula der Verdauungsdrüsen jedoch keine Barriere mehr dar, weil sie nun zahlreiche Risse aufweist.

Das Verdauungssekret enthält vorwiegend proteinabbauende Enzyme, sogenannte Proteasen; daneben enthält es weitere abbauende, das heißt lytische Enzyme. Die durch Enzymspaltung freigesetzten Nährstoffe werden von den Drüsenzellen aufgenommen.

Der Beutefang anderer Carnivoren

Zwei Gattungen unserer heimischen Flora fangen Insekten mit Hilfe von Blättern, die ähnlich wie eine Leimrute wirken. Den einfachsten Typ solcher Klebefallen findet man beim Fettkraut (*Pinguicula*), das in Gebirgsmooren vorkommt. Ein klebriges Sekret bedeckt die Blattoberseiten dieser Pflanze und hindert kleine Insekten an der Flucht. Die Blattränder von *Pinguicula* können sich einrollen und so einen Verdauungsraum bilden. Beim Sonnentau (*Drosera*) sind dagegen komplexere Bewegungsabläufe am Beutefang beteiligt. Die Blätter dieses Hochmoorbewohners sind mit zahlreichen beweglichen Fangtentakeln besetzt. Jedes Tentakel trägt an seinem Ende ein Drüsenköpfchen, das einen klebrigen, in der Sonne glitzernden Sekrettropfen ausscheidet.

Die Klebefalle des Sonnentaus

Bei den Sonnentaugewächsen (Droseraceae) ist das Prinzip der passiven Klebefalle verwirklicht. Den klebrigen Schleim bilden

246

die äußeren großen Zellen des Drüsenköpfchens. Das Sekret lockt durch sein Glitzern Insekten an, die bei Berührung an dem klebrigen Schleim hängen bleiben (Abbildung 12.4). Die Beute kommt durch ihre Befreiungsbewegungen in Kontakt mit weiteren Fangtentakeln und wird dadurch um so fester gehalten.

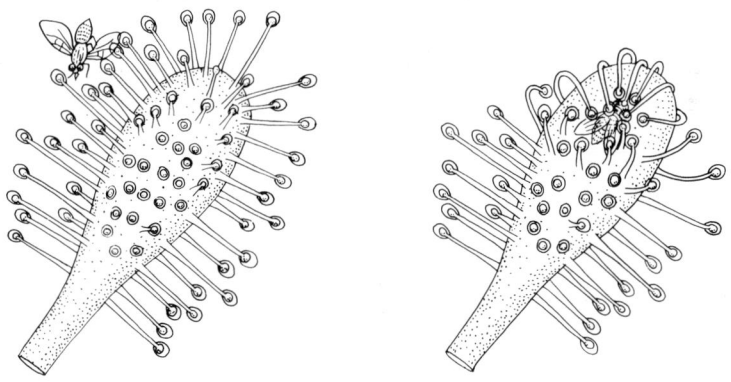

12.4 Fangmechanismus des Sonnentaus (*Drosera*). Von den glitzernden Schleimtröpfchen angelockte Insekten bleiben auf den Blättern kleben und verstricken sich bei ihren Befreiungsversuchen mehr und mehr im Fangschleim. Aus Heslop-Harrison.

Schließlich wird das gefangene Tier durch das koordinierte Einkrümmen von Tentakeln endgültig fixiert (Abbildung 12.5). Der erfolgreiche Beutefang schließt mit der Einkrümmung der gesamten Blattspreite und der Verdauung der Beute ab.

Die Tentakel können sowohl auf Berührungsreize als auch auf chemische Reize mit Krümmungswachstum reagieren. Bei beiden Reizarten ist das Köpfchen der Ort der Reizaufnahme, also der Sensor. Nach mechanischer Reizung bewegen sich die Tentakel bald wieder in die Ausgangslage zurück und sind erneut reizbar. Bei kontinuierlicher chemischer Reizung bleiben sie hingegen über Tage gekrümmt. Der biologische Sinn dieser Diskrepanz liegt auf der Hand: Gelang dem festgeklebten Insekt die Flucht,

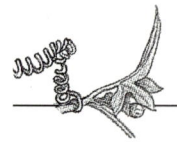

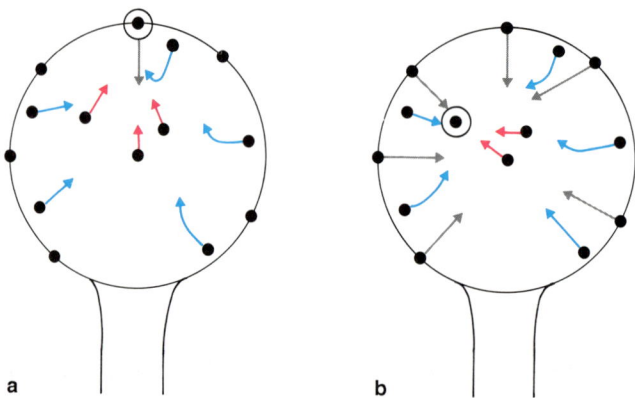

a   b

12.5 Schematische Darstellung der Tentakelbewegung von *Drosera* nach einer punktuellen Reizung. Ein gereizter Randtentakel (Kreis in a) krümmt sich nastisch zur Blattmitte hin ein. Die Erregung wird zu den Flächententakeln weitergeleitet (siehe Abbildung 11.3). Die Tentakel reagieren mit tropistischem Wachstum auf den Reizort hin. Wird ein Flächententakel direkt gereizt (Kreis in b), reagieren die Randtentakel mit nastischer Einkrümmung, während die übrigen Flächententakel zum Reizort hin wachsen. Nach Haupt 1977.

steht es nicht als Nahrung zur Verfügung. Eine lang andauernde Tentakelkrümmung wäre somit sinnlos. Wurde es dagegen gefangen, sorgt die anhaltende chemische Reizung der Tentakel für einen dauerhaften Einschluß der Beute.

Die Tentakel des Blattrandes und der Blattfläche reagieren unterschiedlich auf eine Reizung. Tentakel der Blattfläche reagieren auf eine Reizung ihres Köpfchens nicht mit einer Krümmung. Die benachbarten, nicht unmittelbar gereizten Tentakel krümmen sich aber in die Richtung des chemischen oder thigmischen (Berührungs-)Reizes – selbst dann, wenn ihnen das Drüsenköpfchen entfernt wurde. Diese chemo- oder thigmotrope Reaktion erfolgt ungefähr eine Stunde nach der Reizung.

Werden die Tentakel des Blattrandes gereizt, so krümmen sie sich innerhalb von zehn Sekunden in Richtung der Blattmitte, reagieren also nastisch. Erfolgt die Reizung nicht an den Randtentakeln, sondern auf der Blattfläche, so reagieren die Randten-

takel wiederum nastisch, tendieren aber dazu, etwas auf das Beutetier zuzuwachsen (Nastie mit tropistischer Komponente).

Die Erregungsleitung mit einer Geschwindigkeit von 0,2 Millimetern pro Sekunde erfolgt auf elektrischem Wege. Im Bereich des Tentakelköpfchens lassen sich Rezeptorpotentiale messen, weiter unten im Tentakelstiel Aktionspotentiale, die zu den anderen Tentakeln weitergeleitet werden. Die elektrische Information muß vom Blatt so verarbeitet werden, daß die nicht direkt gereizten Tentakeln eine Richtungsinformation erfahren. Es ist aber völlig unklar, wie dies geschieht.

Die Fangblasen des Wasserschlauchs

Der Wasserschlauch (*Utricularia vulgaris*) ist eine bei uns heimische, unter Wasser (submers) lebende Pflanze. Er kommt in stehenden, nährstoffarmen Gewässern vor und fällt im Sommer durch große, gelbe Blüten auf, die an einem blattlosen Stengel aus dem Wasser ragen. Die schwimmenden, fadenförmigen Blätter dieser Pflanze sind stark verzweigt und tragen etwa zwei Millimeter große Fangblasen. Sobald ein kleines Wassertier einer solchen Blase zu nahe kommt, löst es einen Schluckmechanismus aus und findet sich im Inneren der Blase wieder (Abbildung 12.6).

Diese ungewöhnliche Art des Beutefangs wird durch die spezielle Anatomie der Falle ermöglicht. In einer fangbereiten Falle herrscht ein starker Unterdruck, der äußerlich an den nach innen gewölbten Seitenwänden erkennbar ist. Er wird durch einen aktiven Transportmechanismus in der Blasenwand erzeugt. Deren Zellen pumpen Chloridionen und Natriumionen aus dem Blaseninneren und bewirken dadurch einen Wasserausstrom (siehe Exkurs in Kapitel 7). Als Folge dieses Pumpmechanismus verliert die Fangblase bis zu 30 Prozent ihres Volumens und steht somit unter relativ hohem negativen Druck (Unterdruck). Die hohlen

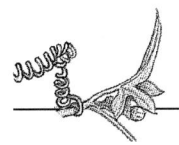

Fangblasen besitzen eine Öffnung, deren Rand lippenförmig verdickt ist. Diese Öffnung wird durch eine Klappe wasserdicht
verschlossen, die nur oben mit der Blasenwand verwachsen ist.
Die Außenseite der Klappe ist mit langgestreckten Fühlborsten
besetzt, deren Berührung den Schluckmechanismus auslöst. Der
Unterdruck preßt die Klappe gegen eine Art Nut in der Lippe
und sorgt dadurch für den dichten Verschluß der Blase.

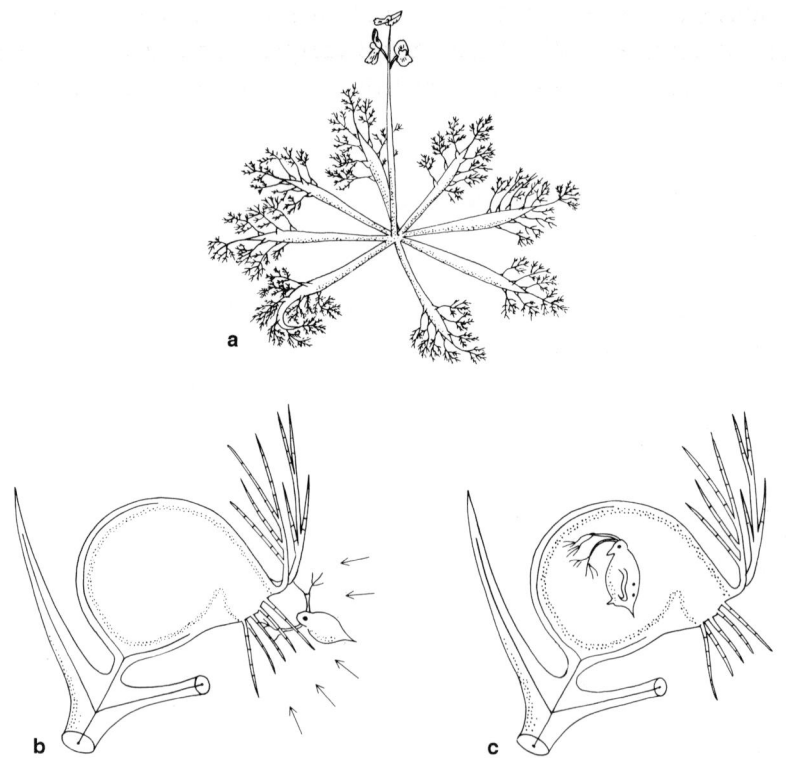

12.6 Der Fangmechanismus des Wasserschlauchs (*Utricularia*). Der Wasserschlauch ist eine untergetaucht (submers) lebende Wasserpflanze — nur die
Blüte erhebt sich über die Wasseroberfläche (a). Im Inneren der Fangblasen
herrscht Unterdruck wie in einem zusammengedrückten Pipettenhütchen. Eine
Klappe verschließt die einzige Öffnung dicht, aber relativ locker. Berührt ein
kleines Wasserinsekt die Fühlborsten (b), saugt der Unterdurck die Klappe mitsamt einer Portion Wasser ins Innere der Blase. In der Regel landet das Beutetier ebenfalls in der Blase und kann verdaut werden. Aus Heslop-Harrison.

Reizt ein kleines Wassertier die Fühlborsten, so schlägt die Klappe innerhalb von zehn bis 15 Millisekunden nach innen. Wegen des negativen Binnendruckes saugt die Fangblase eine Portion Wasser ein. In der Regel wird dabei das auslösende Beutetier mit in die Falle hineingerissen. Anschließend schließt sich die Klappe wieder (im Experiment bereits 30 Millisekunden nach der Öffnung). Das im Innern der Blase gefangene Tier wird dann verdaut und die freigesetzten Stickstoffverbindungen dem Stoffwechsel der Pflanze zugeführt. Nach Beendigung des Verdauungsvorgangs wird die Blase wieder leergepumpt. Dadurch ist die Falle wieder gespannt und bereit für einen neuen Schluckvorgang.

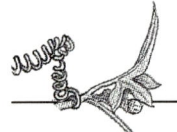

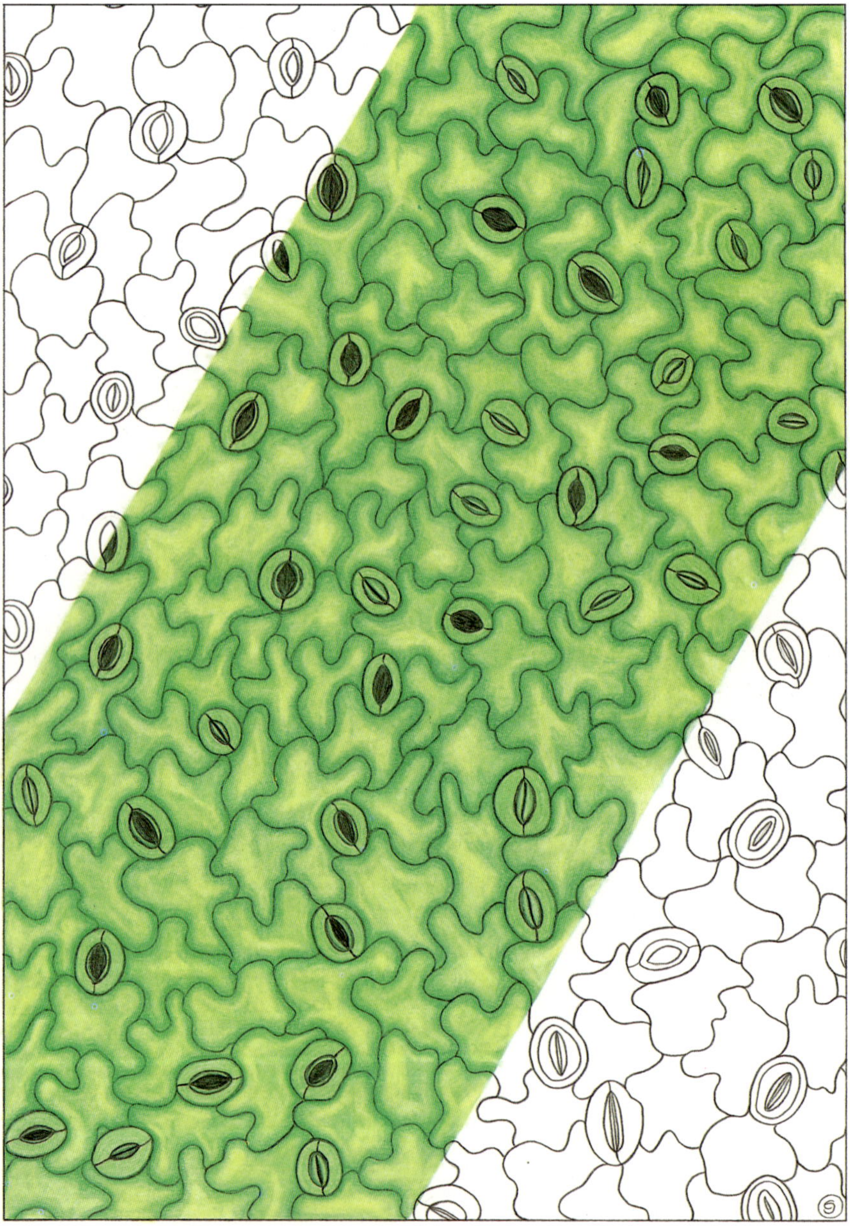

13.1 Unterseite eines Blattes. Zwischen den wellenförmig verzahnten Epidermiszellen liegen die Schließzellen. Zum Gasaustausch lassen sie zwischen sich einen weitgeöffneten Spalt frei, bei Wassermagel wird der Spalt geschlossen.

13. Wie Pflanzen „atmen" – Spaltöffnungsbewegungen

Landpflanzen stehen vor einem Dilemma: Ihre oberirdischen Teile sind mit einer wasserundurchlässigen Wachsschicht, der sogenannten Cuticula, überzogen. Diese verhindert zwar einerseits das Austrocknen, andererseits aber auch den lebenswichtigen Gasaustausch mit der Umgebung. Dieses Problem wurde im Laufe der Evolution durch die Entwicklung von Atemöffnungen gelöst, die es den Pflanzen ermöglichen, das für die Photosynthese notwendige Kohlendioxid (CO_2) aufzunehmen, Sauerstoff (O_2) und Wasserdampf dagegen abzugeben.

Diese Öffnungen in der Epidermis (der äußeren Zellschicht) von Blättern und Sprossen werden Spaltöffnungen oder Stomata (Singular: Stoma) genannt. Spaltöffnungen grenzen den durch Transpiration (Verdunstung) entstehenden Wasserverlust und den Gasaustausch einer Pflanze auf ihre Porenfläche ein.

Die Wasserabgabe an die Atmosphäre ist nicht nur ein notwendiges Übel, das es abzustellen gilt, sondern von lebenswichtiger Bedeutung für den Wasserhaushalt einer Pflanze. Der Wassertransport aus der Wurzel in die oberirdischen Pflanzenteile geschieht mit Hilfe eines rein passiven Mechanismus. Verdunstet Wasser aus den Spaltöffnungen (Transpiration), so entsteht ein Sog, der das Wasser aus dem Boden über die Kapillaren der Leitbündel nach oben saugt. Auf diese Weise werden die Blätter

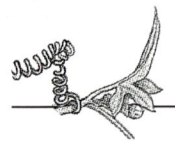

und das Sproßsystem mit Wasser und darin gelösten Salzen versorgt. Selbst hundert Meter hohe Bäume erhalten noch eine ausreichende Menge an Wasser und Nährstoffen; bei ihnen verringert sich der Stammdurchmesser durch den mit der starken Transpiration einhergehenden Sog in den Leitbündeln meßbar.

Die Menge des durch Transpiration abgegebenen Wassers ist beträchtlich. In einem Buchenwald werden etwa 60 Prozent des jährlichen Niederschlags als Transpirationswasser wieder an die

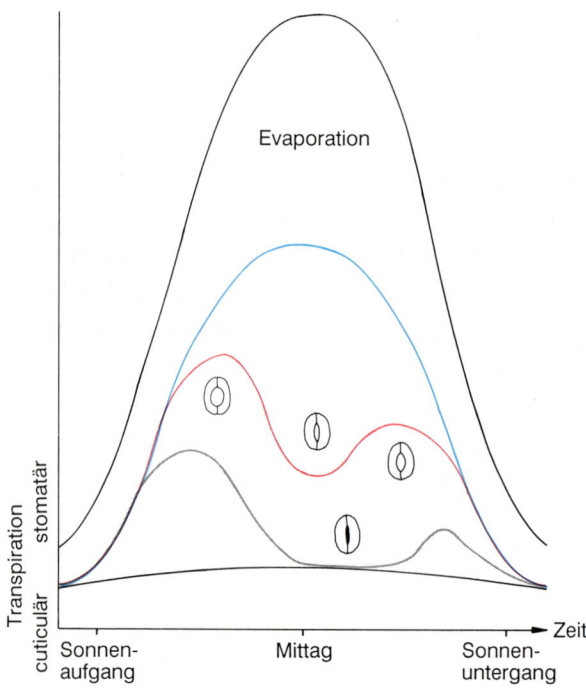

13.2 Tagesverlauf der Transpiration. Die Evaporation gibt die Wassermenge an, die von einer freien Wasseroberfläche verdunstet. Die blaue Kurve entspricht einer Transpiration bei gleichförmig geöffneten Spaltöffnungen, die rote bei mittäglich verschmälerten Spaltöffnungen. Pflanzen, die ihre Stomata um die Mittagszeit gänzlich schließen, senken ihren Wasserverlust in der Tagesmitte stark ab (graue Kurve). Der Wasserverlust durch die Cuticula ist demgegenüber recht gering und ändert sich kaum über den Tagesverlauf. Nach Larcher, W. *Ökologie der Pflanzen.* Stuttgart (Ulmer) 1984.

Atmosphäre abgegeben. Eine Birke verdunstet täglich 60 bis 70 Liter Wasser, an besonders heißen Tagen sogar bis zu 400 Liter (Abbildung 13.2).

Die unterschiedlichen Typen von „Atemöffnungen"

Vorstufen der regelbaren Spaltöffnungen kann man bei bestimmten Lebermoosen beobachten. Diese Moose besitzen noch keinen Mechanismus, der ihre Wasserabgabe reguliert, und können daher nur an feuchten Standorten überleben. Beim Brunnenlebermoos (*Marchantia polymorpha*) bestehen die Atemöffnungen aus einer Art offenen Mini-Tonne, deren Wände von vier Zellagen gebildet werden. Das Innere der Tonne dient als Verbindungskanal zwischen der Außenluft und dem Inneren des Mooskörpers. Der Durchmesser dieser Öffnung kann sich zwar etwas verringern, dies ist aber kein effektiver Verdunstungsschutz. Laubmoose, viele Farne und die Höheren Pflanzen hingegen haben Schließzellen entwickelt, deren Form zeitweilig einen Verschluß der Atemöffnung erlaubt.

Es gibt mehrere Spaltöffnungstypen, die in ihrer Anatomie sehr stark voneinander abweichen. Stets sind jedoch zwei sogenannte Schließzellen von länglicher, bohnen- oder schlauchförmiger Gestalt nur an den Enden miteinander verwachsen. Der Spalt zwischen ihnen kann um Bruchteile eines Millimeters (bei der Wikke *Vicia faba* beispielsweise um 15 Mikrometer) auseinanderweichen. Immer gilt die Regel: Bei hohem Turgor in den Schließzellen ist der Spalt geöffnet, bei niedrigem ist er geschlossen. Da die Bewegungsrichtung der Schließzellen durch ihre Anatomie vorgegeben ist, haben wir es mit einer typischen Nastie zu tun. Voraussetzung für diese Bewegung sind die unterschiedlich verdick-

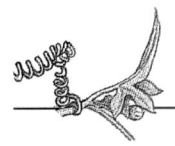

ten Zellwände der Schließzellen. Die zum Spalt hin gerichteten werden als Bauch-, die gegenüberliegenden als Rückenwände bezeichnet. Mit der Außenwand grenzen die Schließzellen an die Umgebungsluft, mit der Innenwand an die Interzellularen (Räume zwischen den Zellen, die dem Gasaustausch dienen) des Blattes.

Die Spaltöffnungen der Laubmoose und Farne werden nach einem typischen Vertreter als Mnium-Typ (*Mnium* ist ein Laubmoos) bezeichnet. Die Bauchwände sind hier besonders dünn und dehnbar. Im Zustand geringen Turgors (bei Spaltenschluß) berühren sich die ausgewölbten Bauchwände (Abbildung 13.3 a). Nimmt der Turgor zu, runden sich die Schließzellen ab, Innen- und Außenwand entfernen sich voneinander, die Auswölbung der Bauchwände geht zurück, und der Spalt öffnet sich. Die Rückenwände, die an die Zellwände benachbarter Epidermiszellen angrenzen, wirken dabei als Widerlager.

Am anderen Ende der Evolutionsskala stehen die hochentwickelten Spaltöffnungen der Gräser (Gramineen-Typ). Bei Gräsern – und auch bei zahlreichen anderen Pflanzen – sind neben den Schließzellen weitere Epidermiszellen, die sogenannten Nebenzellen, am Aufbau des Spaltöffnungsapparates beteiligt (Abbildung 13.3 c). Die beiden Schließzellen haben bei den Gräsern eine hantelförmige Gestalt. Die dünnen „Griffe" der beiden Hanteln zeichnen sich durch besonders starke, verdickte Zellwände aus und lassen zwischen sich einen Spalt offen. Bei manchen Pflanzen, etwa dem Zuckerrohr (*Saccharum*), zieht sich der längliche Zellkern mitten durch diese Enge hindurch. Die „Kugeln" der Hantel dagegen sind dünnwandig und elastisch dehnbar. Wenn der Tugor der Schließzellen zunimmt, vergrößert sich das Volumen dieser Hantelkugeln. Da sich die starren Griffe dadurch voneinander entfernen, öffnet sich der Spalt.

Der wohl verbreitetste Schließzellentypus (*Helleborus*-Typ) findet sich bei vielen ein- und zweikeimblättrigen Pflanzen. Bei ih-

nen lassen bohnenförmige Schließzellen einen Spalt zwischen sich offen (Abbildung 13.3 b). Die Innen- und Außenwände sind stark verdickt und somit unelastisch, während die Rückenwände dünn und dehnbar sind. Im erschlafften Zustand stoßen die Schließzellen mit ihren Bauchwänden aneinander und verschließen den Spalt. Nimmt der Turgor der Schließzellen zu, dehnen

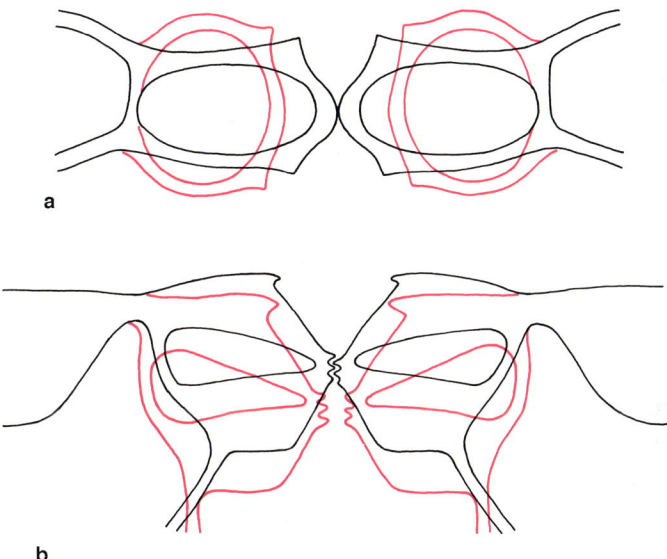

a

b

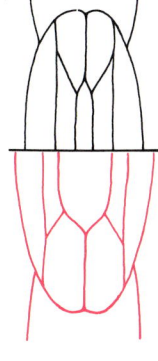

c

13.3 Öffnungsmechanismen verschiedener Spaltöffnungstypen. Beim einfachen *Mnium*-Typ (a) kugeln sich die Schließzellen im Zustand hohen Turgors ab und öffnen den Spalt. Bei Trockenheit (Turgorabnahme) entspannen sich die Schließzellen — der Spalt wird geschlossen. Beim häufigen *Helleborus*-Typ (b) beruht die Spaltenöffnung auf der Dehnung der elastischen Rückenwände in die Nachbarzellen hinein. Innen- und Außenwand sind stark verdickt und engen den lebenden Teil der Schließzelle auf einen kleinen, dreieckigen Querschnitt ein. Die Schließzellen der Gräser (Gramineen-Typ; c) zeichnen sich durch dünnwandige Endabschnitte und schmale Zwischenstücke mit dicken Wänden aus. Im Zustand hohen Turgors sind die Endabschnitte maximal gedehnt und drücken die starren Zwischenstücke auseinander. Nach Strasburger, E. *Lehrbuch der Botanik.* Stuttgart (G. Fischer) 1983.

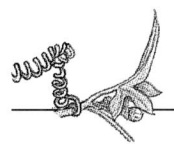

sich die elastischen Rückenwände etwas in die benachbarten Epidermiszellen hinein aus. Die verdickten Innen- und Außenwände sind kaum elastisch dehnbar und weichen, der Bewegung der Rückenwand folgend, je nach Pflanze nach oben oder unten aus. Dadurch entfernen sich die Bauchwände etwas voneinander und öffnen den Spalt. Um diese Bewegung aus der Ebene der Epidermis hinaus zu unterstützen, sind bei einigen Pflanzen die Verbindungswände zwischen Epidermis- und Schließzellen gelenkartig verschmälert.

Eine leichte Abwandlung hiervon stellt der Amaryllideen-Typ dar, bei dem Innen- und Außenwände weniger stark verdickt sind. Zur Öffnung der Spalten dehnen sich die Schließzellen elastisch mit ihren Rückenwänden in die Nachbarzellen aus und ziehen die Bauchwände nach.

Regelkreis der Spaltöffnungsbewegung

Die Stomata haben die Aufgabe, einerseits den lebensnotwendigen Gasaustausch zu ermöglichen und andererseits ein Austrocknen zu verhindern. Um dies zu gewährleisten, wird ihre Öffnungsweite äußerst genau kontrolliert. Eine Vielzahl von Faktoren hat Einfluß auf den Turgor der Schließzellen und damit auf den Öffnungszustand der Stomata. Bevor wir aber auf die unterschiedlichen Regulationsmechanismen eingehen, soll kurz das Modell des Regelkreises erläutert werden.

Die Aufgabe eines Steuerungssystems besteht darin, einen bestimmten Wert mehr oder weniger konstant zu halten (bei der Pflanze beispielsweise den Wassergehalt des Blattes oder den CO_2-Gehalt der Interzellularen). Dafür benötigt man einen Meßfühler, der den aktuellen Wert mißt (Ist-Wert) und mit dem ge-

wünschten Wert (Soll-Wert) vergleicht. Weichen diese beiden
Werte voneinander ab, so tritt ein sogenanntes Stellglied in Aktion (Rückkopplung), das den Sollwert wiederherstellt. Das Stellglied ist in unserem Fall die Spaltöffnung, deren Öffnungsweite
die Wasser- und Gasdurchlässigkeit der Epidermis bestimmt.

Die Stomata können auf eine Reihe unterschiedlicher Faktoren
reagieren (Abbildung 13.4). Der erste dieser Faktoren ist das
Licht (Photonastie der Spaltöffnungen). Bei Belichtung öffnen
sich die Spalten, wobei der Blaulichtanteil des Lichtes scheinbar
direkt auf die Schließzellen wirkt. Wichtiger ist jedoch der photosynthetisch wirksame Anteil des Sonnenlichtes. Die Photosynthese der Mesophyllzellen (der Zellen im Blattinneren) verbraucht
das Kohlendioxid (CO_2) in den Interzellularen. Diese Kohlendi-

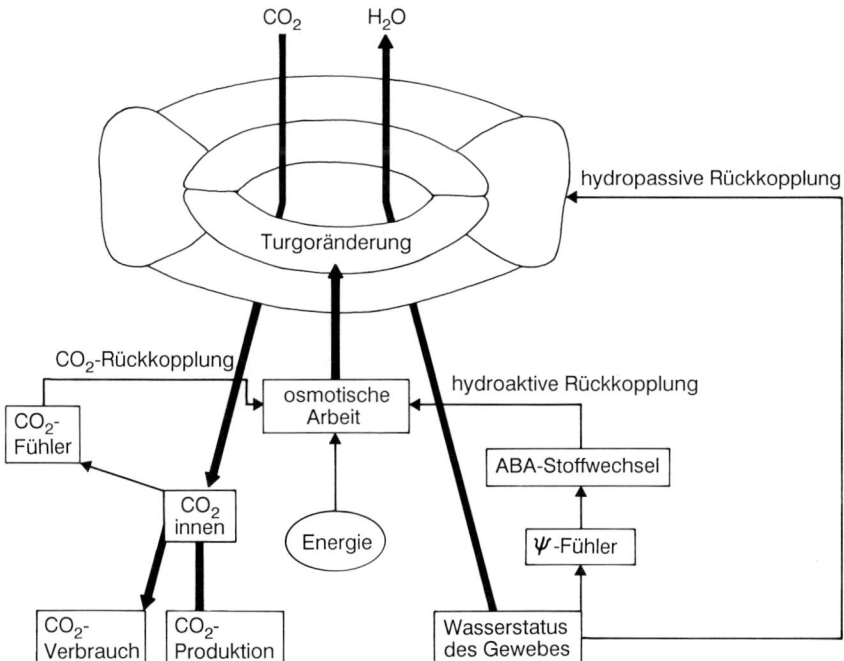

13.4 Das Regelkreismodell der Spaltöffnungen. Die dicken Pfeile geben die
Flüsse von Kohlendioxid und Wasser an, die dünnen Pfeile repräsentieren re-
gelnde Einflüsse. Nach Lüttge et al. 1988.

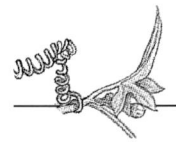

oxidverarmung ist der eigentlich auslösende Reiz für das Öffnen der Stomata. Daher kann man den Spaltöffnungen durchaus chemonastische Eigenschaften zuschreiben. Durch Hemmung der Photosynthese kann das Öffnen der Spalten unterbunden werden. Da die Kohlendioxidkonzentration der Außenluft ohne Einfluß auf die Öffnungsweite der Spalten ist, geht man davon aus, daß der Kohlendioxidmeßfühler an der Innenseite der Spaltöffnungsapparate sitzen muß. Immer wenn die Kohlendioxidkonzentration der Interzellularen zu stark absinkt, öffnen sich die Spalten. Der Kohlendioxideinstrom in das Blattinnere folgt dann dem Konzentrationsgefälle von innen nach außen.

Schwieriger zu bewerten ist die Thermonastie der Spaltöffnungen. Bei hohen Temperaturen reagieren die Schließzellen rascher als bei niedrigen. Die Temperatur beeinflußt natürlich auch das Ausmaß der Photosynthese und der Atmung, vor allem aber das Wasserpotential der Pflanze. Daher wirkt Temperatur sicher auch indirekt über die Chemonastie und die Hydronastie.

Über hydronastische Bewegungen regulieren die Spaltöffnungen den Wassergehalt des Blattes. Sinkt der Wassergehalt des Blattgewebes aufgrund der Transpiration unter einen kritischen Wert ab, dann produzieren die Mesophyllzellen das Pflanzenhormon Abscisinsäure (siehe Exkurs in Kapitel 1). Abscisinsäure (ABA) wird in die Schließzellen transportiert und verursacht dort den Spaltenschluß. Das hormongesteuerte Regelsystem arbeitet so sensibel, daß bereits geringfügige Änderungen im Wassergehalt die Hormonbildung induzieren. Die Spaltöffnungen schließen sich daher bereits so früh, daß ein allzu hoher Wasserverlust vermieden wird.

Wegen der großen Bedeutung, die der Wassergehalt für das Blatt hat, ist der hydronastische Spaltenschluß den anderen Regulationsmechanismen übergeordnet. Sind die Stomata wegen eines zu niedrigen Wassergehalts des Blattes geschlossen, so öffnen sie sich selbst dann nicht, wenn es in den Interzellularen zu einer

260

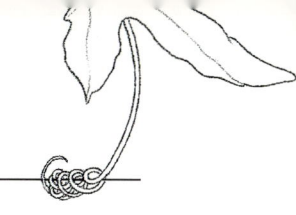

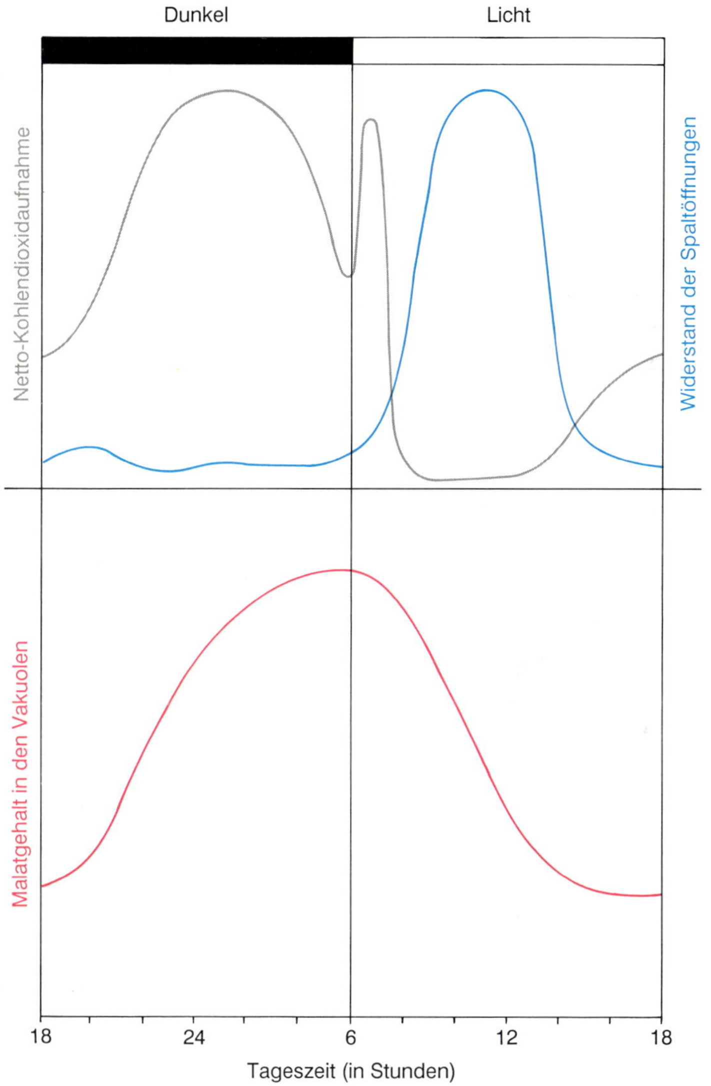

Dunkel   **Licht**

Netto-Kohlendioxidaufnahme

Widerstand der Spaltöffnungen

Malatgehalt in den Vakuolen

| 18 | 24 | 6 | 12 | 18 |

Tageszeit (in Stunden)

13.5   Der Tagesgang der Kohlendioxidaufnahme in Pflanzen mit Crassulaceen-Säurestoffwechsel. In der Nacht ist die Kohlendioxidaufnahme bei gerin-
gem Widerstand der Spaltöffnungen (große Öffnungsweiten) hoch. Wenn sich
die Stomata in der Tageshitze schließen (früh morgens kommt es nochmals zu
einem starken Kohlendioxideinstrom), sinkt die Kohlendioxidaufnahme stark ab.
Während des Tages wird das in den Vakuolen gespeicherte Malat abgebaut
(untere Kurve). Das entstehende Kohlendioxid (CO_2) geht in den Prozeß der
Photosynthese ein. Nach Lüttge et al. 1988.

261

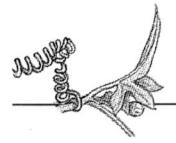

Kohlendioxidverarmung kommt (die Chemonastie also eigentlich die Spaltenöffnung induzieren müßte). Erst nachdem der Wassergehalt wieder auf einen Wert angestiegen ist, bei dem die Abscisinsäuresynthese in den Mesophyllzellen unterbleibt, öffnen sich die Stomata.

Pflanzen heißer und trockener Standorte haben ihre Stomata aufgrund dieser Dominanz der Hydronastie während des Tages meistens geschlossen. Da dies zu einer extrem niedrigen Kohlendioxidkonzentration in den Blättern führt, hat sich – bei mehreren Pflanzenfamilien unabhängig voneinander – ein spezieller Stoffwechselweg entwickelt. Bei diesem sogenannten Crassulaceen-Säurestoffwechsel (*Crassulaceen Acid Metabolism* CAM, er wurde bei den Crassulaceae, den Fettkrautgewächsen entdeckt) ist die Kohlendioxidfixierung von der Photosynthese zeitlich abgekoppelt (Abbildung 13.5). Nachts, wenn der Wasserverlust durch Verdunstung gering ist, sind die Stomata geöffnet. Während dieser Zeit binden die Pflanzen Kohlendioxid an die Substanz Phosphoenolpyruvat. Über Zwischenstufen entsteht Äpfelsäure beziehungsweise dessen Anion Malat, das in der Vakuole gespeichert wird. Am Tage wird bei geschlossenen Spaltöffnungen Kohlendioxid von Äpfelsäure abgespalten und in den Calvin-Zyklus eingespeist (siehe Exkurs in diesem Kapitel). Auf diese Weise können die CAM-Pflanzen Photosynthese betreiben, ohne daß es zu unnötigem Wasserverlust kommt.

Der Öffnungs- und Schließmechanismus

Die Schließzellen als Verantwortliche für die Bewegungen der Stomata können aktiv ihren Turgor verändern (siehe Exkurs in Kapitel 7). Lange Zeit glaubte man, die Veränderung des osmotischen Wertes werde durch die photosynthetische Zuckerpro-

duktion verursacht. Dafür schien zu sprechen, daß die Schließzellen als einzige Epidermiszellen Chloroplasten enthalten. Heute weiß man, daß die Turgoränderungen durch Aufnahmen von Ionen beim Öffnen beziehungsweise deren Abgabe an die benachbarten Epidermiszellen (oder die Nebenzellen) beim Schließen verursacht werden. Aus dieser Änderung des osmotischen Poten-

Exkurs: Photosynthese

Die grünen Pflanzen vermögen mit Hilfe des Sonnenlichtes Zucker (Glucose und Stärke) aus dem Gas Kohlendioxid zu bilden. Bei diesem Prozeß, der Photosynthese, wird Energie des Sonnenlichtes von Pigmenten, vor allem dem Chlorophyll, aufgenommen (absorbiert) und in chemische Energie (in ein elektrochemisches Potential) überführt. Mit Hilfe dieses Potentials lassen sich in einer Reihe von biochemischen Reaktionen organische Substanzen synthetisieren. Die energiereichen Moleküle können in Pflanzen und Tieren für weitere Stoffwechselvorgänge genutzt werden.

Ungefähr 0,1 Prozent der jährlich auf die Erde auftreffenden Strahlungsenergie werden als Biomasse durch Pflanzen festgelegt. Dies entspricht einer pflanzlichen Primärproduktion von etwa $1,7 \times 10^{11}$ Tonnen Kohlenstoffverbindungen. Abgesehen von bestimmten Bakterien, hängt das gesamte Leben auf der Erde von der Photosynthese ab. Selbst unsere Energiequellen Kohle, Erdöl oder Erdgas beruhen auf der Produktion der Pflanzen in vergangenen Zeiten.

Die Orte der Photosynthese sind die Chloroplasten, Zellorganellen mit einer doppelten Hüllmembran, wobei die inneren Membranen lichtabsorbierende Pigmente wie Chlorophyll und Carotinoide enthalten. Das Chlorophyll a als wichtigstes Pigment ist für die eigentliche Energiewandlung verantwortlich. Mit einem fettlöslichen Molekülanteil reicht es in die Membran hinein, während der photochemisch wichtige Molekülanteil flach ausgebreitet ist und dem Häm des roten Blutfarbstoffs sehr ähnlich ist. *(Fortsetzung)*

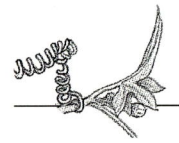

Chlorophyll a kommt in den Chloroplasten in zwei Formen vor: Chlorophyll a-680 (P680) absorbiert vorwiegend Licht der Wellenlänge von 680 Nanometer, während es beim Chlorophyll a-700 (P700) das Licht der Wellenlänge mit 700 Nanometer ist. Beide Typen sind in der inneren Membran der Chloroplasten, der Thylakoidmembran, über eine Reihe von elektronentransportierenden Molekülen und Enzymen miteinander verbunden (Abbildung E.13.1).

Man unterscheidet zwei Photosysteme. Das Photosystem II (Hauptbestandteil ist das P680) ist an ein wasserspaltendes Enzymsystem gekoppelt. Bei dieser Reaktion entstehen freier Sauerstoff und Elektronen, die das durch Licht angeregte Chlorophyll in eine Elektronentransportkette einschleust. Das Prinzip einer Elektronentransportkette beruht darauf, daß Elektronen von einem Stoff, einem Donator, auf einen Akzeptor wei-

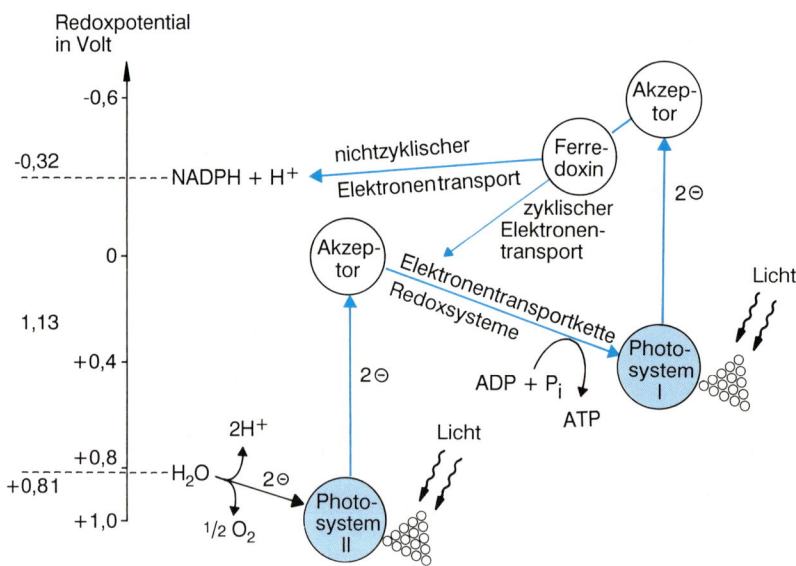

E.13.1 Vereinfachte Darstellung der photosynthetischen Elektronentransportkette. Das Sonnenlicht liefert die Energie, um in den Photosystemen I und II Elektronen freizusetzen beziehungsweise Wasser zu spalten. Die Elektronen fließen über eine Kette von Redoxsystemen (Substanzen, die Elektronen aufnehmen und wieder abgeben können) zu NADPH+H$^+$, dem sogenannten Endakzeptor. Die in der Transportkette freiwerdende Energie kann zur Bildung energiereichen Adenosintriphosphats (ATP) genutzt werden.

tergegeben werden. Bei jeder Elektronenübertragung werden bestimmte Energiebeträge frei, die in Form energiereicher Verbindungen gespeichert werden (zum Beispiel in Form von ATP). Gelangen Elektronen im Verlaufe dieser Kette zum Photosystem I (Hauptbestandteil ist das P700), so werden diese von dort nach Lichteinfall über verschiedene energiereiche Zwischenstufen zusammen mit Protonen auf den End-Akzeptor NADP$^+$ (das Nicotinamid-Adenin-Dinucleotid-Phosphat) übertragen. Diese Substanz vermag seine aufgenommenen Protonen und Elektronen in andere Reaktionen einzuschleusen und steht danach unverändert wieder zur Aufnahme neuer Elektronen und Protonen zur Verfügung.

Die bisher geschilderten Elektronen- und Protonenübertragungsvorgänge finden im Licht statt; die Sonne ist der Energielieferant. In nachfolgenden, sogenannten Dunkelreaktionen wird im Calvin-Zyklus Kohlendioxid aus der Luft in Form von Kohlenhydraten festegelegt. Kohlendioxid verbindet sich dabei mit einem Molekül, dessen Grundgerüst aus fünf Kohlenstoffatomen besteht, zu einem C6-Molekül. Katalysiert wird diese Reaktion durch die Ribulosebisphosphat-Carboxylase/Oxygenase, das mengenmäßig häufigste Protein auf der Erde. Da der instabile C6-Körper sofort in zwei C3-Moleküle (die jeweils drei Kohlenstoffe enthalten) zerfällt, bezeichnet man diese Form als C3-Photosynthese. Für diese Dunkelreaktionen werden die im Licht gebildeten Protonen aus NADPH+H$^+$ und als Energie ATP benötigt.

Als Variation dieses „normalen" C3-Weges gibt es bei einer Reihe von Pflanzengruppen den sogenannten C4-Weg der Photosynthese. Das Kohlendioxid der Luft wird hier nicht unmittelbar in Form von Kohlenhydraten fixiert, sondern zunächst an einen C3-Körper (Phosphoenolpyruvat) gebunden. Zeitlich unabhängig von den Lichtreaktionen kann diese Substanz aus vier Kohlenstoffen Kohlendioxid wieder freisetzen und in den Calvin-Zyklus einschleusen.

In der Summenformel der Photosynthese läßt sich der gesamte Vorgang wie folgt bilanzieren:

$$12\,H_2O + 6\,CO_2 \rightarrow C_6H_{12}O_6 + 6\,O_2 + 6\,H_2O$$

Aus den anorganischen Vorstufen Wasser (H_2O) und Kohlendioxid (CO_2) entsteht ein Zuckermolekül, ($C_6H_{12}O_6$), Sauerstoff (O_2) und Wasser. Das eigentliche Speichermolekül ist bei den meisten Pflanzen Stärke, die aus langen, schraubigen Ketten von Glucosemolekülen besteht.

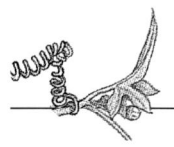

tials resultiert dann der passive Wasserfluß. Mittlerweile hat sich sogar gezeigt, daß in den Chloroplasten der Schließzellen der zuckerbildende Calvin-Zyklus fehlt, die Schließzellen also auf Versorgung durch die Mesophyllzellen angewiesen sind.

Zur Einleitung der Öffnungsbewegung wird eine Protonenpumpe in der Plasmamembran über eine Kette erregungsleitender Vorgänge aktiviert. Unter Energieverbrauch pumpt sie Protonen aus dem Zellinneren in die Zellwand. Wie elektrophysiologische Messungen ergeben haben, wird so das Membranpotential auf Werte von weniger als −100 Millivolt hyperpolarisiert. Die starke Negativladung des Zellinneren gegenüber der Außenseite – das Ladungsgefälle oder Membranpotential – ist die Triebkraft für einen massiven Einstrom von positiv geladenen Kaliumionen, den Trägern des osmotischen Potentials. Der Kaliumtransport erfolgt also passiv, ohne weiteren Energieaufwand, indem sich Kaliumkanäle in der Membran öffnen.

Mittels sensibler Meßmethoden (zum Beispiel einer Mikrosonde, die mit Elektronenstrahlen arbeitet) hat man gezeigt, daß die Kaliumkonzentration in einzelnen belichteten Schließzellen stark ansteigt (Abbildung 13.6). Bei der Zaunwicke (*Vicia faba*) wurde ein Kaliumanstieg von 0,2 auf 4,3 Pikomol (1 Pikomol entspricht 10^{-12} und damit 1 billionstel Mol) in den Schließzellen gemessen. Damit steigt der osmotische Wert von −19 bar in geschlossenen auf −35 bar in geöffneten Schließzellen. Der Aufbau eines elektrischen Potentials wie in erregungsleitenden Zellen wird verhindert, indem in der Regel parallel zum Kaliumeinstrom negativ geladene Chloridionen und Malationen, die ebenfalls negativ geladenen Ionen der Äpfelsäure, in die Vakuole einströmen. Äpfelsäure ist in den Schließzellen vorhanden oder wird während der ersten Schritte des Abbaus von Glucose, dem bei der Photosynthese produzierten Zucker, gebildet und in die Vakuole (membranbegrenzter Innenraum in der Zelle) transportiert. Auch die Protonen, die als Substrat für die Protonenpumpe dienen, stammen – zumindest teilweise – aus dem Abbau der Glucose.

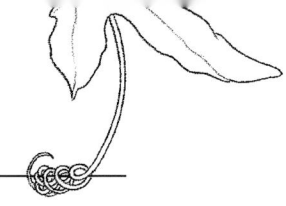

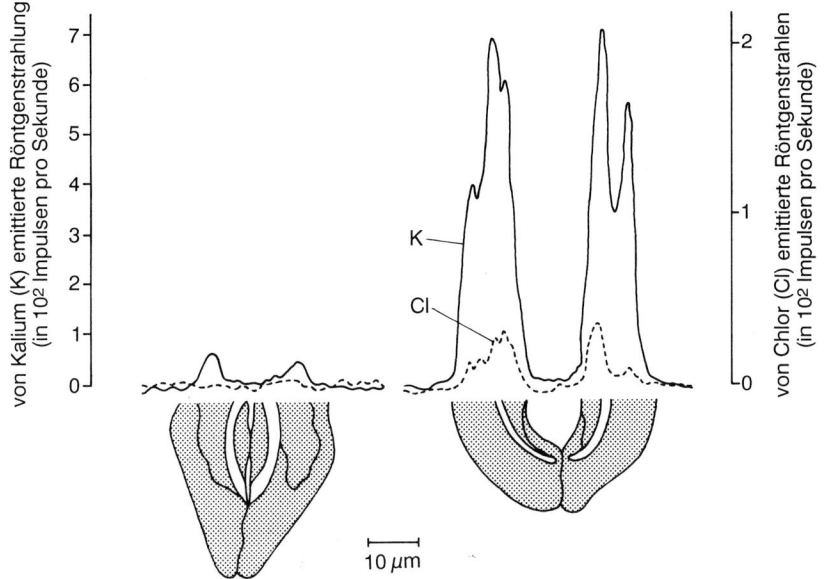

13.6 Der Kalium- und Chloridgehalt in den Schließzellen ist bei geschlossenem Spalt gering (links). Öffnet sich der Spalt, nimmt die Konzentration dieser osmotisch wirksamen Ionen deutlich zu (rechts). Nach Mohr und Schopfer 1978.

Ungewöhnlich ist, daß in den Schließzellen eine Kohlendioxidfixierung über das in der Grundsubstanz der Zellen (im Cytoplasma) gelöste Enzym Phosphoenolpyruvat-Carboxylase abläuft – normalerweise findet die Bindung von Kohlendioxid in den Chloroplasten statt. Das Enzym findet sich sonst nur bei Pflanzen mit modifizierter Photosynthese, bei den C4-Pflanzen oder den CAM-Pflanzen. Endprodukt dieses Biosyntheseweges ist die Äpfelsäure beziehungsweise ihr Anion Malat (neben Aspartat), dessen Konzentration so wieder erhöht wird. Bei hohen Konzentrationen an Äpfelsäure wird das Enzym über einen Feed-back-Mechanismus (eine Rückkopplung) gehemmt. Überschüssige Äpfelsäure kann auch in andere Biosynthesewege einfließen, beispielsweise in den Mitochondrien veratmet werden.

Noch wenig weiß man über die Rolle von Calcium beim Öffnungsvorgang. Sicher ist, daß die geringen Calciumkonzentratio-

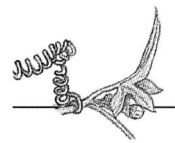

nen osmotisch nicht von Bedeutung sind. Allerdings steigt die Konzentration unmittelbar vor dem Öffnen der Spalten im Cytoplasma an. Wahrscheinlich fungiert Calcium als ein (hormonabhängiger?) Effektor der Bewegung.

Beim Schließvorgang öffnen sich auf den entsprechenden Reiz hin Membrankanäle, die Kationen (Kalium) und Anionen (Chlorid) strömen nach außen in die Zellwände ab. Da die Ionen dem Konzentrationsgefälle zwischen Zellinnerem und -äußerem folgen, benötigen die Schließzellen hierfür keine zusätzliche Stoffwechselenergie. In der Folge fließt Wasser aus den Schließzellen nach außen ab, der Turgor sinkt und die Spalten schließen sich.

Spaltöffnungen im Dienste ökologischer Anpassungen

Aufbau, Dichte und physiologische Eigenschaften der Stomata haben sich je nach den Umweltbedingungen im Lebensraum der Pflanze angepaßt und optimiert. Einer der wichtigsten Parameter dabei ist das Porenareal, also die Gesamtfläche der geöffneten Schließzellen. Im Durchschnitt liegt der Wert bei 0,5 bis 1,2 Prozent der Blattfläche, die Dichte beträgt 100 bis 300 Stomata pro Quadratmillimeter Fläche (Tabelle 13.1). Besonders kleine Porenareale besitzen Sukkulenten, Pflanzen mit fleischig-saftigen Wasserspeichergeweben wie die Kakteen, um den Wasserverlust durch die Spaltöffnungen möglichst gering zu halten. Die Fläche beträgt nur 0,1 bis 0,5 Prozent der Blattfläche. Tropische Pflanzen, deren Umgebungsluft eine hohe relative Feuchte aufweist, bringen es auf Porenareale von bis zu drei Prozent der Blattfläche.

In trockenem Klima wird die Verdunstung von Wasser durch über das Blatt streichenden Wind noch verstärkt. Bei Pflanzen

Tabelle 13.1: Spaltöffnungsdichte (pro Quadratmillimeter Blattfläche) einiger ausgewählter Beispiele

Art/Gattung	Oberseite	Unterseite
Wasserpest (*Elodea*)	0	0
Sauerklee (*Oxalis*)	0	35
Bingelkraut (*Mercurialis*)	0	65
Buschwindröschen (*Anemone nemorosa*)	0	67
Apfel (*Malus*)	0	290
Lilie (*Lilium*)	0	330
Traubeneiche (*Quercus petraea*)	0	450
Ölbaum (*Olea europaea*)	0	545
Bergahorn (*Acer montanum*)	0	860
Mauerpfeffer (*Sedum acre*)	18	18
Agave (*Agave americana*)	21	21
Pappel (*Populus*)	20	115
Hafer (*Avena sativa*)	25	23
Bohne (*Phaseolus*)	40	280
Mais (*Zea mays*)	52	68
Schwertlilie (*Iris*)	65	58
Sumpfdotterblume (*Caltha palustris*)	78	78
Erbse (*Pisum*)	100	200
Luzerne (*Medicago sativa*)	170	140
Sonnenblume (*Helianthus annuus*)	175	325
Raps (*Brassica napa*)	376	726
Weymouthskiefer (*Pinus strobus*)	140	0
Seerose (*Nymphaea*)	490	0

(aus: Biologie in Zahlen, G. Fischer, Stuttgart 1985; Lüttge, Kluge, Bauer: Botanik, VCH, Weinheim 1988)

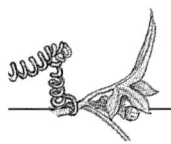

dieser Regionen, den Xerophyten, ist die eigentliche Spaltöffnung unter das Niveau der übrigen Epidermiszellen versenkt und die so entstandene äußere Atemhöhle häufig durch leistenartige Vorsprünge zusätzlich verengt. In diesem „windstillen" Hohlraum ist die Wasserdampfkonzentration stets etwas höher als in der Umgebungsluft (der Grenzschichtwiderstand für Wasserdampf zwischen Blatt und atmosphärischer Luft wird erhöht), so daß die Transpiration reduziert wird. Eine dicke Cuticula, Wachsauflagerungen oder Cuticularpapillen beispielsweise vermögen die Transpiration ebenfalls zu senken. Manche Pflanzen haben ihre Spaltöffnungen ins Innere eines eingerollten Blattes verlegt und verschaffen sich so eine eigene Umgebungsluft.

Die immergrünen Nadelgehölze sind weniger an die sommerliche Trockenheit angepaßt, sondern tragen der Tatsache Rechnung, daß das Bodenwasser im Winter in Form von Eis gebunden ist und damit der Pflanze nicht zur Verfügung steht. Die kleinen Schließzellen in den Nadeln werden von den Nebenzellen überwölbt und erscheinen so ins Blattinnere verschoben. Die Wände von Schließ- und Nebenzellen sind zudem partiell verholzt, was sich auf den Schließmechanismus auswirken dürfte.

Wasserpflanzen wie die untergetaucht lebende Wasserpest (*Elodea*) besitzt keinerlei Spaltöffnungen, Pflanzen mit Schwimmblättern wie die Seerose haben ihre Stomata auf die Oberseite verlagert, so daß ein Gasaustausch mit der atmosphärischen Luft stattfinden kann.

Die hohe relative Luftfeuchte im tropischen Regenwald erschwert vor allem bei Schattenpflanzen die Abgabe von Wasserdampf zur Aufrechterhaltung des Transpirationsstroms. Zur Unterstützung sind daher die Spaltöffnungen häufig sogar über die Blattoberfläche emporgehoben. Gelegentlich existieren sogar Mechanismen zur aktiven Ausscheidung von Wasser, sogenannte Hydathoden, deren Austrittsöffnungen aus funktionslosen Schließzellen hervorgegangen sein können.

270

Die Spaltöffnungen sind ein hervorragendes Beispiel für die Fähigkeit lebender Organismen, ihre morphologischen, physiologischen und biochemischen Eigenschaften im Zuge der Evolution kongruent an herrschende Umweltbedingungen anzupassen.

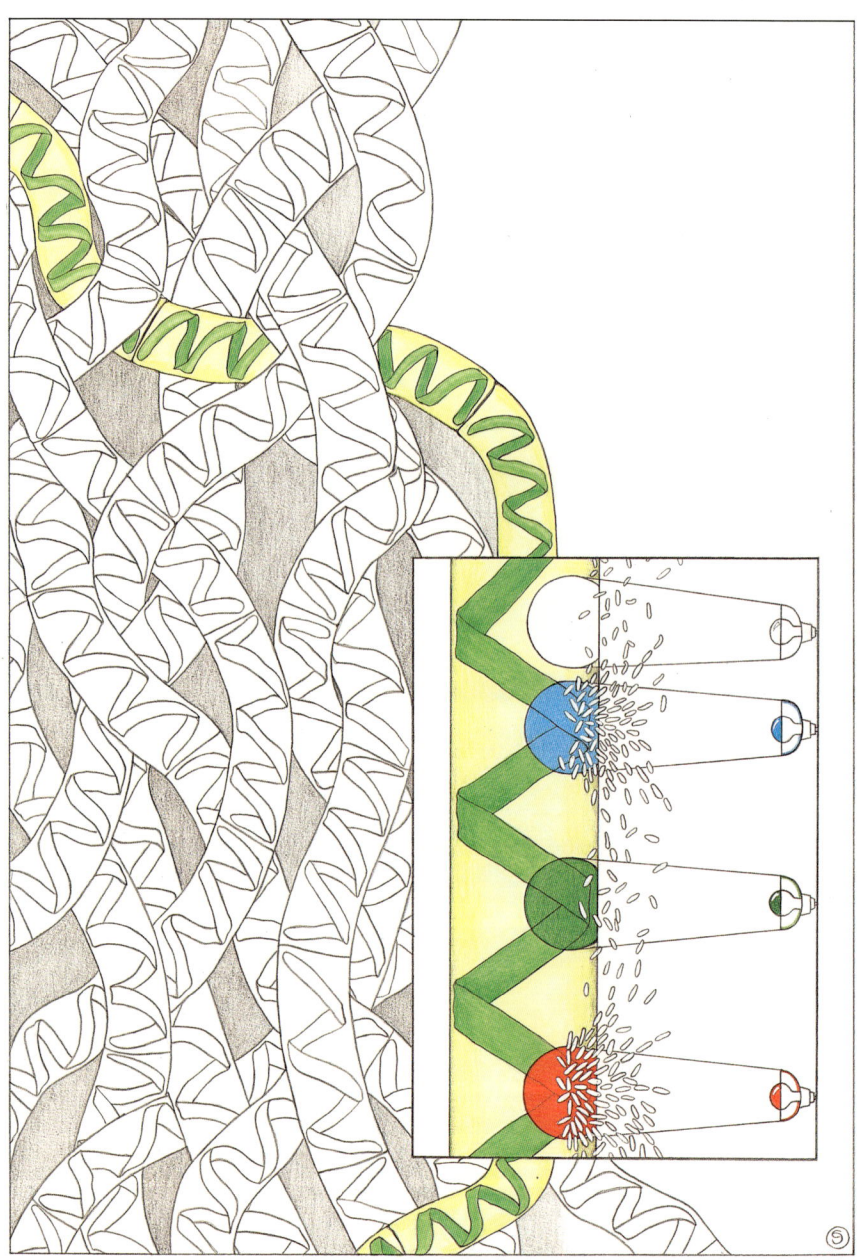

14.1 Der Engelmann-Versuch zur Aerotaxis von Bakterien. Wird die Alge *Spirogyra* mit photosynthetisch aktivem Licht bestrahlt, produziert deren bandförmiger Chloroplast Sauerstoff — davon angezogene Bakterien sammeln sich im Lichtkegel. Photosynthetisch inaktives Licht beziehungsweise Bestrahlung einer chloroplastenfreien Stelle hat demgegenüber keine Sauerstoffbildung zur Folge — dort finden sich kaum Bakterien ein.

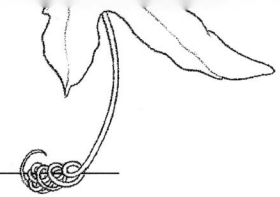

14. Molekülen auf der Spur – Chemotaxis und Chemotropismus

So wie wir Menschen Gerüche wahrnehmen und süß, sauer, salzig oder bitter schmecken, vermögen auch Pflanzen einzelne Moleküle zu „riechen". Sie reagieren darauf vielfach mit Bewegungen ihres Körpers oder einzelner Organe. Die zielgerichtete Bewegung von Einzelzellen – Mikroorganismen wie den Bakterien oder Keimzellen – relativ zu einer Quelle von Molekülen bezeichnet man als Chemotaxis, die von Organen als Chemotropismus. Je nach Richtung der Bewegung unterscheidet man eine positive Reaktion – auf die Quelle zu – von einer negativen – von ihr weg. Bei der Chemotaxis handelt es sich vielfach nicht um eine „zielgerichtete" Bewegung, sondern um zahlreiche prinzipiell ungerichtete, das heißt phobische Reaktionen (vergleiche hierzu die in Kapitel 2 beschriebene Bewegung von *Euglena*). Im Endergebnis bewegt sich der Organismus relativ zum Ort einer Chemikalienquelle. Trotz unterschiedlicher Bewegungsmechanismen folgen die entsprechenden Reiz-Reaktions-Ketten alle etwa dem gleichen Muster.

Damit ein Molekül eine biologische Wirksamkeit entfalten kann, muß es von einem spezifischen Rezeptor der Empfängerzelle erkannt werden. Die „Erkennung" besteht in der Bindung dieses Signalmoleküls, wobei zumeist die dreidimensionale Struktur des Rezeptors und des Moleküls eine wesentliche Rolle spielt: Beide passen wie Schlüssel und Schloß zusammen (daher auch die Be-

273

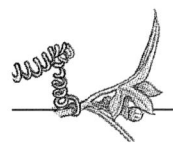

zeichnung Schlüssel-Schloß-Prinzip). Als Signalmoleküle kommen unterschiedliche Nährstoffe, sexuelle Lockstoffe, die sogenannten Pheromone, aber auch einfache Moleküle wie Wasserstoffionen (die für den pH-Wert von Bedeutung sind) oder Sauerstoff in Frage. Sehr komplex ist nun, nach Erkennen bestimmter Signalmoleküle aus dieser Information die Richtung des Gradienten und damit zunehmende und abnehmende Konzentrationen des Stoffes zu bestimmen. Entsprechend selten ist dieses Glied in der Reaktionskette geklärt. Besser läßt sich das Ende der Reiz-Reaktions-Kette untersuchen, der eigentliche Bewegungsvorgang.

Eine Reihe von wichtigen Ergebnissen, insbesondere zur Rezeptorphysiologie und -biochemie, wurden an Mikroorganismen gewonnen. Sie sollen hier gewürdigt werden, da die Befunde vermutlich auch auf Pflanzen übertragbar sind. Nicht zuletzt waren es Pflanzenphysiologen, die Mikroorganismen untersuchten.

Entdeckt wurde die Chemotaxis von Bakterien vor mehr als 100 Jahren von dem Pflanzenphysiologen W. F. Pfeffer. Er erkannte, daß sich Mikroorganismen auf eine Quelle organischer Substanzen zubewegen. Sein Untersuchungsobjekt waren freischwimmende Bakterien, die er in einer Schale hielt. Wenn er ihnen Aminosäuren über eine Glaskapillare anbot, so konnte er beobachten, daß sich die Bakterien an der Kapillaröffnung, also an der Stelle der höchsten Konzentration, ansammelten (Abbildung 14.2). Auf ganz ähnliche Weise testet man noch heute die Wirksamkeit bestimmter Lock- und Abschreckungssubstanzen.

Bereits vor Pfeffer stellte T.W. Engelmann fest, daß sauerstoffverbrauchende, also aerob lebende Bakterien sich an Stellen erhöhter Sauerstoffkonzentration im Medium sammeln. Sein Experiment, der nach ihm benannte „Engelmannsche Bakterienversuch", hat wegen seiner einfachen Durchführbarkeit sogar in Schulbücher Eingang gefunden (Abbildung 14.1). Bei dieser positiven Aerotaxis belichtete Engelmann die Alge *Spirogyra* punkt-

274

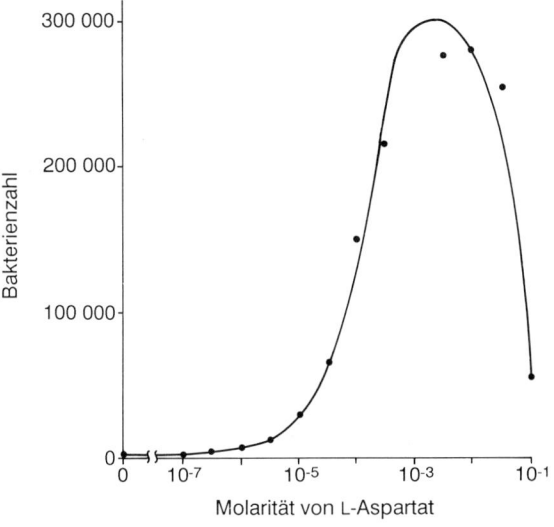

14.2 Bakterien (*Escherichia coli*) sammeln sich in einer Kapillare entsprechend der Konzentration einer Aminosäure (L-Aspartat). Nach Adler 1988.

förmig mit einer Lichtquelle. Da die Alge in der Lage ist, Photosynthese (siehe Exkurs in Kapitel 13) durchzuführen und so mit Hilfe des Lichtes aus Kohendioxid Zucker zu bilden, wobei Sauerstoff freigesetzt wird, entstehen an den belichteten Stellen lokal erhöhte Sauerstoffkonzentrationen im Medium. Diese Sauerstoffquelle wird von positiv aerotaktischen Bakterien aufgesucht.

Chemotaxis bei *Escherichia coli*

Bewegung des Bakteriums

Am besten untersucht ist die Chemotaxis des Bakteriums *Escherichia coli*, doch selbst hier ist einiges noch hypothetisch und bedarf der wissenschaftlichen Aufklärung. Positiv chemotaktisch

275

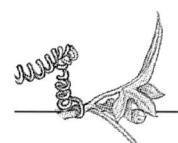

reagieren die Bakterien auf „anziehende" Moleküle, beispielsweise auf Nährstoffe, mit einer negativen Chemotaxis dagegen auf „abschreckende" Moleküle, sogenannte Repellents. Im Unterschied zur Geißel der Eukaryoten (siehe Exkurs in Kapitel 2) ist die Bakteriengeißel einfach gebaut und besteht nur aus einem einzigen Protein. Sie arbeitet nicht über einen Gleitmechanismus, sondern rotiert als Ganzes; angetrieben wird sie durch einen elektrochemischen Gradienten (die sogenannte *proton motive force*). „Klebt" man die Geißel mit Antikörpern „fest", so arbeitet der Geißelmotor weiter – allerdings dreht sich nunmehr das gesamte Bakterium um die fixierte Geißel.

Das Bakterium *E. coli* ist peritrich begeißelt, das heißt seine Zelloberfläche ist von zahlreichen Geißeln besetzt. Wenn sich die Flagellen im Gegenuhrzeigersinn drehen, schwimmt das Bakterium geradeaus. In nährstoffarmem Medium oder nach Zugabe von Repellents ändert sich die Drehrichtung in den Uhrzeigersinn. Darauf beginnt das Bakterium zunächst zu taumeln, es ändert so die Bewegungsrichtung und kann gegebenenfalls in eine günstigere Umgebung gelangen. Allerdings ist der Wechsel von Schwimmen zu Taumeln nicht unbedingt an Konzentrationsänderungen bestimmter Stoffe gebunden. Auch in homogenen Medien kommen beide Bewegungsformen nebeneinander vor.

Chemoperzeption

Bakterien besitzen eine mehrschichtige Zellwand, wobei die innerste Membran als Stützschicht ausgebildet ist. Zwischen äußerster Membran und der Stützschicht, im periplasmatischen Raum, sitzen verschiedene Rezeptorproteine, die jeweils spezifisch Signalmoleküle erkennen und binden können.

Gekoppelt an die Rezeptorproteine sind *methyl accepting chemotaxis proteins* (MCP), Proteine, die vier bis fünf Methylgruppen ($-CH_3$) binden, sobald im Medium ein Attraktionsstoff auftaucht

oder ein Repellent aus diesem verschwindet (Abbildung 14.3).
Entsprechend wird bei Entzug des Attraktionsstoffes oder bei
Zugabe von Repellents die Methylgruppe von den MCPs abgespalten. Diese Proteine liegen im Unterschied zu den Rezeptoren
in der Plasmamembran, die den Zellinhalt von der Zellwand
trennt.

Von *E. coli* kennt man verschiedene MCPs als Chemoperzep-
tionssysteme; mittlerweile kennt man sogar die Genorte hierfür.
MCP I erkennt die Aminosäure Serin und bestimmte Repellents,
MCP II die Aminosäure Aspartat und ebenfalls Repellents, MCP
III reagiert auf die Zucker Galaktose und Ribose, und MCP IV
ist an einen Rezeptor gekoppelt, der Dipeptide (Moleküle aus

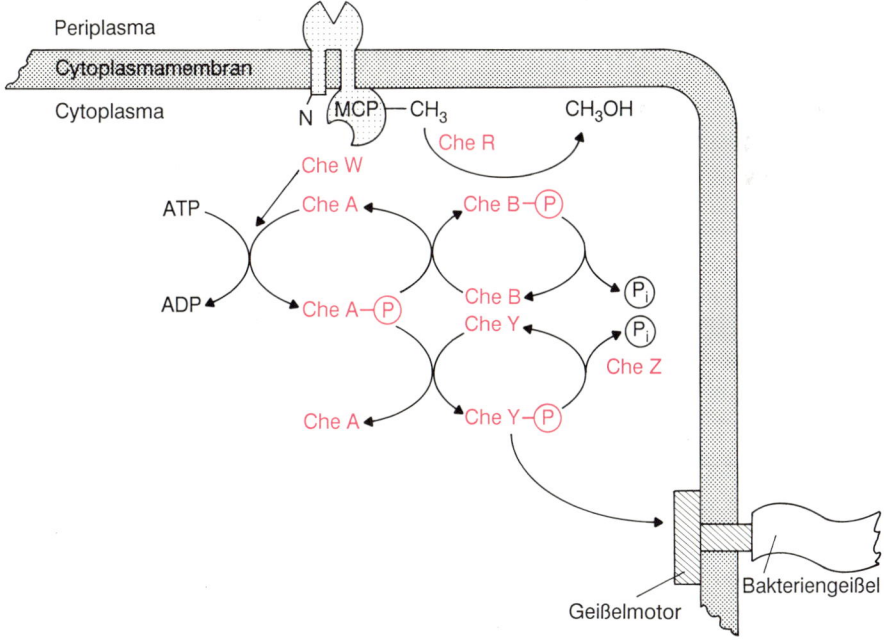

14.3 Die Chemoperzeption bei *E. coli*. Die Reaktion setzt mit der Methylierung
eines *methyl accepting chemotaxis protein* (MCP) ein und läuft über eine Kaskade von Chemotaxisproteinen (Che) weiter. Letztlich fließt die Information zur
Geißel, die ihre Drehrichtung ändern kann. Nach Wagner und Marwan 1992.

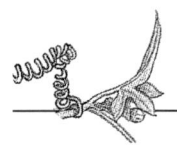

zwei Aminosäuren) bindet. Vermutlich trägt die Methylierungs-
und Demethylierungsreaktion der vier MCPs dazu bei, daß sich
das Bakterium auf eine bestimmte Zusammensetzung des Mediums „einstimmt", also adaptiert; die eigentliche Chemotaxis beruht jedoch auf einer weiteren Integrationsstufe. Im Cytoplasma
von *E. coli* finden sich nämlich sechs verschiedene Chemotaxis-
Proteine, CheA, CheB, CheR, CheW, CheY und CheZ, die über
den Kontakt untereinander und mit den membrangebundenen
MCPs in einer Phosphorylierungskaskade (dabei werden energiereiche Phosphatgruppen übertragen) einen Teil der Reiz-Reaktions-Kette darstellen (Abbildung 14.3).

CheY bestimmt als eigentliches Effektormolekül die Drehrichtung
der Bakteriengeißel. In seiner phosphorylierten Form (nach Bindung einer Phosphatgruppe) ruft es die Taumelbewegung des
Bakteriums hervor. Verantwortlich für diese Phosphorylierung ist
das Enzym CheA, eine Proteinkinase. CheZ kann die Phosphatgruppe wieder von CheY abspalten, stellt also den Antagonisten
von CheA dar und vermag so CheY zu inaktivieren. Am Anfang
der Phosphorylierungskaskade steht CheW, das den Methylie-
rungszustand von MCP vermittelt und die Kinase-Aktivität von
CheA enorm steigern kann. CheB wird wie CheY von CheA
phosphoryliert und ist verantwortlich für die Adaptation des Bakteriums an eine bestimmte Konzentration von Signalstoffen. In
seiner phosphorylierten Form wirkt es wie eine Methylesterase,
das heißt, es spaltet zusammen mit CheR Methylgruppen von
MCP ab. Durch dieses Feed-back ruft MCP nach Anstoßen der
Phosphorylierungskaskade seine eigene Demethylierung hervor.

Am Beispiel des MCP II (auch tar-Protein genannt), das die Aminosäure Aspartat und den Zucker Maltose binden und erkennen
kann, soll der Ablauf der Reiz-Reaktions-Kette geschildert werden. Fehlt Aspartat im Medium (unter für das Bakterium ungün-
stigen Bedingungen), bleibt der tar-Rezeptor unbesetzt. Diese Zustandsform wirkt als internes Signal und überführt CheA in eine
katalytisch wirksame Form. Im Zusammenspiel mit CheW können
nun viele CheY-Moleküle phosphoryliert werden. Als weitere
Voraussetzung muß das energiereiche Molekül ATP (die Abkürzung für Adenosintriphosphat) vorhanden sein, das die notwendigen Phosphatgruppen liefert. Über die Phosphorylierungsreaktio-

nen wird das ursprüngliche Rezeptorsignal vielfach verstärkt. Die phosphorylierte Form von CheY veranlaßt die Geißeln, sich im Uhrzeigersinn zu drehen – das Bakterium beginnt zu taumeln. Gleichzeitig beginnt der Antagonist CheZ zu arbeiten und dephosphoryliert CheY-Moleküle, die damit für eine erneute Phosphorylierung zur Verfügung stehen. Gelangt das Bakterium durch die Taumelbewegung in aspartathaltiges Medium, wird der tar-Rezeptor besetzt. CheA wird durch diese Zustandsform inaktiviert, und es wird somit kein weiteres CheY mehr phosphoryliert. Die Geißeln ändern ihre Drehrichtung, *E. coli* schwimmt geradeaus. Die Bindung eines Repellents an den tar-Rezeptor wirkt auf die Chemotropismus-Proteine wie ein unbesetzter Rezeptor – das Bakterium taumelt und verläßt das ungünstige Milieu.

Diese Art der Bewegungssteuerung läßt scheinbar keine gezielte Orientierung zu – wie wird dann ein Gradient wahrgenommen? Unter natürlichen Bedingungen wird sich ein Bakterium immer mit einer Mischung aus Taumeln und Geradeausschwimmen im Medium bewegen. Schwimmt es dabei zufällig auf eine starke Quelle von Attraktionsstoffen zu, so werden die Rezeptoren permanent besetzt sein – die Bewegung wird auch weiterhin vorwiegend geradeaus verlaufen. Seine Chancen, die Attraktionsquelle und damit einen optimalen Lebensbereich zu erreichen, stehen somit recht gut. In Arealen mit wesentlich schwächerer Konzentration von Lockstoffen werden die Rezeptoren nur teilweise besetzt sein, bei zufällig abweichender Bewegungsrichtung manchmal sogar unbesetzt bleiben, was zur einer Taumelbewegung und damit zu einer Änderung der Schwimmrichtung führt. Aus der Summe der abwechselnd geraden und taumelnden Bewegungen wird sich im Endeffekt ebenfalls eine Hauptrichtung des Schwimmens ergeben, die auf den Lockstoff zuführt. Bei dieser Form der Taxis (siehe auch Kapitel 2) ist eine Bestimmung des Konzentrationsgradienten also nicht unmittelbarer Bestandteil der Reiz-Reaktions-Kette.

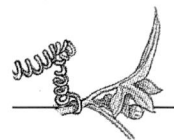

Der Schleimpilz *Dictyostelium*

Beim zellulären Schleimpilz *Dictyostelium discoideum* ist die chemotaktische Bewegung, im Gegensatz zum Bakterium *Escherichia coli*, Bestandteil des Entwicklungszyklus (Abbildung 14.4). *Dictyostelium* vermag in der Tat Konzentrationsgradienten wahrzunehmen. Bei ausreichender Ernährung lebt der Pilz als einzelne, amöboide Zelle, die über das Substrat kriecht. Er ernährt sich von Bakterien, die er mit Hilfe einer positiv chemotaktischen Bewegung „findet", da der Pilz Substanzen erkennen kann, die von den Bakterien ausgeschieden werden.

In unserem Zusammenhang interessant ist die Situation, die bei extremem Nährstoffmangel auftritt. Auf das Signal „Mangel" hin beginnen einzelne amöboide Zellen, einen Signalstoff auszuscheiden. Dieser wurde ursprünglich als Acrasin bezeichnet. Heute weiß man, daß es sich dabei um zyklisches Adenosinmonophosphat (cAMP) handelt (Abbildung 14.5). Das in Pulsen ins Medium abgegebene cAMP wird von anderen *Dictyostelium*-Zellen an Rezeptoren gebunden. Mit zeitlicher Verzögerung geben nun auch sie cAMP ins Medium ab, das wiederum erkannt und entsprechend beantwortet wird. Dadurch entstehen von einem Zentrum ausgehende, sich verstärkende Wellen von cAMP.

Da cAMP als Lockstoff fungiert, bewegen sich alle amöboiden Zellen, die dieses Signal empfangen, auf die Quelle der Produktion zu. Eine Vielzahl angelockter Einzelzellen verschmilzt schließlich zu einer Art Riesenamöbe, dem beweglichen Pseudoplasmodium. Es vermag eine Zeitlang über das Substrat zu kriechen. Solch ein Periplasmodium besitzt eine über die Einzelzellen hinausgehende Individualität: Es reagiert mit positiver Taxis auf Licht, Schwerkraft und Temperatur, wobei die Bewegung von der Stärke der einzelnen Reize abhängt. Schließlich differenziert sich das Pseudoplasmodium zu einem Fruchtkörper (Abbildung 14.4). Dabei wandelt sich ein Teil der Zellen zu Stielzellen

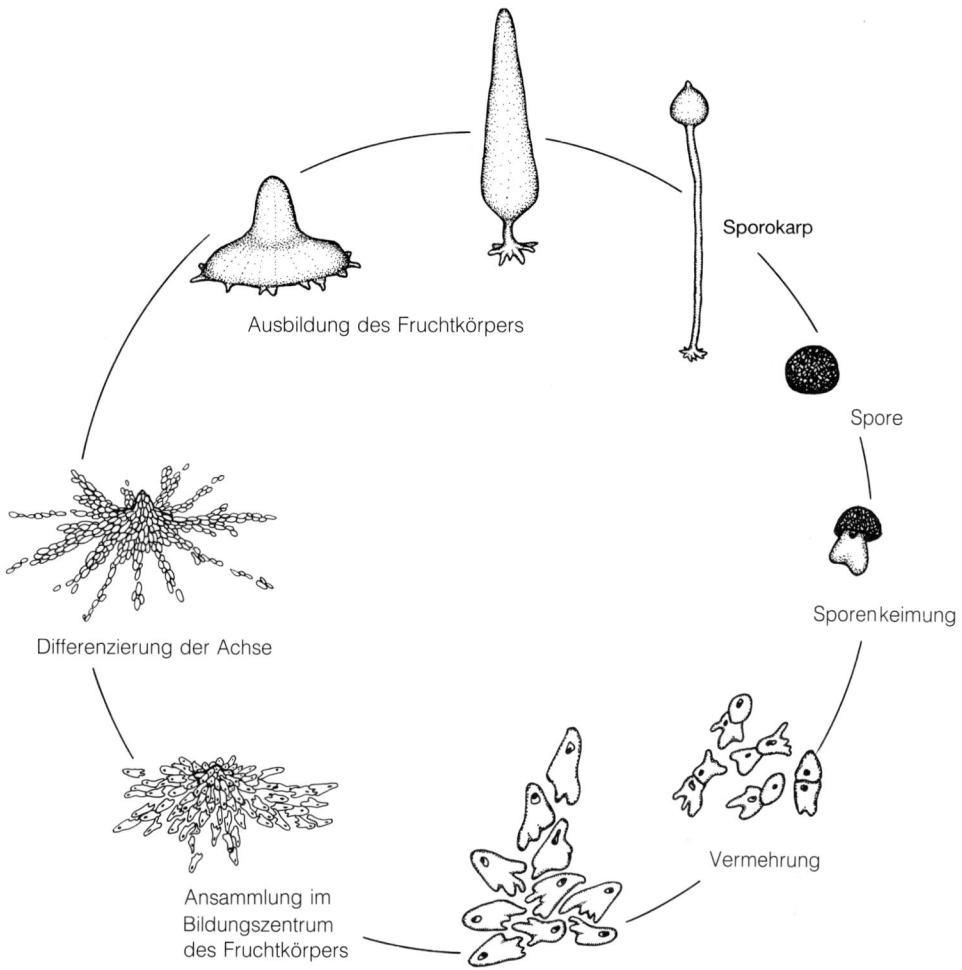

Sporokarp

Spore

Sporenkeimung

Vermehrung

Bildung eines Pseudoplasmodiums

Ausbildung des Fruchtkörpers

Differenzierung der Achse

Ansammlung im
Bildungszentrum
des Fruchtkörpers

14.4 Entwicklungszyklus des Schleimpilzes *Dictyostelium discoideum*. Aus den Sporen keimen Stadien aus, die amöboid beweglich sind, sich bei ausreichender Nahrungsgrundlage teilen und vermehren. Bei Nahrungsmangel kriechen sie auf ein Signal hin zusammen und verschmelzen zu einem Pseudoplasmodium. Dieses differenziert sich zu einem Fruchtkörper, in dem neue Sporen gebildet werden. Nach Bonner, J. T. *Spektrum der Wissenschaft.* Juni 1983.

14.5 Die Strukturformel von zyklischem Adenosinmonophosphat (cAMP).

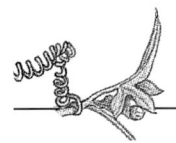

um, ein anderer wandert entlang des Stieles nach oben und bildet eine kugelige Verdickung. Dieses sogenannte Sporokarp differenziert sich zu einzelligen Sporen, von einer festen Zellwand umgebenen Überlebenseinheiten. Unter günstigen Bedingungen keimen die Sporen aus, die amöboiden Einzelzellen werden freigesetzt. Sie ernähren und teilen sich und durchlaufen den Zyklus schließlich aufs neue.

Die Reaktion der Einzelzellen von *Dictyostelium* auf cAMP ist besonders gut untersucht. Die Bestimmung des Reizgradienten erfolgt über die Zahl der besetzten Rezeptoren: Am Zellende, das der Lockstoffquelle zugewandt ist, werden mehr Signalmoleküle an Rezeptoren gebunden sein als auf der abgewandten Seite. Ein Konzentrationsgradient von zwei Prozent über die Zellänge reicht aus, um noch einen Unterschied wahrzunehmen. Dabei ist die Gesamtzahl der belegten Rezeptoren nicht entscheidend, wichtig ist nur die Differenz zwischen „vorn" und „hinten". In Zahlen ausgedrückt bedeutet dies, daß eine Einzelzelle sich in gleicher Weise orientiert, wenn vorne 1000 und hinten 930 Rezeptoren belegt sind, wie bei einem Verhältnis von 11 000 vorne zu 10 930 hinten. Vermutlich entspricht der cAMP-Puls unter natürlichen Bedingungen einem siebenprozentigen Konzentrationsunterschied zwischen Vorder- und Hinterende der Zelle. Die Gesamtkonzentration an cAMP ist dabei so hoch, daß jeweils alle Rezeptoren belegt werden können.

Die cAMP-Rezeptoren von *Dictyostelium* sind Membranproteine, die als eine Art Molekülkette insgesamt siebenmal durch die Plasmamembran des Pilzes treten. Die Gesamtzahl der Membranrezeptoren beträgt etwa 50 000. Wichtig für das Funktionieren der Richtungswahrnehmung ist die Tatsache, daß ein cAMP-Molekül nicht dauerhaft an den Rezeptor gebunden wird, sondern sich 50 Prozent der Moleküle nach ein bis drei Sekunden wieder gelöst haben. Der Rezeptor kann nun erneut ein cAMP-Molekül aufnehmen. Innerhalb der kurzen Bindungszeit setzt cAMP eine Kaskade von biochemischen Prozessen in Gang, die

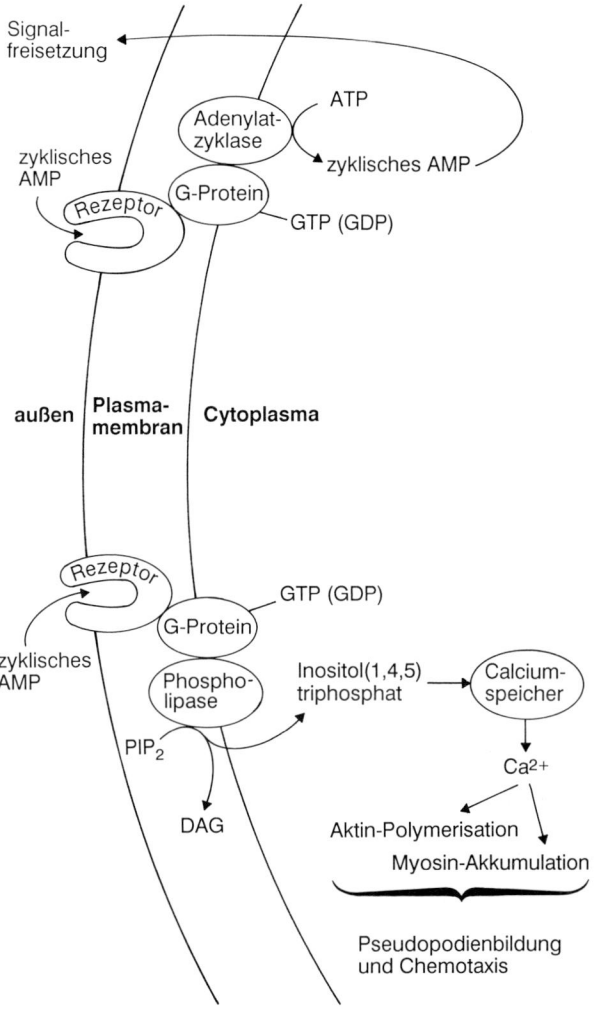

14.6 Signalverstärkung und Steuerung der chemotaktischen Bewegung bei dem Schleimpilz *Dictyostelium discoideum*. Die Signalverstärkung beginnt mit der Bindung von cAMP an einen Membranrezeptor. Aus ATP bildet das Enzym Adenylatzyklase cAMP, das ins Medium abgegeben wird — ein G-Protein übernimmt die Vermittlung (oben). Ein G-Protein stimuliert auch, wiederum nach Bindung von cAMP, das Enzym Phospholipase in der Membran (unten). Das freiwerdende Inositol(1,4,5)triphosphat setzt Calcium aus zellulären Speichern frei. Calcium wiederum ist an der Aktivierung des Cytoskeletts beteiligt — die Amöbe bildet Pseudopodien (Kriechfüßchen) und beginnt sich zu bewegen. Nach Wagner und Marwan 1992.

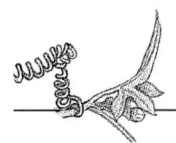

zwei gänzlich unterschiedliche Phänomene betreffen: die Abgabe von cAMP, um die Lockstoffwelle zu verstärken und weitere amöboide Zellen anzulocken (dies ist also eine Signalverstärkung) und die Umsetzung des chemischen Reizes in die eigene Zellbewegung (Abbildung 14.6).

Die Signalverstärkung beginnt mit der Bindung eines Moleküls cAMP an den Rezeptor. Über Zwischenstufen wird dadurch das Enzym Adenylatzyklase aktiviert, das zelleigenes ATP in die zyklische Form des cAMP umsetzt. Letzteres wird nach außen ins Medium abgegeben und kann weitere Amöben anlocken (Abbildung 14.6). Einer der Kandidaten für die Vermittlung zwischen Rezeptor und Enzym ist das G-Protein, das in viele biochemische Signalketten von Pflanzen und Tieren eingeschaltet ist.

Komplexer ist die Initiierung der zellulären Bewegungsreaktion, die ebenfalls mit der Bindung von cAMP an den Rezeptor ihren Anfang nimmt. Über das G-Protein wird ein Membranprotein aktiviert, das ein Phospholipid der Membran spaltet. Eine der Komponenten, das Inositoltriphosphat (IP3), wird in das Zellinnere abgegeben, wo es Calciumionen aus kleinen Vakuolen freisetzt. Das freie Calcium ruft nun einerseits direkt die Polymerisation von Aktin, andererseits über weitere Zwischenstufen die Akkumulation zellulären Myosins hervor (Abbildung 14.6). Aktin und Myosin sind Bestandteile des zellulären Skeletts (des Cytoskeletts) und gemeinsam verantwortlich für die Zellbewegung.

In den Amöben liegt etwa ein Drittel des zellulären Aktins in Form des für die Bewegung erforderlichen F-Aktins vor. F-Aktin ist die zu Fäden oder Filamenten polymerisierte Form des Aktins. Innerhalb von drei bis fünf Sekunden nach Anlagerung von cAMP nimmt die Polymerisationsrate zu, und der Anteil des F-Aktins erhöht sich auf zwei Drittel. (Der Rest liegt als G-Aktin vor.) An der Bewegungsfront der Einzelzellen konzentriert sich eine besondere Form zellulären Myosins, das small Myosin oder Myosin I, das über Wechselwirkung mit dem F-Aktin die Bewegung in Richtung auf die cAMP-Quelle verursacht.

Das mikroskopisch sichtbare Zeichen dieser intrazellulären Vorgänge ist zunächst eine Abrundung der Zellen innerhalb von Sekunden nach dem cAMP-Reiz, die für etwa eine halbe Minute

anhält. Unmittelbar danach bilden die Zellen längliche Fortsätze, die sogenannten Pseudopodien, aus, die Aktin und Myosin enthalten und für die Kriechbewegung in Richtung des Gradienten verantwortlich sind.

cAMP als Mittler der Bewegung bei *Chlamydomonas*

Die weite Verbreitung von cAMP als Botenstoff wird durch sein Vorkommen in völlig anderen Organismengruppen bestätigt. Solange im Medium genügend Nährstoffe enthalten sind, bildet die einzellige Grünalge *Chlamydomonas eugametos* durch Zellteilung neue Tochterzellen. Verschlechtern sich die Ernährungsbedingungen, wandeln sich die ungeschlechtlichen Zellen in Keimzellen, in die Gameten, um. Auf dieser Evolutionsstufe gibt es keine männlichen und weiblichen Keimzellen, sie sehen äußerlich identisch aus und werden statt dessen als +- und − -Gameten oder mt+ und mt− bezeichnet.

mt+- und mt− -Typ unterscheiden sich in einem Molekül auf ihren Geißeln, die wechselseitig aneinander binden können. Die Geißeln verkleben miteinander, die Gameten bilden einen großen, aus vielen Zellen bestehenden Klumpen.

Strenggenommen liegt in diesem Fall keine echte Chemotaxis vor, da die chemische „Erkennung" der mt+- und mt− -Geißeln erst auf zufällige Annäherung der beiden Partner hin erfolgt; ein löslicher Lockstoff wird nicht abgegeben. Doch wird dadurch, ähnlich wie bei *Dictyostelium*, eine Kette intrazellulärer Ereignisse ausgelöst. Zunächst kommt es zu einer calciumabhängigen Aktivierung des Moleküls Calmodulin, das die Adenylatzyklase aktiviert und seinerseits die Bildung von cAMP bewirkt. Dieser

285

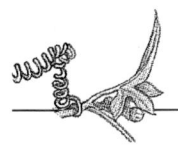

Botenstoff induziert nun eine Reihe weiterer Reaktionen: Die Geißeln hören auf zu schlagen und beginnen mit einer Art Zucken. Dadurch sortieren sich die vielen verklumpten Algenzellen zu Paaren. Schließlich wird die Zellwand partiell aufgelöst, und über eine Cytoplasmapapille verschmelzen die Gameten miteinander zur Zygote, aus der schließlich Schwärmsporen hervorgehen und frei im Wasser umherschwimmen.

Sexuallockstoffe bei Braunalgen

Eine echte Chemotaxis leitet den Geschlechtszyklus der Braunalgen ein. Die großen, weiblichen Eizellen entlassen spezielle Sexuallockstoffe, Pheromone oder Gamone genannt, ins Meerwasser, die männliche Keimzellen anlocken (Abbildung 14.7). Dabei wird von den männlichen Gameten noch eine Konzentration von 10^{-12} Mol wahrgenommen, das heißt, ein Mikroliter der Substanz (dies ist ein Millionstel Liter), der in 100 000 Liter Meerwasser verteilt ist, kann von den Gameten mancher Arten noch wahrgenommen werden (in der Natur allerdings nur über eine Entfernung von wenigen Millimetern). Dieselbe Verdünnung entsteht, wenn man 50 Liter Farbstoff in den Bodensee schüttet. Auf der Ebene der Gameten bedeutet dies, daß nur einige wenige Moleküle notwendig sind, um die weiblichen Keimzellen aufzuspüren. Mit Hilfe ihrer Geißeln suchen die männlichen Keimzellen die weiblichen auf und verschmelzen mit diesen zur Zygote, die zur Algenpflanze heranwächst.

Die chemische Struktur dieser Gamone ist artspezifisch und einmalig, das Verfolgen einer falschen Fährte ist somit nahezu ausgeschlossen. Der Grundbaustein der Lockstoffe ist die ungesättigte Fettsäure Linolensäure, die mit anderen Kohlenwasserstoffen die Stoffspezifität ausmacht und auch zur systematischen

Gliederung verwendet wird. Erkannt werden die Pheromone durch bisher weitegehend unbekannte Rezeptoren auf der Oberfläche der männlichen Gameten. Männliche Sexuallockstoffe finden sich auch bei Pilzen.

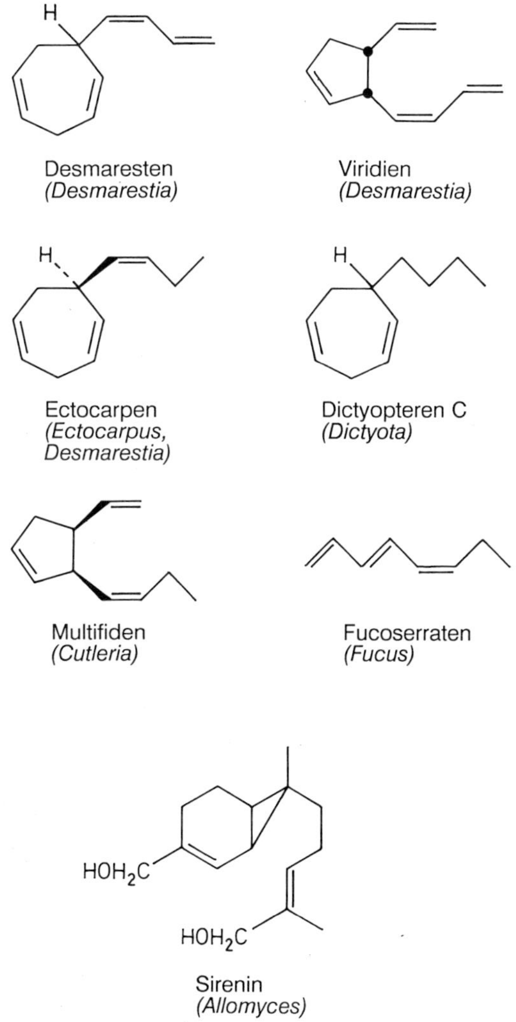

Desmaresten
(Desmarestia)

Viridien
(Desmarestia)

Ectocarpen
(Ectocarpus,
Desmarestia)

Dictyopteren C
(Dictyota)

Multifiden
(Cutleria)

Fucoserraten
(Fucus)

HOH_2C

HOH_2C

Sirenin
(Allomyces)

14.7 Strukturformeln einiger Algenpheromone. Nach Strasburger, E. *Lehrbuch der Botanik.* Stuttgart (G. Fischer) 1983.

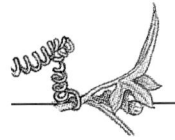

Chemotropismus bei Parasiten

Chemotropische Vorgänge sind im Pflanzenreich weitaus seltener als chemotaktische Mechanismen. Die Drüsenköpfchen des Sonnentaus reagieren auf chemische Substanzen (siehe hierzu Kapitel 12). Geradezu lebenswichtig sind sie für pflanzliche Parasiten. Um einen Wirt zu finden, reagieren sie auf ausgeschiedene lösliche oder flüchtige Substanzen mit positiv chemotropischem Wachstum.

Der Wurzelparasit *Striga*, ein Rachenblütler, „findet" die Wurzel seine Wirtes dadurch, daß er auf Hemmstoffe reagiert. Seine eigene Wurzel krümmt sich in Richtung des Wirtes, wächst in dessen Wurzel hinein und entzieht der Pflanze Wasser und Nährsalze aus dem Leitbündelsystem.

Die Kleeseide (*Cuscuta* spec.), ein Vollparasit, dem das Photosynthesepigment Chlorophyll fehlt, ist vollständig auf die Versorgung durch einen Wirt angewiesen. Als Keimling verfügt die Pflanze noch über gespeicherte, eigene Nährstoffe; sie wächst auf einen potentiellen Wirt (etwa eine Brennessel) zu. Der Keimling reagiert auf flüchtige Substanzen, wie ätherische Öle, Alkohole und Ester. Nach dem Einwachsen ins Wirtsgewebe erkennt die Kleeseide gezielt die Phloemanteile der Leitbündel, die den nährstoffhaltigen Saftstrom aus den Blättern in die Wurzel transportieren, umwächst sie und entzieht so dem Wirt Nährstoffe. Es ist durchaus denkbar, daß der Parasit die relativ hohe Zuckerkonzentration im Phloem als Reiz wahrnimmt. Wie man weiß, reagiert er auch auf Feuchtigkeit, die somit ebenfalls der Auslöser für das gerichtete Keimlingswachstum sein könnte (Hydrotropismus).

Zumindest während bestimmter Entwicklungsphasen scheinen Pollenschläuche mit Chemotropismus zu reagieren, die das gesamte Griffelgewebe der Fruchtblätter durchwachsen müssen, um zur Eizelle zu gelangen.

288

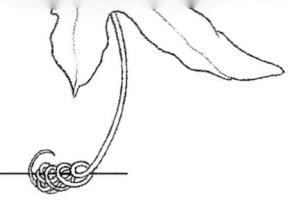

Auto-Chemotropismus beim Pilz
Phycomyces

Der Pilz *Phycomyces* scheidet das gasförmige Pflanzenhormon Ethylen (siehe Exkurs in Kapitel 1) aus, das ihm bei Vermeidungsreaktionen hilft. Gelangt der Sporangienträger in die Nähe eines Hindernisses, berührt er es nicht, sondern wächst daran vorbei. Im Experiment kann man ein solches Hindernis durch Glasplatten simulieren. Es ist zu erwarten, daß die Ethylenkonzentration zwischen Pilz und Hindernis (als „Ethylenstau") höher ist als im freien Bereich, und dies der sensible Mechanismus ist, der es den Zellen ermöglicht, Hindernisse zu erkennen und ihnen auszuweichen. Da er seine eigene Suchsubstanz ausscheidet, spricht man in diesem Fall auch von Auto-Chemotropismus.

Hydrotropismus als Sonderform
des Chemotropismus

Eine Sonderform des Chemotropismus stellt der Hydrotropismus dar, also das Wachstum in Richtung eines Wassergradienten beziehungsweise in Richtung des höheren Wasserpotentials (siehe Exkurs in Kapitel 7). Da Wassermoleküle für Pflanzen essentiell sind, stellen sie keinen Lockstoff im engeren Sinne dar. Je nach Wasserangebot entwickeln sich die Wurzelsysteme im Boden und verzweigen sich entsprechend ungleichmäßig. Wurzeln können direkt auf Bereiche größerer Feuchte zuwachsen. Man bezeichnet diese Form des Chemotropismus auch als Anisotropie. Der Wassergradient spielt gegenüber der Schwerkraft als Hauptreiz für die Orientierung von Wurzeln allerdings nur eine untergeordnete Rolle.

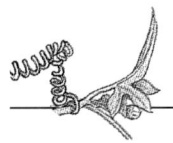

Einen eindeutigen Hydrotropismus zeigen die Keimlinge der Kleeseide und auch Mutanten der Erbse, deren Wurzeln nicht gravitrop reagieren können. Wachsen die Wurzeln der Erbse zufällig nach oben aus dem Erdreich heraus, sterben sie ab oder krümmen sich nach unten zur Feuchte hin. Zieht man solche Pflanzen in Kammern, die einen Gradienten der relativen Luftfeuchte aufweisen, so wachsen die Wurzeln stets in die Richtung der höheren Luftfeuchtigkeit. Der Schwellenwert ist eine relative Luftfeuchte von 80 Prozent. Entfernt man die Wurzelhaube bei diesen Erbsenkeimlingen, so können sie sich nicht mehr hydrotrop orientieren. Offensichtlich befindet sich das Perzeptionssystem genau wie beim Gravitropismus in der Wurzelspitze.

Mit Hilfe dieses Ergebnisses läßt sich ein altes, lange umstrittenes Experiment von Julius Sachs neu interpretieren. Sachs ließ Erbsen in einem frei hängenden, schrägen Kasten keimen. Sobald die Wurzeln unten herauswuchsen, krümmten sie sich seitlich und wuchsen entlang der schrägen Kastenoberfläche weiter. Zwar ist nicht auszuschließen, daß die Berührung der Kastenoberfläche hier als Reiz wirkt und damit ein Thigmotropismus vorliegt, wahrscheinlicher ist jedoch, daß die Wurzeln die Feuchtigkeit der Kammer wahrnehmen und sich daran orientieren.

Eine Form des positiven Hydrotropismus kennt man auch bei manchen parasitischen Pilzen, die auf der Blattoberfläche ihrer Wirte entlangwachsen, bis ihre Hyphen durch die Spaltöffnungen ins feuchte Blattinnere eindringen können.

Literatur

Lehrbücher und ausgewählte Buchtitel zur Bewegungsphysiologie

Bünning, E. *Die Physiologie des Wachstums und der Bewegungen*. Berlin (Springer) 1939.

Guttenberg, H. von *Bewegungsgewebe und Perzeptionsorgane*. Handbuch der Pflanzenanatomie V,5. Stuttgart (Borntraeger) 1971.

Haberlandt, G. *Physiologische Pflanzenanatomie*. Leipzig (Engelmann) 1909.

Haupt, W. *Bewegungsphysiologie der Pflanzen*. Stuttgart (Thieme) 1977.

Haupt, W., Feinleib, M.E. (Hrsg.) *Physiology of movements*. Encyclopedia of Plant Physiology. New Series Vol.7. Berlin/Heidelberg/New York (Springer) 1979.

Lüttge, U., Kluge, M., Bauer, G. *Botanik*. Weinheim (VCH) 1988.

Mohr, H., Schopfer, P. *Lehrbuch der Pflanzenphysiologie*. Berlin/Heidelberg/New York (Springer) 1978.

Rawitscher, F. *Der Geotropismus der Pflanzen*. Jena (G. Fischer) 1932.

Ruhland, W. (Hrsg.) *Handbuch der Pflanzenphysiologie*, Band XVII/1 und 2. Berlin/Göttingen/Heidelberg (Springer) 1959 und 1962.

Tevini, M., Häder, D.-P. *Allgemeine Photobiologie*. Stuttgart/New York (Thieme) 1985.

Spezielle Literatur zu den einzelnen Themen

Kapitel 1

Bentrup, F.W. *Reception and Transduction of Electrical and Mechanical Stimuli*. In: Haupt, W., Feinleib, M.E. (Hrsg.) *Physiology of movements*.

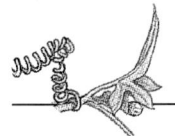

Encyclopedia of Plant Physiology. New Series Vol.7. S. 42–70. Berlin/Heidelberg/New York (Springer) 1979.

Larsen, P. *Geotropism. An Introduction.* In: Ruhland, W. (Hrsg.) *Handbuch der Pflanzenphysiologie*, Band XVII/2. S. 34–73. Berlin/Göttingen/Heidelberg (Springer) 1962.

Kapitel 2

Brodhun, B., Häder, D.-P. *Photoreceptor Proteins and Pigments in the Paraflagellar Body of the Flagellate* Euglena gracilis. In: *Photochemistry and Photobiology* 52 (1990) S. 865–871.

Galland, P., Senger, H. *The Role of Pterins in the Photoreception and Metabolism of Plants.* In: *Photochemistry and Photobiology* 48 (1988) S. 811–820.

Harz, H., Hegemann, P. *Rhodopsin-regulated Calcium Currents in* Chlamydomonas. In: *Nature* 351 (1991) S. 489–491.

Nultsch, W., Häder, D.-P. *Photomovement in Motile Microorganisms.* In: *Photochemistry and Photobiology* 29 (1979) S. 423–437.

Nultsch, W., Häder, D.-P. *Photomovement in Motile Microorganisms II.* In: *Photochemistry and Photobiology* 47 (1988) S. 837–869.

Kapitel 3

Clifford, P.E., Douglas, S., McCartney, G.W. *Amyloplast Sedimentation in Shoot Statocytes having a Large, Central Vacuole: Further Interpretation from Electron Microscopy.* In: *Journal of Experimental Botany* 221 (1989) S. 1341–1346.

Evans, M., Moore, R., Hasenstein, K.-H. *Der Schweresinn von Wurzeln.* In: *Spektrum der Wissenschaft* Februar (1987) S. 124–133.

Gehring, C.A., Williams, D.A., Cody, S.H., Parish, R.W. *Phototropism and Geotropism in Maize Coleoptiles are Spatially Correlated with Increases in Cytosolic Free Calcium.* In: *Nature* 345 (1990) S. 528–530.

Hensel, W. *Der „klassische" Klinostat in der modernen Gravitropismus-Forschung.* In: *Biologie in unserer Zeit* 12 (1982) S. 173–178.

Hensel, W. *Gravitropismus der Pflanzen.* In: *Naturwissenschaftliche Rundschau* 43 (1990) S. 135–140.

Sanford, R.L. *Apogeotropic Roots in an Amazon Rain Forest.* In: *Science* 235 (1987) S. 1062–1064.

Volkmann, D., Sievers, A. *Graviperception in Multicellular Organs.* In: Haupt, W., Feinleib, M. E. (Hrsg.) *Physiology of movements.* Encyclopedia of Plant Physiology. New Series Vol.7. S. 573–600. Berlin/Heidelberg/New York (Springer) 1979.

Kapitel 4

Zimmermann, M. H., Brown, C. L. *Trees. Structure and Function.* New York/Heidelberg/Berlin (Springer) 1980.

Kapitel 5

Haupt, W., Scheuerlein, R. *Chloroplast movement.* In: *Plant Cell and Environment* 13 (1990) S. 595–614.

Hohl, N., Galland, P., Senger, H. *Altered Pterin Patterns in Photobehavioral Mutants of* Phycomyces blakesleeanus. In: *Photochemistry and Photobiology* 55 (1992) S. 239–245.

Iino, M. *Phototropism: Mechanisms and Ecological Implications.* In: *Plant Cell and Environment* 13 (1990) S. 633–650.

Kapitel 6

Koller, D. *Light-driven Leaf Movements.* In:*Plant Cell and Environment* 13 (1990) S. 615–632.

Smith, H., Whitelam, G.C. *Phytochrome, a Family of Photoreceptors with Multiple Physiological Roles.* In: *Plant Cell and Environment* 13 (1990) S. 695–707.

Werker, E., Shak, T., Koller, D. *Photobiological and Structural Studies of Light-driven Movements in the Solar-tracking Leaves of* Lupinus palaestinus *Bioss. (Fabaceae).* In: *Botanica Acta* 104 (1991) S. 144–156.

Kapitel 7

Bünning, E. *Die physiologische Uhr.* Berlin/Heidelberg/New York (Springer) 1977.

Satter, R.L., Galston, A.W. *Mechanisms of Control of Leaf Movements.* In: *Annual Review of Plant Physiology* 32 (1981) S. 83–110.

Satter, R.L., Morse, M.J., Lee, Y., Crain, R.C., Coté, G.G., Moran, N. *Light- and Clock-controlled Leaflet Movements in* Samanaea saman: *A Physiological, Biophysical and Biochemical Analysis.* In: *Botanica Acta* 101 (1988) S. 205–213.

Kapitel 8

Heß, D. *Die Blüte.* Stuttgart (Ulmer) 1983.

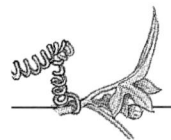

Kapitel 9

Johnsson, A. *Circumnutation*. In: Haupt, W., Feinleib, M.E. (Hrsg.) *Physiology of movements*. Encyclopedia of Plant Physiology. New Series Vol.7. S. 627–646. Berlin/Heidelberg/New York (Springer) 1979.

Kapitel 10

Guttenberg, H. von. *Bewegungsgewebe und Perzeptionsorgane*. Handbuch der Pflanzenanatomie V.5. Stuttgart (Borntraeger) 1971.

Kapitel 11

Schildknecht, H. *Turgorine – neue Signalstoffe des pflanzlichen Verhaltens*. In: *Spektrum der Wissenschaft* (November 1986) S. 44–53.

Kapitel 12

Darwin, C. *Insectenfressende Pflanzen*. Stuttgart (Schweizerbart'sche Verlagsbuchhandlung) 1899.
Heslop-Harrison, Y. *Fleischfressende Pflanzen*. In: *Spektrum der Wissenschaft* (Erstedition) S. 72–81.
Hodick, D., Sievers, A. *The Action Potential of* Dionaea muscipula Ellis. In: *Planta* 174 (1988) S. 8–18.
Hodick, D., Sievers, A. *On the Mechanism of Trap Closure of Venus Flytrap* (Dionaea muscipula *Ellis*). In: *Planta* 179 (1989) S. 32–41.
Joel, D.M., Rea, P.A., Juniper, B.E. *The Cuticle of* Dionaea muscipula *Ellis* (*Venus' Flytrap*) *in Relation to Stimulation, Secretion and Absorption*. In: *Protoplasma* 114 (1983) S. 44–51.
Robins, R.J., Juniper, B.E. *The Secretory Cycle of* Dionaea muscipula *Ellis*. *I– III*. In: *New Phytologist* 86 (1980) S. 279–327.

Kapitel 13

Raschke, K. *Movements of Stomata*. In: Haupt, W., Feinleib, M.E. (Hrsg.) *Physiology of movements*. Encyclopedia of Plant Physiology. New Series Vol.7. S. 383–441. Berlin/Heidelberg/New York (Springer) 1979.
Schroeder, J.I., Hedrich, R. *Involvement of Ion Channels and Active Transport in Osmoregulation and Signaling of Higher Plant Cells*. In: *Trends in Biochemical Sciences* 14 (1989) S. 187–192.

Kapitel 14

Adler, J. *Chemotaxis: Old and New*. In: *Botanica Acta* 101 (1988) S. 93–100.
Borkovich, K.A., Simon, M.I. *The Dynamics of Protein Phosphorylation in Bacterial Chemotaxis*. In: *Cell* 63 (1990) S. 1339–1348.
Devreotes, P.N., Zigmond, S.H. *Chemotaxis in Eukaryotic Cells: A Focus on Leucocytes and* Dictyostelium. In: *Annual Review of Cell Biology* 4 (1988) S. 649–686.
Jaenicke, L. *One Hundred and One Years of Chemotaxis. Pfeffer, Pheromones, and Fertilization*. In: *Botanica Acta* 101 (1988) S. 149–159.
Jaenicke, L. *Development: Signals in the Development of Cryptogams*. In: *Progress in Botany* 52 (1991) S. 138–189.
Jaffe, M.J., Takahashi, H., Biro, R.L. *A Pea Mutant for the Study of Hydrotropism in Roots*. In: *Science* 230 (1985) S. 445–447.
Newell, P.C., Europe-Finner, G.N., Small, N.V., Liu, G. *Inositol Phosphates, G-Proteins and* ras *Genes Involved in Chemotactic Signal Transduction of* Dictyostelium. In: *Journal of Cell Science* 89 (1988) S. 123–127.
Wagner, G., Marwan, W. *Locomotion*. In: *Progress in Botany* 53 (1992) S. 126–152.

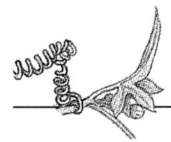

Index

A

Abscisinsäure 41, 78, 260
Absorption 105
Absorptionsbanden 105
Absorptionslinien 105
Absorptionsspektrum 98, 105
Abutilon striatum 177
Acacia karroo 234
Acker-Gänsedistel 164
Ackerschmalwand 67
Ackerwinde 164, 166
Aconitum napellus 159f
Acrasin 280
Adenosintriphosphat 46
Adiantum 117
Aesculus hippocastanum 58
Aktin 283
Aktin-Mikrofilamente 63
Aktionspotential 230, 233, 243
Aldovandra 240
Alles-oder-Nichts-Reaktion 27
Amaryllideen-Typ der Spalt-
   öffnungen 258
Amyloplasten 63
   Bewegung 75
   als Statolithen 64
Anagraecum sesquipedale 167
Anastatica hierochuntica 204
Anemochorie 185
Anisotropie der Zellwände 198

Anregungszustände 105
Antheren 210
Anulus 208
Apogravitropismus 88
Arabidopsis thaliana 67
Aristolochia macrophylla 219
Asparagus officinalis 67
Atemöffnungen 253
ATP 46
Aufkrümmung eines Sprosses
   82
Augenfleck 48
Augochlora 182
Auslöser 32
Autochorie 186
Auxin 75, 78, 87, 108, 224
   Quertransport 84
Auxinrezeptor 83
Avena 99–110
Avena-Krümmungstest 108

B

Bakteriengeißel 276
Bariumsulfat 89
Basalkörper 46
Basisreaktion der Koleoptile
   102
Berberitze 176
Berührung 36, 176
Besenginster 173f
Bewegungen
   Bedeutung 38
   Definition 18, 32
Bienenragwurz 161
Birke 255
Blaauw, O. H. 107
Black-Box-Modell 26
Blattbewegungen
   assortierte Ionenströme 151
   endogen gesteuerte 141
   als Schutz vor Kälte 137
Blätter, Klappbewegungen
   130–135
Blattgelenk 130
Blattmosaik 126
Blattranken 214

Blattscheidenbasis 85
Blattstellungen und -bewegungen
   121–137
Blaulichtrezeptor 44, 132, 143
Blumenuhr 157, 164f
Blüte, Stellung am Sproß 159–163
Blütenbewegungen 157–182
Blütentorsionen 160
Bohne 79, 139f, 141, 143f, 219
Brachythecium 202
Braunalgen, Sexuallockstoffe 286f
Brennessel 191
Brownsche Molekularbewegung 63
Brunnenlebermoos 255
Bryonia dioica 212, 214, 222
Buchenwald 254
Bünnings, E. 20
Buntnessel 87
Burdon-Sanderson, J. 242
Bürstenmechanismus 171f

C

Calcium 84, 267, 283
Calciumionen 75–77, 152
Calciumkanäle 50
Calluna vulgaris 136
Calmodulin 285
Calopogon pulchellus 181f
Caltha palustris 164
Calvin-Zyklus 265
Calystegia sepium 124, 219
cAMP 280f
cAMP-Rezeptoren 282
Canavalia ensiformis 144–146
Candolle, A. de 20, 139
Cardamine 189
Carlina acaulis 169
carnivore Pflanze 239
Carotinoide 104
Catasetum 180
Cellulosane 195
Cellulose 195
Centaurea 169
Centaurea jacea 175
Centaurium pulchellum 164
Centriol 46

Chamaenerion angustifolium 178
Chara 89
Chemonastie 240
Chemoperzeption bei *E. coli* 277
Chemotaxis 273–290
   von Bakterien 274
Chemotaxis-Proteine 278
Chemotropismus 36, 273–290
   bei Parasiten 288
Chlamydomonas 51–53
Chlamydomonas eugametos 285
Chlorid 150
Chlorophyll 263
Chloroplasten 263
Chloroplastenbewegung 115–118
Cichorium intybus 164, 168
circadianer Rhythmus 142
Circumnutation 214–219
Cissus discolor 221f
Clematis 214
Coleus 87
Columella 193
Conidie 194
Conidiobulus 194
Convolvulus arvensis 164, 166
Coronilla varia 139
Corydalis claviculata 221
Crassulaceen-Säurestoffwechsel
   261f
Cryptochrom 104
Cucurbita melanosperma 222
Cucurbita pepo 164
Cuscuta 36, 39, 288, 290
Cuticula 246, 253, 270
Cutin 196
Cyanobakterien 55
Cyclantherabrachystachya 189
Cytokinine 41
Cytoskelett 63, 117
Czapek, F. 72

D

Darwin, C. 20, 72, 180, 242, 244
Darwin, F. 102
Datura stramonium 165
Dauerdunkel 143

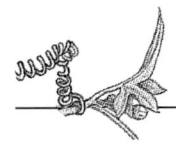

De Mairan   140
Deschampsia cespitosa   136
Desmodium motorium   39, 154
Diagravitropismus   87
diaphototrope Blätter   132
Diaphototropismus   97
Dichroismus   50
Dictyosomen   196
Dictyostelium discoideum   280–285
Diffusion   147
Dionaea muscipula   234, 238f
Dodart, D.   58
Dorstenia contrajerva   192
Dosis   103, 200
Dosis-Effekt-Kurve, phototrope   106
Drosera   234, 239, 246–249
Druckholz   93
Drüsenköpfchen   247
Dunkelreaktionen   265
Dynein   46

E

Ecballium elaterium   190f
Eccremocarpus scaber   221
Efeu   213
EGTA   77
Ehrenpreis   164
Einbeere   31
„Eintags"-Blüten   166
Eisenhut, Blauer   159
elektrischer Reiz   37
Elektronastie   37
Elektronentransportkette   264
Ellis, J.   239
Elodea   270
Empedokles aus Agrigent   19
endogen gesteuerte Blattbewegungen   141
endogen gesteuerte Rhythmen   167
endogene Faktoren   32
endoplasmatisches Reticulum   74
Endothecium   211
Engelmann, T. W.   274
Engelmann-Versuch zur Aerotaxis   272

Enzian, Stengelloser   164
Epidermis   83, 126
Epinastie   87
Equisetum   203
Erbse   214, 222, 290
Erodium   205
Erodium cicutarium   166
Erregungsleitung   26, 229, 249
Erschütterung   36
Escherichia coli   275
   Chemotaxis   275–279
Ethylen   41, 166, 224, 289
Eucalyptus   121
Euglena   42–44, 48–50
Evolution der Tagesrhythmik   146
Explodiergurke   189
Extensorgewebe   150

F

Fallopia convolvulus   219
Fangblasen des Wasserschlauchs   249–251
Farnsporangium, Öffnung   208f
Ferocactus wislizenii   123
Festuca ovina   136
Fettkraut   246
Feuerbohne   219
Feuerkraut, Schmalblättriges   178
Fingerkraut, Aufrechtes   164
Fitting, J.   234
Fittonia verschaffeltii   127
Flavoproteid   44
Flavoproteine   104, 114
Flexorgewebe   150
freie Ortsbewegungen   31, 43–55
Fritillaria meleagris   161
Frühlingsplatterbse   171f
Fühlborsten   240f, 250
Fühlpapillen   221
Fühltüpfel   220

G

Gamone   286
Gasaustausch   258
Gauklerblume   177

Geißblatt 165, 219
Geißel 45–48, 53
Gelenke im Blattbereich 147
Gentiana clusii 164
Geranium 206
Gibberelline 41, 87
Gloriosa 214
Glycine max 131
Goldhaarmoos 201
Goldregen 159
G-Protein 284
Gramineen-Typ der Spaltöffnungen 256
Grasknoten, Gravitropismus 85–87
Gravimorphose 58, 178f
Graviperzeption 74
Gravitropismus (Gravinastie) 35
  des Grasknotens 85–87
  bei oberirdischen Organen 79–85
  der Sproßorgane 79–85
  der Wurzel 69–79
Gyration 155

H

Haarfedergras 136
Haargurke 220
Haberlandt, G. 63, 72, 220
Haberlandt, W. 126
Haferkoleoptile 99–110
Haftwurzeln 213
Hapteren 203
Hedera helix 213
Heidekraut 136
Helianthemum nummularium 166, 177
Helianthus annuus 79, 163
Heliotropium 36
Helleborus-Typ der Spaltöffnungen 256
Hemicellulose 195
Höhere Pflanzen, Staubbeutelöffnung 210
Holz 91
Hooke, R. 19

Hopfen 219
Hormidium 117
Hornklee 139, 170
Huflattich 164
Humulus lupulus 219
Hundsrose 164
Hydathoden 270
Hydrochorie 186
Hydronastie der Spaltöffnungen 260
Hydrotropismus 36, 289
hygroskopische Bewegungen 187, 198–207
Hyphen 110

I

Iberis 186
Impatiens glandulifera 184
Impatiens noli-tangere 32, 188
Impatiens parviflora 188
Indol-3-Essigsäure 41
innere Uhr 142f
Inositoltriphosphat 284
Ionenströme während der Blattbewegung 151
Ipomoea tricolor 166

J

Jasmonate 41

K

Kalanchoe blossfeldiana 167
Kalium 150
  Konzentration in Schließzellen 266
Kambium 91
Kapuzinerkresse 126
Kerner von Marialaun, A. 236
Kiefernzapfen 206
Klappbewegungen der Blätter 130–135
Klappmechanismen 171, 176
Klatschmohn 161f, 164
Kleeseide 36, 39, 288, 290

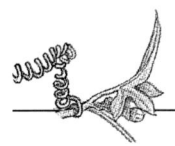

Klinostat   58f, 85, 178
Kohäsion der Wassermoleküle   207
Kohäsionsbewegungen   187,
    207–211
Koleoptile   64, 80
    Basisreaktion   102
    des Hafers   99–110
    Spitzenreaktion   102
Kompaßpflanzen   123
Königin der Nacht   165f
konjugierte Doppelbindungen   105
Kresse   69
Kreuzblume   177
Krokus   168
Kronwicke   139
Krümmungsreaktion   72, 103
Krümmungswachstum   77–79
Kürbis   164
Kurzbüchse   202

L

Laburnum anagyroides   159
Lactuca serriola   123
Ladungsverschiebungen   75
Larsen, P.   24
Lathyrus aphaca   214
Lathyrus odoratus   67
Lathyrus vernus   171f
Lavatera cretica   134
Lebermoose   255
Leimkraut   165
Leitbündel   147
Lemna   116
Lepidium sativum   69
Lerchensporn   221
Licht   35, 100
Lichtfallenversuch   44
Lichtquant   100
Lichtwachstumshypothese   107f
Lignin   93, 196
Lilium martagon   161
Linaria cymbalaria   163
Linné, C. von   139, 164, 239
Lonicera caprifolium   165, 219
Lotus   139
Lotus corniculatus   170

Löwenzahn   79
Lupinus arizonicus   133
Lupinus palaestinus   133f
Lupinus succulentus   134
Luzerne   174

M

Magnetotaxis   37
Magnus, A.   19, 23
Malat   262
Manton, I.   46
Marchantia polymorpha   255
Massenbeschleunigung   28
Medicago sativa   174
Membranpotential   75, 230
Mesotaenium   117
*methyl accepting chemotaxis
    proteins* (MCP)   276
Micrasterias   53f
Mikrotubuli   45
Mimosa asperata   227
Mimosa pudica   226–237
Mimose, Primärgelenk   228
Mimose von Memphis   227
Mimulus   177
Mittellamelle   196
Mnium-Typ der Spaltöffnungen   256
monochromatisches Licht   100
Monstera gigantea   97
Mormodes   182
Morphogenese   128
Mougeotia   117
Mutanten   67
    von Mais   107
Myosin   283

N

Nachtfalterblumen   166
Nachtkerze   165
Nadelgehölze   270
Narben, reizbare   177f
Nastie   34
Natrium-Kalium-Austauschpumpe
    50
Nemec, B.   63

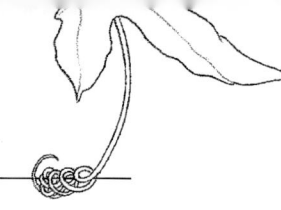

O

Ocellen 127
Oenothera biennis 165
Ophrys apifera 161
Opuntia vulgaris 177
Orchideen 160
    Bestäubungsmechanismen 180
Organbewegungen 31
Orientierungsreaktion von Blättern 126
Orthotrichum 201
Ortsbewegungen, freie 31, 43–55
Osmose 147–149
Osterluzei 219
Oxalis 121
Oxalis acetosella 122, 130
Oxalis oregana 132
Oxalis stricta 164

P

Papaver rhoeas 161f, 164
Parabasalkörper 44
Paralleltextur 196
paraphototrope Blätter 133
parasitische Pilze 290
Paris quadrifolia 31
Passiflora 214
Passiflora gracilis 222
Patch-Clamp-Methode 52
Periode 141
periodic leaf movement factor 235
Peristomzähnchen der Laubmoose 201f
Perzeption 25
Perzeptionszeit 26
Pfeffer, W. 20, 23, 59, 220, 274
Pfeffersche Zelle 148
Phase 141
Phaseolus 79, 139f
Phaseolus coccineus 144, 219
Phaseolus multiflorus 141
Phaseolus vulgaris 143
Pheromone 274, 286
pH-Gradient 55

Phloem 93
phobische Reaktionen 273
Phormidium 55
Phosphorylierungskaskade 278
Photokinesis 53
Photon 100
Photonastie 131, 168
    der Spaltöffnungen 259
photophobe Reaktion 44
Photorezeptoren 44, 104–106
Photosynthese 263–265
Phototaxis 44
Phototropismus (Photonastie) 36, 97–119
    negativer 97
    bei *Phycomyces* 110–115
    positiver 97
Phycomyces 110–115, 289
Phycomyces-Sporangiophore 111
Phytochrom 118,132, 143
Phytochromsystem 128f
Phytohormone 39–41
Piccard, A. 72
Pillenwerfer 193
Pilobolus 119, 193f
Pinguicula 246
Pisum 214
Plagiogravitropismus 87, 160
Planktonorganismen 43
Plasmaströmung 63, 115
Platterbse 171f, 214
Pleospora 192
Plinius der Ältere 121
PLMF 235
Pollen 158
Polygala chamaebuxus 177
Polygonum virginianum 194
Porenareal 268
Portulaca grandiflora 177
Potentilla erecta 164
Präsentationszeit 26, 69
Primärwand 196
Primärwurzel und ihre Statocyten 71
proton motive force 150, 276
Protonenausstrom 150
Protopektine 195

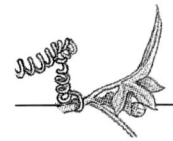

Pseudoplasmodium 280
Pterine 45, 104, 114
Pulvinus 130
Pumpmechanismen 170

Q

Quellungsbewegungen 187,
  198–207
  bei Farnen 202
  am Papierstreifenmodell 200
Quertransport von Auxin 84
Quetschschleuder 192

R

Ranken 213–225
  Drehgeschwindigkeit 217
Rasenschmiele 136
Raumfahrt 58
Ray, J. 19
Reaktion 25
Reaktionsholz 95
Refraktärstadium 232
Regenballisten 186
Reiherschnabel 166, 205
Reizaufnahme 23
reizbare Narben 177f
Reizmengengesetz 30, 103
Reizqualität 35–37
Reiz-Reaktions-Kette 24–30
Repellents 276
Resultantengesetz 27–29
Rezeptor 273
Rezeptorpotential 242
Rezeptorproteine 276
Rhizoide 89
Rhizome 31, 87
Rhodopsin 51
Rhythmen, endogen gesteuerte
  167
Robinia pseudoacacia 138
Rollblätter 136
Rosa canina 164
Rose von Jericho 204
Roßkastanie 58
Rotholz 93

Rückkopplung 259
Rückstoßprinzip 190
Ruderschlag 46
Ruhepotential 230

S

Sachs, J. 20, 59, 290
Salvia pratensis 171, 173
Samen- und Sporenverbreitung
  185–211
Sammellinse 113f
Saponaria officinalis 204
Sarothamnus scoparius 173f
Sauerklee 122, 130, 164
Saugkraft 149
Schachblume 161
Schachtelhalm 203
Schafschwingel 136
Schattenlose Wälder 121
Schattenpflanzen 124
Schildknecht, H. 234
Schlafbewegungen 139–155
Schlagbaummechanismus 171
Schlauchpilze 192
Schleudermechanismus 189
Schmetterlingsblütler 170
Schneebeere 124
Schnellmechanismus 173f,
  191
Schreckreaktion 44
Schwellenwert 26
Schwerelosigkeit 61
Schweresinnesorgane 62
Schwerkraft 35
Schwertbohne 144
Sechium edule 222
Seerose 168, 270
Seifenkraut 204
Seismonastie 36, 227
Sekundärgelenk 228
Sekundärwand 196
Selenicereus grandiflorus 165f
Sempervivum montanum 123
Senecio brassica 137
sensible Unterlage 68
Sensor 25

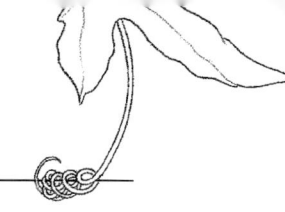

Sexuallockstoffe bei Braunalgen 286 f
Sicyos angulatus 220
Signalmolekül 273
Silberdistel 169
Silene nutans 165
Silene pratensis 165
Silphium laciniatum 123
Sinusgesetz 30
Sojabohne 131
solar tracking 121, 132–135
Sonchus arvensis 164
Sonnenblume 79, 163
Sonnenröschen, Gemeines 166
Sonnentau 234, 239, 246
   Klebefalle 247–249
Spacelab-Flüge 61
Spaltöffnungen
   Amaryllideen-Typ 258
   Gramineen-Typ 256
   Helleborus-Typ 256
   Hydronastie 260
   Mnium-Typ 256
   Photonastie 259
   Thermonastie 260
Spaltöffnungsbewegungen 253–271
   Regelkreis 258
Spaltöffnungsdichte 269
Spargel 67
Sparmannia africana 177
Sphaerobolus stellatus 194
Spirogyra 272, 274
Spitzenreaktion der Koleoptile 102
Springkraut 32, 184, 188
Spritzgurke 190 f
Sproßorgane, Gravitropismus 79–85
Sproßranken 214
Stachellattich 123
Stärkescheide 64, 66, 79
Stärke-Statolithen-Theorie 63, 79
Statolithen 25, 62–69
Staubbeutelöffnung bei Höheren Pflanzen 210
Staubblätter, bewegliche 169–177, 210

Stechapfel 165
Stellglied 259
Stigma 48, 51
Stipa capillata 136
Stomata 253
Storchschnabel 206
Streutextur 196
Striga 288
Stylidium 178
Stylosanthes humilis 131
Suchbewegungen 214
   einer Erbsenranke 216
Summationseffekt 26
Summenformel der Photosynthese 265
Sumpfdotterblume 164
Suszeption 25
Symphoriocarpus albus 124

T

Tagesrhythmik, Evolution 146
Taraxacum officinale 79
tar-Protein 278
Tausendgüldenkraut, Ästiges 164
Taxis 37
Telegraphenpflanze 154
Tentakel 247
Tentakelbewegung von Drosera 248
Tertiärgelenke 228
Textur 196
Theophrast 19, 164, 227
Thermonastie 168
   der Spaltöffnungen 260
Thigmonastie 36, 176
Thigmotropismus 36
Thlaspi 186
Tomaten-Mutante Lazy-1 82
Torsion des Blütenstieles 160
Tragopogon pratense 164
Transmission 25 f
Transpiration 131, 253
   Tagesverlauf 254
Trauerformen von Bäumen 88
Traumatonastie 37
Trennungsgewebe 188

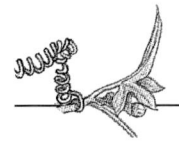
Treviranus   23
Trifolium pratense   171
Trifolium repens   153
Tropaeolum   126, 214
Tropismus, Definition   34
Tulpe   168
Turgor   131, 147–149
    reversible Änderungen   146
Turgorbewegungen   33, 187–195
Turgorin   233
Türkenbundlilie   161
Tussilago farfara   164

U

Überhitzung, Gefahr   123
Überkrümmungstheorie   218
Umkehrpunkte   225
Umweltreize   22
Umwindungsreaktion von
    Ranken   220–224
Urtica dioica   191
Urvillea ferruginea   223
Utricularia   239, 249
Utricularia vulgaris   249

V

Vanilla   214
Vaucheria   116
Veilchen   204
Venusfliegenfalle   234, 238f
Venushaar-Farn   117
Verdauen von Beute   245f
Verdauungsdrüsen   240
Verletzungen   37
Veronica chamaedrys   164
Vicia faba   219, 255, 266
Vitis gongylodes   235
Vitis vinifera   214
Volvox   43

W

Wachstumsbewegungen   33
Wachstumsgeschwindigkeit von
    Wurzel und Sproß   84

Wachstumsknie   90
Wahrnehmung   25
Wanddruck   148
Wasserpest   270
Wasserpotential   147
Wasserschlauch   239, 249
Wasserstreß   131, 136
Wegwarte   164, 168
Wein   214
Weißklee   153
Wellenlänge   100
Wellenschlag   46
Weltraumlabor   58f
Went, F. W.   108
Wiesenbocksbart   164
Wiesenklee   171
Wiesensalbei   171, 173
Windblütigkeit   158
Windenknöterich   219
Wirkungsspektrum   98, 105
Wohlriechende Platterbse   67
Wurzel, Gravitropismus   69–79
Wurzelhaube   64, 72
    Gräser   74
Wurzelranken   214

X

Xanthopan morgani f. praedicta
    167

Z

Zaunrübe   212, 214, 222
Zaunwicke   219, 255, 266
Zaunwinde   124, 164, 166, 219
Zea mays   107
Zellkern   63
Zellwand   195–198
Zentralvakuole   81
Zoochorie   186
Zugholz   93
Zugspannung   207
Zygosporium   211
zyklisches Adenosinmono-
    phosphat   280f
Zymbelkraut   163